新兴技术形成机制及其"峡谷"跨越

宋 艳 著

科 学 出 版 社

北 京

内 容 简 介

新兴技术的产生与发展有其内生的必然性和外在的动态不确定性。从技术创新理论发展趋势看,新兴技术及其管理的研究越来越倾向于技术经济一体化系统中,以技术生命和创新生态理论为指导,用实证和案例方法来开展。本书也是秉持这样的研究思路和方法,首先对新兴技术的形成机制,包括起源、路径及影响因素开展系统研究,重点就企业对不同新兴技术路径的选择进行实证研究;然后针对新兴技术商业化过程中实现市场爆发的关键点——"峡谷"及其跨越问题进行深入探讨,包括新兴技术"峡谷"概念、特征及形成机理,构建新兴技术"峡谷"跨越的理论模型,并进行相关实证及案例研究。所获得的成果,丰富了新兴技术管理理论,也为企业选择、培育、发展新兴技术提出了有理论支持的方法指导和有实践佐证的策略建议。

本书可供技术创新管理领域的高等院校师生和科研人员参考,也可作为政府和企业的科技管理人员、高层管理者、从事技术创新管理和市场开发管理人员的参考读物。

图书在版编目(CIP)数据

新兴技术形成机制及其"峡谷"跨越/宋艳著. —北京:科学出版社,2021.6

ISBN 978-7-03-068733-3

Ⅰ.①新… Ⅱ.①宋… Ⅲ.①技术学 Ⅳ.①N0

中国版本图书馆 CIP 数据核字 (2021) 第 085042 号

责任编辑:黄 桥/责任校对:彭 映
责任印制:罗 科/封面设计:墨创文化

科学出版社 出版

北京东黄城根北街16号
邮政编码:100717
http://www.sciencep.com

成都锦瑞印刷有限责任公司印刷

科学出版社发行 各地新华书店经销

*

2021年6月第 一 版 开本:787×1092 1/16
2021年6月第一次印刷 印张:15 3/4
字数:370 000

定价:128.00 元
(如有印装质量问题,我社负责调换)

前　言

进入 21 世纪以来，科学技术迅猛发展，以新兴技术为代表的技术创新和科技革命广泛而深刻地改变着社会经济的结构与发展方向。新兴技术研究作为技术创新理论和实践的重要领域，在国内外学界和产业界逐步得到越来越广泛的重视。

作为国内学界重要的新兴技术研究力量的电子科技大学经济与管理学院，于 2002 年成立了新兴技术管理研究所，结合教学科研，展开了新兴技术管理的一系列深入研究，取得了较为丰硕的成果，在国内外新兴技术研究领域有较高声誉，被公认为中国创新学派的主流学派之一（《中国创新学派——30 年回顾与未来展望》，2018 年，清华大学出版社）。

笔者是电子科技大学经济与管理学院的教授，深耕于新兴技术管理研究和教学 15 载，在自然科学基金项目、工业部门研究项目和地方政府项目的先后资助下，结合博士学位论文研究，带领学生及研究团队，系统开展新兴技术管理理论与实践探索，成果陆续发表在国内外创新领域主流刊物，部分成果已应用到产业界。如今整理汇集成书，奉献给读者，以期促进新兴技术管理的研究与应用。

本书首先以熊彼特技术创新理论等为基础，借助技术生命周期、创新生态理论和不连续创新等理论，系统展示了新兴技术的形成机制，包括起源、形成路径、影响因素及企业路径选择的理论研究、实证研究和案例研究。相关公开发表的成果集结汇成本书的上篇：新兴技术的形成机制。

继而，笔者深入研究一系列新兴技术成长、发展和变化的规律，发现"峡谷"是新兴技术"创造性毁灭"的重要"分水岭"，是新兴技术商业化过程中实现市场爆发的关键点。笔者将技术生命周期理论应用于新兴技术商业化进程，从早期采用者、早期市场、实用主义者、早期大众市场等关键概念出发，从分析用户心理特质入手，基于创新生态系统视角，研究新兴技术"峡谷"特征、成因及形成机理，构建了新兴技术"峡谷"的"左、右"端理论模型，并提出了"峡谷"跨越介质。通过实证、案例研究对理论模型进行了验证。相关公开发表的成果集结汇成本书的下篇：新兴技术的"峡谷"与跨越。

笔者所在团队的成员刘峰、黄梦璇、刘中杰、蒋冲雨等参与研究的成果部分收录于本书，电子科技大学航空航天学院刘强教授参与全书统稿，博士研究生何嘉欣帮助最终校稿。本书得到电子科技大学经济与管理学院银路教授、邵云飞教授、肖延高教授、王敏副教授的大力支持和中肯建议，在此一并感谢。

最后，特别感谢国家自然科学基金委员会对项目研究和本书出版给予的资助（项目号：71272130）。

宋　艳

于成都，清水河畔

2019 年 12 月

目　　录

上篇　新兴技术的形成机制

下篇　新兴技术的“峡谷”与跨越

上篇　新兴技术的形成机制

第1章 绪　　论

1.1　引　　言

新兴技术为后来者创造了实现技术和经济追赶与跨越的机会,但其高度不确定性和复杂性让现有的技术与企业管理理论面临极大的挑战。本书从技术管理和技术创新理论衍生出来的新兴技术概念出发,将新兴技术视作一种特殊的"物种"现象,基于不连续创新视角系统地研究其起源和形成机制,并从企业实践应用角度探讨新兴技术发展的影响因素,把新兴技术管理理论同企业实践应用有效结合,实证研究企业对不同新兴技术路径的选择并给出建议,弥补企业对新兴技术认识、掌握和应用的不足。然后本书针对新兴技术的"创造性毁灭"特征,对新兴技术商业化过程中实现市场爆发的关键点——"峡谷"及其跨越问题进行深入研究,包括"峡谷"点的辨识、测度、形成机理及跨越模型,并进行实证及案例研究。理论上对技术如何从产业市场向消费者市场扩散的现有研究有所补充和拓展;实务上对企业如何认识"峡谷"的必然性及跨越的关键因素及策略有一定实践指导价值。

因此,本书分为上下两篇。上篇:新兴技术的形成机制,共五章(包含绪论),系统研究新兴技术的起源、形成路径、影响因素、企业对新兴技术形成路径选择的实证研究;下篇:新兴技术的"峡谷"与跨越,共五章,深入研究新兴技术商业化过程中的关键点——"峡谷"及其跨越,包括"峡谷"的概念、特征、成因及形成机理,"峡谷"跨越模型构建及实证与案例研究,并站在企业视角提出相关对策建议。

1.2　新兴技术研究的起源与产业背景

20 世纪中叶以来,物质科学、信息科学和生命科学的进展带动了材料技术、信息技术和生物技术的不断突破[1],所引发的第三次技术革命推动全球科学技术和产业进入一个快速变革的时代——知识经济时代。科学技术高度融合,技术创新层出不穷,创新与应用步伐显著加快。技术创新受到前所未有的广泛重视,成为社会经济生活一个重要的时代特征,不仅构成了现代企业核心竞争力的基础,而且成为当今国家综合竞争实力的源泉。进入 21 世纪,以纳米技术、生物信息、脱氧核糖核酸(deoxyribonucleic acid,DNA)雕刻、基因疗法、数字成像、电子商务、微型机器和超导技术等为代表的新一代高科技技术正不断涌现[2]。

这些技术的出现与发展不仅改变了传统行业的发展形态、产业间的竞争规则和企业的经营模式,而且改变了人们的意识和观念,改变了社会经济生产与生活方式[3]。这类技术不同于一般的技术,它们具有创造一个新行业或改变一个现存行业并对经济结构产生重大影响的能力,这种现象突出体现了熊彼特 1934 年提出的技术创新的"创造性破坏"特征[4],

被管理学界称为新兴技术(emerging technology)，也被译为新兴科技，本书统称为新兴技术。

1994年，宾夕法尼亚大学沃顿商学院 Hunstman 研究中心制订并实施了新兴技术管理研究计划。该计划得到贝尔大西洋公司、国际商业机器公司(International Business Machines Corporation，IBM)、杜邦等众多跨国大公司的支持，数十位来自沃顿商学院、哈佛大学、斯坦福大学、麻省理工学院、密歇根大学、明尼苏达大学等世界著名大学的知名学者及麦肯锡咨询公司的资深专家，历时六年的项目考察、企业研究和案例分析，于2000年出版了集成这些研究成果的《沃顿论新兴技术管理》一书，提出了新兴技术的概念，构建了新兴技术管理的初步研究框架，概述探讨了技术评估、市场战略、投融资策略、组织结构等一列关键问题，孕育了新兴技术管理研究并使之日渐成为管理科学研究的新兴领域[5]。

从世界范围看，互联网技术是一个很好的例证。其成熟应用和商业化的结果不仅催生了网络硬件设备、用户终端设备、应用软件等新的行业和产业，也为网上交易提供了实现平台，从而创造了网上银行、网络教育、网络零售、网络出版、电子商务等新型经济形式和经营模式，对传统的金融、商业、新闻、出版等服务性行业产生了强大的冲击，改变了行业价值链结构乃至行业、经济结构，迫使企业及行业必须重新定义其业务范围和竞争规则。

再如，以基因技术为代表的生物技术，自1970年首个人工基因研制成功后不断取得新的突破。2000年6月26日，科学家已宣布完成了首个人类基因组草图。基因工程、组织工程、干细胞工程、基因芯片、基因治疗等新技术的诞生，为生物医药的发展带来了一场新的革命。生物医药作为一个产业在发达国家已呈规模性发展，自20世纪90年代以来，全球生物药品销售额以年均30%的速度增长，这个速度远远高于医药行业年均不到10%的增长速度[6]。美国作为现代生物技术的发源地，生物技术市场资本总额超过400亿美元，2001年销售额已超过100亿美元[7]。可以预见，在不远的将来生物制药将取代传统化工制药成为市场主流。

一种高科技技术在新的领域中得到充分应用，也会创造出新的行业结构，并给传统行业带来毁灭性灾难。例如，数字技术应用在成像领域，就诞生了与光学、精密机械、微电子技术高度集合的数码照相机行业，在绝大程度上取代了已经有170多年历史基于化学感光技术的胶片相机。发光二极管(light emitting diode，LED)技术的出现，不仅创造了LED显示、背光等新的行业，还因其具有节能环保的特性，已大量用于城市路灯、景观照明、亮化美观工程。可以预测，一旦突破技术和成本限制，LED将应用于家庭照明领域，这样将给传统照明产业带来"灭顶之灾"。

甚至某些成熟的高科技技术应用于不同的地域，也会在与新的环境相适应、匹配的过程中产生质的变化而创造出巨大的市场，对已有行业产生巨大冲击。例如，2002年，"小灵通"被中国电信作为战略性技术引进中国市场，在不到5年时间内，用户累计数突破1亿人，并形成了一条完整的产业链，给中国的移动通信产业带来了巨大的冲击[8]。

近年来，电子商务在中国市场上的发展也呈现出蒸蒸日上的繁荣局面，不仅诞生了阿里巴巴、淘宝、卓越等著名的领先者企业，还有一大批如当当、京东商城、家电品牌网、家天下网络商城、蓝天网、中国制造网等专业电子商务企业正在迅速跟进。近年来出现的一种全新的电子商务模式——网络团购(business to team，B2T)[9]，更是受到有着群体文化特征的中国消费者的青睐，传统的零售业面临生死存亡的挑战。

以上事例都已发生在我们眼前，从回溯的眼光看它们都具有"创造性毁灭"的突出特征，因此称为新兴技术。然而，在 20 世纪 60 年代半导体器件和光纤传输技术发明之前，谁会料到计算机有如此广泛的应用，互联网会出现爆发式发展，以至于对人们的生活方式、全球经济和社会发展产生如此深远的影响？随着分子计算机的出现、量子通信技术的成熟、云计算技术的日益完善，未来的世界会怎样？人们似乎总是在新兴技术市场爆发后才感受到新兴技术改变传统行业和创造新行业的巨大影响力，在新兴技术兴起之初，谁有慧眼？

事实上，新兴技术带来的不仅有巨大机遇，更有对企业管理的全方位挑战。因为新兴技术另一本质特征是"高度的不确定性"[10]，既有可能成功地创造新行业，也有可能由于技术、市场、竞争环境等方面的不确定性而夭折。在不同新兴技术发展的过程中，既可以看到在新兴技术成功创造新行业过程中抓住机遇获得超额回报的企业，如英特尔、微软、甲骨文、思科等，也有付出巨大投资却颗粒无收的情况，如苦心经营人工智能的 Intellicorp 公司、开发世界语软件的公司等。即使在同一新兴技术发展的过程中，因为介入的时机不同，企业所获得的收益或承担的损失也存在显著差异。因此，就具体企业而言，选择何种新兴技术？何时启动新兴技术？新兴技术发展过程中企业组织、管理方式将发生怎样的变革？该新兴技术能否让企业获得成功？都充满着不确定性[11]。

企业要想在新兴技术管理这场特殊的战争中取胜，关键就是要理解与新兴技术的高度不确定性相关的动态性本质，认识不确定性，运用新的管理思维和方式发现机会之窗，估计新兴技术潜在的商业化价值，准确定位企业在新兴技术商业化过程中的作用[12]。但是，在新兴技术形成初期，也就是以某项高技术为主导的行业还未形成或行业特征并不突出，更谈不上对传统行业创造性毁灭的时期，企业应该如何发现这样的技术？如何选择其技术发展之路？朝着哪些方向付诸努力？才能在该技术形成的新兴行业中获得先动优势，甚至是主导优势，就显得至关重要。

就中国目前的状况而言，已有部分企业跟上了新兴技术这一轮新的竞争浪潮，并做了有益的尝试且取得了显著成效，因此许多新兴行业已应运而生[13,14]。2009 年 11 月 3 日，温家宝总理在向首都科技界发表的《让科技引领中国可持续发展》讲话中，完整表述了大力发展战略性新兴产业、争夺经济科技制高点的战略构想，并将新能源、新材料、生命科学、生物医药、信息网络、空间和海洋开发、地质勘测七大产业纳入了我国战略性新兴产业的范畴。这说明，那些先期进入这些行业的企业就已获得了先动优势，并能够在新一轮经济结构调整的浪潮中得到快速发展。但他们为什么能把握机会？在新技术决策初期选择了怎样的技术发展之路？受到哪些因素影响做出如此决策？是否有一定规律存在？能否给大多数还在观望等待的企业带来一些启示？他们如何发现、掌握、管理和推动新兴技术以获得竞争优势？都亟待研究总结。尤其是针对技术基础相对薄弱而市场资源极其丰富的中国企业，如何实现赶超和跨越式发展，更是至关重要，因此本书研究具有很强的现实意义。

学界也应系统研究并回答这些问题。

1.3　新兴技术研究现状与待解问题

由于新兴技术为后来者实现技术和经济跨越创造了机会[5,15,16]，因此受到各国(尤其是后发国家)政府、企业界和管理学界的高度重视。宾夕法尼亚大学沃顿商学院创立并发展了系列新兴技术研究的成果，集中收录在《沃顿论新兴技术管理》一书中。2005 年，中国学界以电子科技大学、浙江大学和清华大学为主要代表率先对该书所列不同领域的新兴技术问题进行了研究，先后提出了一些新的观点和认识，李仕明等对此做了很好的综述[17]。随后，该领域的研究进展集中体现在相继完成的相关博士论文之中[18-23]。其后，相关著述陆续问世。

新兴技术管理与技术管理、技术创新管理具有密切的学术理论渊源，技术创新管理从技术管理理论演变而来[24]。Day 和 Schoemake 指出，传统的战略规划、金融分析、组织设计、市场营销等方法，都是建立在持续性假设的基础上的，强调均衡性、持续性(可预知性)、合理性和最优化。面对新兴技术，传统的方法直接受到新兴技术发展非均衡性、极度模糊性等的挑战而失效。因此，管理新兴技术需要在传统管理理论的基础上，注入和补充一系列新的思想和方法[17]。

1.3.1　新兴技术的形成机制研究

任何一门相对成熟的科学，总是围绕某种现象建立起被大多数参与者公认的一套形式化语言体系(概念与逻辑体系)，并运用这套体系去解释现象的发生、发展和变化的规律与原因而展开研究。就新兴技术现象而出现的新兴技术管理研究而言，尚处在起步阶段，被公认的一套概念与逻辑体系正在形成之中，很多思想和方法正在提出、验证的过程中。虽然新兴技术具有高度不确定性和创造性毁灭的特征，但仍是脱胎于技术创新管理，因此，新兴技术管理领域的研究与战略管理领域的变革管理、创新管理领域的不连续创新和突破性创新等研究领域有着不可分割的关系，甚至出现了交叉和融合的趋势，但它们之间到底存在着怎样的联系，新兴技术管理的特殊性如何体现出来，都有待进一步研究。

纵观上述领域的相关研究文献和已有的对新兴技术管理的研究，作者发现了以下尚待进一步弄清楚的问题。

第一，概念混叠。由于新兴技术是普遍的技术创新中"浮现"的一类特殊创新现象，在其概念表述中，常常借用和演绎技术创新的相关概念。例如，对新兴技术与突破性创新(radical innovation)、不连续创新(discontinuous innovation)、破坏性创新(disruptive innovation)及构架创新(architecture innovation)等经典"创新"概念的辨析不足，导致不同概念的内涵(和外延)之间相互混叠，不仅妨碍了学术交流，也模糊了对新兴技术及其管理的本质认识[25-29]。作者经过阅读文献和多年从事新产品研发和市场拓展的经验认为，针对上述概念的辨析，大致可从三个方向去认识：①沿着技术自身发展的方向，即新兴技术针对的是所包含的知识"量"的累积突变和知识"质"的突破的技术；②沿着技术应用领域的方向，即新兴技术通过应用的深度开发或转移使市场产生爆发性增长；③沿着对行业的影响和破坏的程度和范围方向，即新兴技术一旦形成和发展起来，必然会对原有行业造成"创造性破坏"，只是程度和范围不同。其中，①、②可以认为是③的基本成因，③可以认为是①和②发展的可能结果。

第二，角度各异以致边界模糊。①研究范围和层次边界的模糊。即使沿着上述三个方向去认识新兴技术，但还牵涉新兴技术涉及的技术是指单个还是多个？涉及的应用领域是指地域还是行业？"创造性破坏"波及的范围是指一个行业还是整个产业，甚至是社会经济结构？由于对"创造性破坏"影响范围的界定和对这一过程所跨越的层次研究不同，而造成某些研究结果冲突。例如，"小灵通技术"与"互联网技术"谁是新兴技术？或者说谁更具有新兴技术的特征的问题之争[23]。②时间边界的模糊。从时间维度看，上述内容都不是在一个时刻完成的，彼此交互作用并出现显著效果是一个过程。就某一项具体的新兴技术而言，是什么时候成为新兴技术有意义还是什么时候具有了新兴技术的特质有意义？这都是现有研究中存在的不足。

无论是针对"小灵通技术"还是"互联网技术"，今天来回答这个问题似乎不言而喻。因为，如果我们把"小灵通技术"在中国市场的应用，放在中国通信技术由"固话通信"向"移动通信"转变的范畴内来认识，其在行业到产业的"创造性破坏"中，扮演了重要的角色，显然可称为新兴技术[7,23]。而"互联网技术"正在全球范围内对众多传统行业、产业乃至整个经济结构产生重大的"创造性破坏"，被公认为当之无愧的新兴技术。问题的关键是，今天来回答这个问题其实是事后判断，是"后验"知识。学界还要解决的一个问题是事前预测，在新技术层出不穷的时代，如何帮助企业判断哪些技术将成为下一轮的新兴技术，哪些技术能够给企业带来未来的价值，特别是在新兴技术行业还未形成或特征不明显时，企业是如何进行选择与决策的？用"后验"知识做些"先验"的尝试，以期为企业实践提供更多的指导。而目前对已经发展为新兴技术的研究居多，对新兴技术初期的相关研究还亟待补充。

第三，深度和系统性不足。目前新兴技术管理虽已成为一大研究热点，但大多数研究集中在：①对概念和逻辑的理解与分析，如新兴技术的概念、特点、思维与挑战等[30-34]；②对战略灵活性和动态能力等战略工具的研究，如新兴技术的战略资源观、新兴技术的组织形式、新兴技术的动态评估、新兴技术的投融资策略等[35-42]；③对新兴技术商业化潜力的评价与选择方面，如黄鲁成等提出了一些观点并提出了具体的方法[43-49]；④政府及行业在新兴技术管理中所起的作用[50-54]；⑤新兴技术的类别和演化机理方面，如王敏等做了有益的尝试[55-59]。但以上研究都还处在探索阶段：一方面，涉及面广，但深度远不及技术创新管理领域的成果；另一方面，都还是偏向技术、市场、组织、财务等各个方面的研究，显得不够系统，还不能很好地反映出新兴技术管理是多学科交叉、复合的特点。特别是在新兴技术形成初期，企业是如何识别与评价出"具有新兴技术特质"的适合自身的技术？其中技术、市场以及组织是如何动态匹配和发展变化的？这些问题都有待进一步深入和整合。

基于以上分析我们认为，作为科学研究的目标，必须从理论和实践的角度探寻出新兴技术管理的普适性问题和规律，帮助企业在认清技术与技术环境的前提下，根据自身特点选择正确的新兴技术发展之路。对这一问题的研究，是对现有新兴技术管理理论的一个重要补充。本书的上篇:新兴技术的形成机制,着重阐述这一问题的研究成果。

1.3.2 新兴技术的"峡谷"研究

随着对新兴技术及其管理研究的不断深入,尤其是扩大到新兴技术商业化进程中的起伏变化,作者发现在新兴技术获得大规模商业化应用的前期,有一个决定其生死存亡的"峡谷"。许多单从技术本身考察应该具有应用前景的新兴技术止步于"峡谷",而另一些新兴技术则穿越"峡谷",成长为颠覆行业的成功技术。

作者领导的团队据此开展研究,通过将技术生命周期理论应用于新兴技术商业化进程,运用早期采用者、早期市场、实用主义者、早期大众市场等关键概念,初步分析确定"峡谷"在新兴技术采用生命周期中出现的位置,即左端有远见者和右端实用主义者之间。

然后用案例研究及行为实验的方法,对"峡谷"特征、成因及形成机理进行研究,从以往单一的消费者心理因素解读,拓展到技术、市场、产品、消费者等多维度、多因素的影响分析,并构建了理论模型,特别是从"创新生态系统"的环境因素角度实证了理论假设,分析了"峡谷"的形成机理。并辅以定量研究探讨了含有缺失值的复杂性问题的决策方法。

进一步,选取电子信息产业中典型的新兴技术和企业,运用演绎和归纳的方法,采用一手数据和二手数据相结合,对"峡谷"左端的早期用户采用意向做了专门性探讨,再从"峡谷"左、右两端的市场结构、技术标准、产品形式、创新政策、竞争格局、产品价格等方面找出"峡谷"跨越的关键因素,探寻其跨越"介质"。最后构建了新兴技术"峡谷"的"左、右"端跨越理论模型,并进行了实证研究,提出新兴技术"峡谷"跨越的对策建议。

上述内容集结成下篇:新兴技术的"峡谷"与跨越。

1.4 篇 章 结 构

本书分为上、下两篇。上篇:新兴技术的形成机制,包括第 1 章绪论,第 2 章新兴技术的起源,第 3 章新兴技术的形成路径,第 4 章新兴技术路径形成的影响因素,第 5 章企业对新兴技术形成路径选择的实证研究。

下篇:新兴技术的"峡谷"与跨越,包括第 6 章新兴技术"峡谷",第 7 章新兴技术"峡谷"特征及成因,第 8 章新兴技术"峡谷"的形成机理,第 9 章新兴技术"峡谷"早期市场用户采用意向实证研究,第 10 章新兴技术产品"峡谷"跨越实证研究。

本章参考文献

[1] 路甬祥. 创新与未来[M]. 北京:科学出版社,1998.

[2] 柯晴. 十种新兴技术将改变世界[J]. 人民文摘,2003(9):42-43.

[3] 银路,王敏,萧延高,等. 新兴技术管理的若干新思维[J]. 管理学报,2005,2(3):277-280.

[4] Schumpeter J A. The Theory of Economic Development[M]. Cambridge：Harvard University Press，1934.

[5] 戴，休梅克. 沃顿论新兴技术管理[M]. 石莹，等译. 北京：华夏出版社，2002.

[6] 魏国平. 新兴技术管理策略研究——基于新兴技术特征的分类分析[D]. 杭州：浙江大学，2006.

[7] 文淑美. 全球生物制药产业发展态势[J]. 中国生物工程杂志，2006，26(1)：92-96.

[8] 宋艳. 新兴技术的动态评估与小灵通的成功之道[J]. 管理学报，2005，2(3)：337-339.

[9] 钱大可. 网络团购模式研究[J]. 商场现代化，2006(2)：36-37.

[10] Day G S，Schoemaker P J H，Gunther R E. Wharton on Managing Emerging Technologies[M]. New York：John Wiley & Sons，Inc.，2000.

[11] Mechanical C H. Foresight：Crafting Strategy in an Uncertain World[M]. Boston：Harvard Business School Publishing，2001.

[12] Marburg D，Moon G. Technology commercialization-the choices facing researchers IEEE[J]. Canadian Review Summer，2000，3(5)：31-40.

[13] 冯赫. 关于战略性新兴产业发展的若干思考[J]. 经济研究参考，2010(43)：62-68.

[14] 姜大鹏，顾新. 我国战略性新兴产业的现状分析[J]. 科技进步与对策，2010，27(17)：65-70.

[15] 高建，程源，徐河军. 技术转型管理的研究及在中国的战略价值[J]. 科研管理，2004，25(1)：49-54.

[16] 高旭东. "后来者劣势"与我国企业发展新兴技术的对策[J]. 管理学报，2005，2(3)：291-294.

[17] 李仕明，肖磊，萧延高. 新兴技术管理研究综述[J]. 管理科学学报，2007，10(6)：76-85.

[18] 邓光军. 研发与新兴技术投资的实物期权模型及应用研究[D]. 成都：电子科技大学，2006.

[19] 陈宗年. 新兴技术管理体系与策略研究——基于中国市场特性的分析[D]. 杭州：浙江大学，2006.

[20] 卢文光. 新兴技术产业化潜力评价及其成长性研究[D]. 北京：北京工业大学，2008.

[21] 张瑛. 新兴技术企业信用风险评估方法研究[D]. 成都：电子科技大学，2009.

[22] 肖磊. 基于技术变革的价值生态系统研究——内涵、结构及演化[D]. 成都：电子科技大学，2009.

[23] 王敏. 新兴技术"三要素多层次"共生演化机制研究[D]. 成都：电子科技大学，2010.

[24] 吴贵生. 技术创新管理[M]. 北京：清华大学出版社，2000.

[25] 付玉秀，张洪石. 突破性创新：概念界定与比较[J]. 数量经济技术经济研究，2004(3)：73-83.

[26] 陈劲，戴凌燕，李良德. 突破性创新及其识别[J]. 科技管理研究，2002(5)：22-28.

[27] 徐河军，高建，周晓妮. 不连续创新的概念和起源[J]. 科学学与科学技术管理，2003(7)：53-56.

[28] 徐河军，高建，周晓妮. 不连续创新、不确定性和现有企业生存[J]. 科技管理研究，2003(5)：34-38.

[29] 陈继详，王敏. 破坏性创新理论最新研究综述[J]. 科技进步与对策，2009，26(6)：155-160.

[30] 银路，石忠国，王敏，等. 新兴技术：概念特点和管理新思维[J]. 现代管理科学学，2005(4)：5-7.

[31] 赵振元，银路，成红. 新兴技术对传统管理的挑战和特殊的市场开拓思路[J]. 中国软科学，2004(7)：72-77.

[32] 华宏鸣. 技术与管理创新简明教程[M]. 北京：中国人民大学出版社，2005.

[33] 刘炬，李永建. 新兴技术的技术不确定性及其对企业的启示[J]. 理论与改革，2005(5)：159-160.

[34] 赵洪江，陈学华，苏晓波. 新兴技术、新技术、高技术及高新技术概念辨析[J]. 企业技术开发，2005(11)：40-62.

[35] Kostoff R N，Boylan R，Simons G R. Disruptive technology roadmaps[J]. Technological Forecasting and Social Change，2004(71)：141-159.

[36] 李仕明，李平，肖磊. 新兴技术变革及其战略资源观[J]. 管理学报，2005，2(3)：304-306.

[37] 程跃，银路. 基于企业动态能力的新兴技术演化模型及案例研究[J]. 管理学报，2010(1)：43-49.

[38] 何应龙，周宗放. 我国新兴技术企业特征函数与成长模型研究[J]. 管理评论，2010(10)：91-99.

[39] 张伟, 刘德志. 新兴技术投资风险的多层次模糊综合评价模型[J]. 科技与管理, 2008(1): 31-33.

[40] 银路, 李天柱. 情景规划在新兴技术动态评估中的应用[J]. 科研管理, 2008(4): 12-18.

[41] 井润田, 刘萍, 傅长乐. 新兴技术辨识的组织理论解释[J]. 研究与发展管理, 2006(5): 82-88.

[42] 魏平, 高建. 跃迁模型: 制定新兴技术战略的一种理论方法[J]. 科学学研究, 2006(5): 684-687.

[43] 黄鲁成. 辨别新技术商业化潜力的思路[J]. 科学学研究, 2008(2): 231-236.

[44] 黄鲁成, 王冀. 新兴技术商业化成功的环境影响因素实证研究[J]. 科技进步与对策, 2011, 28(1): 1-5.

[45] 王吉武, 黄鲁成, 卢文光. 新兴技术商业化潜力的涵义及评价方法探讨[J]. 科学学与科学技术管理, 2008(4): 32-35.

[46] 卢文光, 黄鲁成. 新兴技术产业化潜力评价与选择的研究[J]. 科学学研究, 2008(6): 1201-1209.

[47] 杨壬飞, 仝允桓. 新技术商业化及其评价的研究综述[J]. 科学学研究, 2004(S1): 37-41.

[48] 程善宝. 新兴技术产业化的系统动力学研究[D]. 北京: 北京工业大学, 2010.

[49] 宋丽敏, 陈阳. 新兴技术商业化的制约因素分析及其发展对策[J]. 经济研究导刊, 2009(18): 33-34.

[50] 鞠晴江. 构建新兴技术基础设施——适应新兴技术的公共政策探析[J]. 科技管理研究, 2006(1): 7-9.

[51] 刘新艳, 吴琨, 刘和东. 新兴技术产业化中的政府角色分析[J]. 科技管理研究, 2010(17): 14-17.

[52] 高峻峰. 政府政策对新兴技术演化的影响——以我国 TD-SCDMA 移动通讯技术的演化为例[J]. 中国软科学, 2010(2): 25-33.

[53] 陈洪涛, 陈劲, 施放, 等. 新兴产业发展中的政府作用机制研究——基于国家政治制度结构的理论分析模型[J]. 科研管理, 2009(3): 1-8.

[54] 董书礼. 新兴技术商业化与政府作用[J]. 中国科技论坛, 2008(5): 16-19.

[55] 王敏, 银路. 新兴技术演化的整体性分析框架: "三要素多层次"共生演化机理研究[J]. 技术经济, 2010(2): 28-38.

[56] 程跃, 银路, 李天柱. 企业能力与新兴技术的共生演化——基于锐捷网络公司的案例研究[J]. 研究与发展管理, 2009(6): 2200-2207.

[57] 王敏, 银路. 技术演化的集成研究及新兴技术演化[J]. 科学学研究, 2008(3): 466-471.

[58] 王敏, 银路. 技术推动型与市场拉动型新兴技术演化模式对比研究——基于动态战略管理的视角[J]. 科学学研究, 2008(S1): 24-29.

[59] 周述琴, 傅强, 王敏. 新兴技术演化的生态系统分析[J]. 科技进步与对策, 2007(8): 19-21.

第2章　新兴技术的起源

新兴技术蓬勃发展，正在颠覆性地改变我们的生产、生活方式，对世界产生着深刻影响。有关新兴技术管理的研究方兴未艾，是技术创新管理的重要方向和前沿热点。在本章中，我们追本溯源寻找新兴技术的源头，从技术创新研究入手，基于不连续创新和生物进化理论两个视角探讨新兴技术起源、发展及管理研究的基本脉络，为后续系统研究奠定基础。

2.1　新兴技术起源的理论基础

新兴技术是一个具有特定含义的概念，既属于技术的范畴，又暗含着管理创新的本质，总体隶属于技术创新研究的范畴。因此，要对新兴技术起源及形成路径进行深入探讨，需要对技术创新及管理的相关理论进行系统回顾，以理清从技术创新管理到新兴技术管理的理论发展脉络及它们之间的关系，找到其研究的理论基础。

2.1.1　技术创新理论

1. 技术创新的概念

自从 1912 年美籍奥地利经济学家熊彼特在其《经济发展理论》一书中首次提出"创新"(technical innovation)概念后，这一命题便成为西方社会各界普遍关注的话题和研究的重点。进入 20 世纪 70 年代以来，技术创新成为国际性的热门研究问题，并得到世界各国经济理论界和政府部门的广泛认同。中国的技术创新研究始于 20 世纪 80 年代，并从此形成了热潮，直到现在还在不断地深化与演变。

经过文献梳理，将不同时期有代表性的技术创新的定义及简要评述列于表 2-1。

表 2-1　代表性的技术创新定义

学者及年代	定义内容	简要评述
熊彼特(Schumpeter) (1912 年) 《经济发展理论》[1]	创新是企业家对生产要素的新的组合，即把一种从来没有用过的生产要素和生产条件的新组合引入生产体系，从而形成一种新的生产能力，以获取潜在利润。具体来说，创新包括五种情况：①引进新产品；②引用新技术；③开辟新市场；④控制原材料新的供应来源；⑤实现工业的新组织	①创新是一个经济学范畴而非技术范畴； ②创新概念包含的范围广，涉及技术、市场、组织方面的创新； ③技术、市场、组织可在单维度形成创新，只要能创造经济效益
罗斯托(Rostow) (1960 年) 《经济成长的阶段》[2]	社会发展必须依次经过六个阶段：①传统社会阶段；②起飞准备阶段；③起飞进入自我持续增长的阶段；④成熟阶段；⑤高额群众消费阶段；⑥追求生活质量阶段。各阶段的发展，尤其是起飞阶段主要依靠技术创新来实现	①把"创新"的概念发展为"技术创新"； ②强调"技术创新"在"创新"中的主导地位； ③指出发展中国家正处在起飞阶段

续表

学者及年代	定义内容	简要评述
伊诺思(Enos) (1962 年) 《石油加工业中的发明与创新》[3]	技术创新是几种行为综合的结果,这些行为包括发明的选择、资本投入保证、组织建立、制订计划、招用工人和开辟市场等	①从行为集合的角度给出定义; ②强调各种行为的综合运用
林恩(Lynn)[4] (20 世纪 60 年代)	技术创新是始于对技术的商业潜力的认识而终于将其完全转化为商业化产品的整个行为过程	①首次从创新时序过程角度来定义技术创新; ②强调技术创新是一个过程
迈尔斯(Myers)和马奎斯(Marquis) (1969 年) 《成功的工业创新》[5]	技术创新是一个复杂的活动过程,从新思想、新概念开始,通过不断地解决各种问题,最终使一个有经济价值和社会价值的新项目得到实际的成功应用	①同样从过程角度定义了技术创新; ②强调技术创新结果是要通过应用实现其经济价值或社会价值
厄特巴克(Utterback) (1974 年) 《产业创新与技术扩散》[6]	技术创新与发明或技术样品相区别,创新就是技术的实际采用或首次应用	强调以是否得到应用作为技术创新的判断标准
迈尔斯(Myers)和马奎斯(Marquis) (1976 年) 《科学指示器》[7]	技术创新是将新的或改进的产品、过程或服务引入市场。可以通过模仿获得创新收益	①扩大了技术创新的外延; ②明确将模仿创新和工艺改进(不需要引入新技术知识)划入技术创新定义范围中
缪尔赛(Mueser)[8] (20 世纪 80 年代中期)	技术创新是以其构思新颖性和成功实现为特征的有意义的非连续性事件	①对以往技术创新概念进行了系统的整理分析; ②强调技术创新两方面的特殊含义:活动的非常规性,包括新颖性和非连续性;活动必须获得成功实现
弗里曼(Freeman)和苏特(Soete)(1982 年) 《工业创新经济学》[9]	技术创新就是指新产品、新过程、新系统和新服务的首次商业性转化	①把创新对象基本上限定为规范化的重要创新; ②从经济学的角度考虑创新
傅家骥 (1998 年) 《技术创新学》[10]	企业家抓住市场的潜在盈利机会,以获取商业利益为目标,重新组织生产条件和要素,建立起效能更强、效率更高和费用更低的生产经营方法,从而推出新的产品、新的生产(工艺)方法、开辟新的市场,获得新的原材料或半成品供给来源或建立企业新的组织,它包括科技、组织、商业和金融等一系列活动的综合过程	①此定义是从企业的角度给出的; ②强调了企业家的作用; ③认同技术创新是个综合过程; ④强调获取商业利益是技术创新的目的
吴贵生 (2009 年) 《技术创新管理》[11]	技术创新是指由技术的新构想,经过研究开发或技术组合,到获得实际应用,并产生经济、社会效益的商业化全过程的活动	①强调了技术创新的来源; ②以实现商业化为判断标准; ③技术创新是从构想到实现商业化的全过程

综上所述,技术创新是一个科技、经济一体化的过程,包括科学、技术、组织、市场、金融和商业的一系列活动。技术创新是通过将科学发现带来的技术发明转变成具有新的使用功能或增强使用功能的工具或产品,以满足或创造人们的应用需求为目的,从而创造价值或实现价值增长的技术经济活动的全过程。

2. 技术创新理论兴起

就世界范围而言,工业革命以来的历次产业革命表明,科学技术的发展与进步从来都是人类社会发展与进步的重要推动力量。但是,就一个国家、一个行业、一个企业而言,所掌握和拥有的科学技术并不一定能转化为经济竞争优势。究其原因,科学技术与经济发展作为两个彼此独立的平行系统存在,没有构建一体化的技术经济系统来强化科学技术与经济发展的内在关联和相互作用。

经济学家熊彼特首先关注到这一问题，并于 1912 年提出了"创新理论"。之后，又于 1934 年和 1942 年分别出版了《经济周期》与《资本主义、社会主义和民主主义》两部专著[12,13]，对创新理论加以补充和完善，逐渐形成了以创新理论为基础的独特的创新经济学理论体系。熊彼特"创新理论"的基本出发点就是希望从技术与经济相结合的角度，探讨技术创新在经济发展过程中的作用。熊彼特指出：①创新是生产过程内生的，是经济生活内部自行发生的变化而非外部强加的影响；②创新是一种革命性变化，具有间断性与突发性的特征，其对经济发展的影响应该采用"动态"分析的方法进行研究；③创新同时意味着毁灭，在竞争性经济生活中，新组合的形成意味着对旧组合通过竞争而加以消灭；④创新必须要创造出新的价值，必须要产生新的经济价值；⑤经济发展不同于经济增长，而创新是经济发展的本质规定；⑥创新的主体是企业家。

熊彼特的这一理论突破了传统经济学所强调的静态均衡，它强调短期的最优并不代表长期的最优。他把技术（实际是新技术和新发明）作为一种核心要素与资本和管理要素相结合，纳入以创造新价值（新的经济价值）为目标的经济活动，构建起技术-经济一体化的技术创新理论框架，使技术进步和创新因素开始从外生变量过渡成为经济发展的内生变量。

3. 技术创新理论发展

20 世纪 50 年代以后，许多国家的经济出现了长达近 20 年的高速增长"黄金期"，这一现象已不能用传统经济学理论中资本、劳动力等要素简单解释。西方学者对技术进步与经济增长的关系产生了兴趣并开展了深入的研究，但直到 20 世纪 70～80 年代，技术创新的问题才引起主流经济学和管理科学界的重视，出现了有关技术创新的专门领域的研究，从而使技术创新理论得到了长足的发展。

纵观技术创新理论的发展，可发现当代西方研究有两大分支：一是新古典经济学家将技术进步纳入新古典经济学的理论框架，先后形成了新古典学派、新熊彼特学派、制度创新学派和国家创新系统学派；二是侧重研究技术变迁、创新的扩散和技术创新的"轨道"和"范式"等的技术演化理论问题。

1) 新古典学派理论的发展

新古典学派理论的发展、代表人物、主要观点和贡献见表 2-2。

表 2-2　新古典学派理论的发展、代表人物、主要观点和贡献

理论发展	代表人物	主要观点	主要贡献
新古典学派	索洛(Solow)等	运用了新古典生产函数原理，表明经济增长率取决于资本和劳动的增长率、资本和劳动的产出弹性及随时间变化的技术创新。提出了创新成立的"两步论"（即新思想的来源与以后阶段的实现和发展）以及"索洛残差""索罗黑箱"等概念[14,15]	①区分出经济增长的两种不同来源：一是"增长效应"，二是"水平效应"；②"两步论"被认为是技术创新概念界定研究的一个里程碑
新熊彼特学派	爱德温·曼斯菲尔德(Edwin Mansfield)、莫尔顿·卡曼(Morton Carman)、南希·施瓦茨(Nancy Schwartz)等	强调技术创新和技术进步在经济增长中的核心作用；将技术创新视为一个相互作用的复杂过程；重视对"黑箱"内部运作机制的揭示和对创新过程的分析[16,17]	先后提出了许多著名的技术创新模型，包括：新技术推广、技术创新与市场结构的关系、企业规模与技术创新的关系等

续表

理论发展	代表人物	主要观点	主要贡献
制度创新学派	兰斯·戴维斯(Lance Davis)和道格拉斯·诺斯(Douglas North)等	认为经济增长的关键是设定一种能对个人提供有效刺激的制度,该制度确立一种所有权,即确立支配一定资源的机制,从而使每一活动的社会收益率和私人收益率近乎相等[18]	强调了制度与技术创新的关系。提出了产权的界定和变化是制度变化的诱因与动力,新技术的发展必须建立一个系统的产权制度
国家创新系统学派	克里斯托夫·弗里(Christopher Freeman)理查德·纳尔逊(Richard Nelson)等	认为技术创新不仅是企业家的功劳,也不是企业的孤立行为,而是由国家创新系统推动的。在这个系统中,企业和其他组织等创新主体通过国家制度的安排及其相互作用,推动知识的创新、引进、扩散和应用,使整个国家的技术创新取得更好的绩效[19]	首次提出国家创新系统是参与和影响创新资源的配置及其利用效率的行为主体、关系网络和运行机制的综合体系

2) 技术演化理论的发展

自熊彼特将技术进步和创新因素作为经济发展的内生变量,强调技术的成长是一个与时间相关的动态过程后,很多学者在此基础上,对技术变迁的过程和影响进行了大量深入的探讨和探索,逐步形成了技术演化理论。20 世纪 60~70 年代,技术创新的线性模型一度成为最有影响的创新模型,称为线性范式[20]。线性范式认为技术创新一般经历发明→开发→设计→中试→生产→销售等简单的线性过程,局限于单个企业内部的技术过程[21]。其间,以 Abernathy 和 Utterback 提出的 A-U 模型,及主导设计的概念最为著名[22]。Dosi 提出了技术轨道的概念,他认为创新技术的演化一般会有一定的技术轨道,不同行业或企业的创新往往具有不同的技术轨道,总是基于某种技术范式,它是解决技术问题通行的模型和模式[23]。之后,一些学者相继提出了路径依赖理论[24]和技术生命周期理论[25]。

研究中有学者发现,外部的信息交换及协调对于创新具有重要的作用,它可以有效克服单个企业技术创新时的能力局限,降低创新活动中的技术和市场不确定性。Kline 和 Rosenberg 提出了有较大改进的链式连接模型(chain-linked model)[26]。这个模型认为创新过程包含多重信息反馈机制,尤其是市场需求的反馈。von Hippel 也提出了用户创新的思想,突出用户在组织创新中的地位和作用[27]。Tushman 和 Anderson 则提出了创新不一定是渐进过程,有可能是激进性的[28]。吴晓波和李正卫也认为,技术演进的路线可分为线性路径(范式内)和非线性路径(范式转换)。当技术沿着线性路径发展时,技术进步主要表现为渐进的、积累的、连续性的过程;当技术沿着非线性路径演化时,技术进步主要表现为突变的、跃迁的、非连续性的过程,即范式转换[29]。

随后的研究进一步发现,现代技术创新已不是瓦特和爱迪生那时可以单打独干的个人英雄时代,单个人已很难掌握一项技术创新所需要的全部知识,创新是在不同个体和组织的相互沟通与合作中完成的。因此,创新研究的视野从单个企业内部转向企业与外部环境的联系和互动,促成"网络范式"的兴起。随之,学者在组合创新、创新网络、集成创新、集群创新、区域创新等方面进行了很多探讨,并形成了相应的理论[30-40]。20 世纪 90 年代后,技术演化理论逐渐与新古典学派的理论出现交叉、融合,以创新系统理论的提出为标志[41-46]。进入 21 世纪,创新理论的发展向更高层次迈进,相继出现了创新生态理论、价值网络理论及复杂性理论等。近年来,借用生物学的研究成果,创新"双螺旋结构"演进理论初步提出。这些基于动态、复杂、不确定环境下的创新理论,正是本书研究的理论基础,将在后面详述。

4. 技术创新管理理论概述

技术创新管理理论从技术管理理论演变而来,技术创新管理是对从技术起源(技术发明,主要指研发)到技术实现(包括设计、制造、销售、服务的商业化、产业化过程)的技术创新过程中的资源配置及其组织、管理,是对技术创新的管理[11]。在上述技术创新理论发展过程中也伴随着技术创新管理理论的演变。本书以企业为视角,对企业技术创新管理的三大流派进行简要概述。

1) 基于战略分析的创新管理

该流派主要从战略的视角研究技术创新管理,包括技术创新与核心能力的关系、技术战略与企业经营战略的协同匹配等[47-51]。主要代表人物有纳雷安安(Narayanan)、波特(Porter)、哈默(Hammer)和普拉哈拉德(Prahalad)、伯格曼(Burgelman)、哈里(Harry)、利特尔(Little)等。

2) 基于能力的创新管理

技术能力理论的主要观点是:技术能力是决定发展中国家企业竞争力的重要因素[52];发展中国家企业技术能力增长是一个引进、吸收和提高的过程[53-55];技术能力的增长不仅需要企业发展技术的能力,更需要企业的综合能力,逐渐形成企业的核心能力[56,57];但同时要避免"核心能力"变成"核心刚性",而使得重要的新能力被忽略或低估[58];随后企业基本能力[59]和动态能力[60]的概念被提出,形成了能力(整合、重构内外部组织技能、资源)创新管理理论,该理论已成为目前企业技术创新管理重要的理论支撑。

3) 基于资源的创新管理

该理论不仅强调企业自身资源的重要性,同时提出企业可通过将利益相关者作为资源来进行技术创新。首先,创新信息来源最有可能从用户那里获得,特别是与领先用户沟通与合作,能在创新早期过程获得极大收效。其次,是利用好供应商的资源进行创新,供应商在产品设计与开发,特别是价格确定中的作用往往是影响企业技术创新范围的决定因素。其他利益相关者,如银行、学校、研发机构、分销机构、公众媒体等都可能成为企业技术创新的强大资源,从而引发社会资本和资源网络的研究热潮,并产生"动态网络"的创新管理理论[61]。

在总结借鉴国内外研究的基础上,Xu[62]基于复杂性理论和生命观提出了全面创新管理理论(total innovation management,TIM)理论,成为企业创新的新基本范式。

2.1.2　新兴技术研究

1. 新兴技术的定义

新兴技术(emerging technology)是近几年出现的一个专用名词,按照沃顿商学院 Day 和 Schoemake 的定义:新兴技术是建立在科学基础上的革新,它们可能创立一个新行业或改变某个老行业。它们包括产生于激进革新的间断技术,以及通过集中多个过去独立的研究成果而形成的更具创新性的技术[63]。具体而言：①技术知识在扩展，即不断发展的技术知识。例如，移动通信中的 2G、3G、4G 和 5G，互联网技术等。②在现有市场中的应用在经历着革新。市场还是原来的市场，但应用的产品在更新换代。例如，个人计算机中的多核技术，计算机存储技术中的 U 盘、移动硬盘技术等。③新市场正在发展或形成。技术是已经有的技术，但发现或开辟了新的市场。例如，微波技术原来主要运用于通信领域，现利用微波可以从物体内部加热的原理，将传统的纸浆通过内部加热制造出环保的纸浆发泡包装填充材料，以消除白色污染。

在此基础上，国内学者从时间属性、内容属性、功能属性、发展属性等方面认识、定义、界定和分析新兴技术。银路等提出新兴技术是指那些新近出现或正在发展的、对经济结构或行业发展产生重要影响的高技术[64]。但特别强调并不是所有的新近发展起来的高技术都是新兴技术，而只有能对经济结构或行业发展产生重要影响的高技术才是新兴技术[65]。华宏鸣则认为新兴技术是指未被商业化的，但在 3～5 年能被商业化的技术；或者是现在已经被应用但将会发生明显变化的技术，如高温超导、航天飞机等[66]。一种比较全面的定义由李仕明等提出：新兴技术是建立在信息技术、生物技术和其他学科基础上，具有潜在产业前景，其发展、需求和管理具有高度不确定性，正在涌现并可能导致产业、企业、竞争及管理思维、业务流程、组织结构、经营模式产生巨大变革的技术[67]。

从定义可看出，新兴技术与传统意义的高技术和新技术是不同的，它们之间的区别与联系，银路和王敏等在《新兴技术管理导论》一书中做了很好的比较分析[68]。Day 和 Schoemake 在对新兴技术下定义时，也强调指出：新兴技术管理的焦点是企业管理者如何将正在形成的新技术(不管是公司内部的还是公司外部的，外部获得的技术可能是新的，也可能是成熟的)转变为现有市场或新市场中的价值创造[63]。因此，新兴技术关键是在"兴"上，表明是正在涌现的、正在被人们所认识的、正在兴起的高技术。它可能刚刚面世，也可能已经存在，只是由于环境、市场等，这项技术过去一直没能在市场应用中得以完善和提升，而没有更广泛地被人们认知和接受。判断标准是看该技术是否给企业带来价值(初期是一个或少数企业，价值更多是一种预期)，且有足够的发展空间，吸引更多的企业参与，以至于对经济结构或行业发展产生影响。而这种影响从时间、范围和程度上看是有所不同的。从时间上看，这种影响可能是未来的，如生物芯片、纳米技术，也可能是即期的，如互联网技术、生物技术等，还有可能是曾经发生过的，如半导体技术、集成电路技术等，它们曾经是新兴技术，而现在成了传统技术。从影响范围上看，可能是全球的(互联网技术)，也可能是某一个国家和区域的(小灵通技术)；从影响程度上看，可能是多个行业、产业甚至是整个经济结构的，也可能是某一个或几个行业的。因此，新兴技术不是静态的技术，而是一个动态发展的过程，它的管理极其复杂，不能一概而论，必须在辨析其特征的基础上，找到恰当方法分门别类进行探讨，每一类别的新兴技术有着特定的形成方式。

2. 新兴技术的特征辨析

新兴技术最本质的特征是高度不确定性和创造性毁灭(或称创造性破坏)，以及独特的阶段性和"赢者通吃"的特征。

1) 不确定性特征

首先是技术的不确定性：因为新兴技术的探索处在科学技术的最前沿，风险因素难以准确预估。任何一项创造性的构思、设计和实施都具有风险性，要么成功，要么失败。

其次是市场的不确定性：1995 年，交互式电视作为最热门的新电子商业活动占据了人们的视野，而随着互联网揭示了通过网络链接的力量可以使图像与信息自由传递，交互式电视之梦就逐渐被人们遗忘。没有一项新兴技术能够保证一定被市场所接受，也不能保证不会快速地被其他技术所取代。消费者总是善变的，他们今天认为无聊的东西，也许明天就成为最热门的产品，也许在某一国度或区域不受消费者青睐的技术，而在另外的国家和地域兴旺发达、蓬勃发展。

这两项不确定性给管理者带来了极大的困惑，导致组织与管理[69]及对环境资源的了解与把握也处于高度不确定状态，常常使管理者陷于两难选择[70]。

新兴技术的不确定性具有动态性、多维性、模糊性和复杂性特征，不是没有被认识的不确定性，而是一种不能被完全认识和预测的不确定性，即使经过最精密的可能性分析之后仍然存在的不确定性[71]，休·考特尼（Hugh Courtney）等称为剩余不确定性[72]。

2) 创造性毁灭特征

在 20 世纪 30 年代 Schumpeter 就指出，创新的本质就是创造性破坏的过程[73]。Tripsas 也认为创造性破坏的过程是原有公司和新进入企业之间的竞争过程[74]。而新兴技术的出现和应用，必定会创造一个甚至几个新行业，破坏或毁灭一个甚至多个老行业，改变原有价值链结构和企业间的竞争规则，使企业原有的基础结构、程序、组织结构、能力和思维模式必须随之而发生改变，甚至重新定义其业务范围等。因此，新兴技术的创造性毁灭特征被凸显出来。

这种例子不胜枚举，从表 2-3 中可更直观地体会到新兴技术的创造性毁灭特征。

表 2-3　新兴技术的创造性毁灭特征举例[69]

颠覆性技术	被颠覆的对象	被毁灭(颠覆)程度
手机短信	寻呼机	全部
U 盘、移动硬盘	软磁盘	全部
VCD、DVD	磁带录像机	几乎全部
MP3、MP4	随身听	几乎全部
手机短信、电子邮件	电报、传真	几乎全部
晶体管	电子管	几乎全部
个人计算机	小型计算机	几乎全部
数码相机	胶卷相机	几乎全部
台式打印机、复印机	大型印刷机、大型复印机	几乎全部
电子表	机械表	几乎全部
通信光缆	同轴电缆	几乎全部
无线电话	固定电话	部分颠覆
手机短信、电子邮件	信函	部分颠覆
互联网	图书、报纸	部分颠覆
互联网	电影院	部分颠覆

3) 阶段性特征

表 2-3 中的"毁灭"有的是已经发生，有的是正在发生，从时间上看肯定还会有即将发生的，因此，新兴技术不仅是指一种特殊的高技术，还应是这种高技术的特殊发展阶段，也就是发生创造性毁灭的阶段。汉米尔顿曾创立了一种新知识演变模型，如图 2-1 所示，指出新兴技术给管理者带来的挑战，是从科学研究揭示出一种技术可能性后，一直到该技术商品化进入主流市场，即"形式竞争"和"应用竞争"两个交叉点之间的区域[75]。

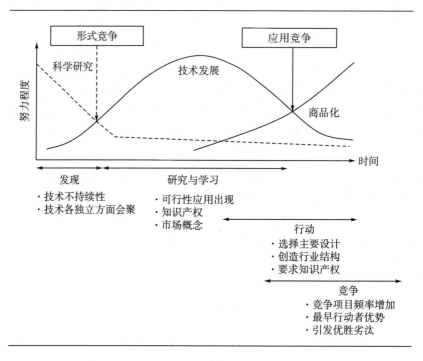

图 2-1　新知识的演变过程

之前的科学研究并不特别关注技术的市场价值，其主要目的是形成科技成果，因此不可能吸引更多的企业参与，更不可能有新行业的诞生，所以不属于新兴技术范畴；之后的商品化主要任务是如何让客户满意，获得稳定的收入与利润，这时的技术已无太大的发展空间，行业结构处于相对稳定的态势，也不再具有新兴技术的高度不确定性与创造性毁灭的特征。而恰巧这两个交叉点之间，存在着极大的不确定性和复杂性，如果有管理者善于发现机会，选择恰当的技术之路来实现价值创造，就会吸引更多的企业进入，那么新行业兴起或对老行业的冲击就会发生，就是我们探讨的新兴技术。但当以某一新兴技术为主导的新兴行业发展稳定时，转入以应用竞争为主，行业逐渐成熟，竞争格局趋于稳定，已有的战略管理、竞争、营销、组织理论就很适用，也就自然不属于新兴技术讨论的范畴。因此，新技术的阶段性也是需要被认识的一个特点，说明它不是单纯的技术概念，而是一个动态发展的过程，是沿着特定路径发展演变而逐渐形成的。

4)"赢者通吃"特征

李仕明等还提出了新兴技术的另一特征——"赢者通吃"[76]。在许多行业,往往是先动优势与后发优势并存,优势的获取与企业的资源和策略相关联。但是,在知识经济时代,在新兴技术领域和新兴行业,由于新兴技术的创造性毁灭和激烈竞争,呈现出"赢者通吃"的特质——一种不同于一般行业先动优势的先动效应[77],后动意味着承受更多的后发劣势[78]。

这一特征强调了某一新兴技术创造性毁灭实现过程中,掌握该新兴技术的企业将成为行业的龙头而具有绝对的竞争优势。通常是一些睿智的企业管理者先于别人创造、发现或者选择某一具有巨大应用前景的高技术(可能是成熟技术),并在技术应用成功开发后,选择恰当时机启动产业化进程,率先占领市场,以"先动优势"获取"先动效应"和"称霸地位"。例如,英特尔的半导体芯片技术、微软的 Windows 操作系统和视窗技术、华为的程控电话交换机技术、大唐电信的 TD-SCDMA(time division-synchronous code division multiple access,时分同步码分多路访问)技术。跟随者则只能居于从属地位,至多分得一羹半璞。最为危险的是如果企业对新兴技术完全不敏感,固守传统技术、产品、产业和行业,就面临因为新兴技术创造性毁灭颠覆整个传统行业所形成的市场"挤出效应"的威胁。

5)对新兴技术特征的总结

第一,新兴技术与传统技术有很大区别。首先是因为其"新",具有创新性,是一种技术创新。新兴技术是在广泛利用现代科学技术成果的基础上,通过代价高昂的研究与发展投入,支持知识的开拓和积累不断进行的技术创新;其次是其"兴",它是指正在涌现的、正在被人们所认识的、正在兴起的技术。它可能刚刚面世,也可能已经存在,只是由于环境、市场等,这项技术过去一直没能在市场应用中得以完善和提升,而没有更广泛地被人们认知和接受。

第二,新、老技术相比,老技术的技术、基础结构、市场应用、客户分布、行业状况及形成的整个价值链都是一目了然的,而新兴技术却有着极大的不确定性。

第三,新兴技术具有很大的复杂性。与老技术不同的是,新兴技术有的来源于一些边缘技术与某些老行业的融合,有的是以前完全不相干的几个学科交叉结合创造出来的新技术。例如,计算机 X 射线轴向分层造影(computerized axial tomography,CAT)扫描仪是 X 射线技术和计算机技术结合的产物。X 射线技术在医学领域已经得到应用,而计算机技术以前是用于数据处理,这两项技术的结合创造了新技术。又如,20 世纪 80 年代发展起来的生物芯片技术,它是集合了生命科学、微电子、微机械、物理、化学及计算机技术的新兴技术。因此,新兴技术表现出的是技术的复杂性和管理的复杂性。它要求技术人员不断学习理解,扩大知识面,能随时跟上知识更新的步伐。在众多不可预知、反复无常的条件下预测未来,对企业管理者而言是非常困难的事情,然而因为复杂而放弃将是更加愚蠢的。保持正确的心态,虚心学习,认识到各种可能性,找准定位,并做出选择,制定相应的战略,对于企业管理者而言是至关重要的。

第四,新兴技术还具有驱动性特征。目前新兴技术相当大程度上是一个地区乃至一个国家经济发展的驱动力,它广泛渗透到传统工业中,带动了社会各行各业的技术进步。正如马来西亚、韩国等国家以及中国台湾地区的经济转型,就是把握了信息技术快速发展的契机,从以加工制造和原料出口为主转而成为新兴技术产品的主要制造地,并将地区的经济与生活水平推向了一个更高的台阶。但这种驱动性是动态变化的,在时间上具有阶段特征,在破坏程度和影响范围上具有区域特征。

6) 新兴技术概念和特征的理解与认识

任何事物的理解都是相对而认知的,因此区分对全世界而言的新兴技术和对公司或公司某一部门的新兴技术是非常重要的。从新兴技术的概念和特征分析,对具体某一公司或公司某一部门来说,并不需要重点感知和管理对全世界而言的新技术,因为这种技术可能暂时不会对公司和部门的发展带来直接的影响与推动作用,而是要努力寻找、发现并有效评估相对本公司或部门的新技术,特别是从外界获得的技术(不管是新的还是成熟的),以之实验、将之融入其现有产品,并开发出新产品,以促进原有技术的提升和进步。对于像中国这样的发展中国家及技术优势不明显的企业,这一点尤为重要。

所以,在充满漩涡的技术可能性的大海中如何寻找、发现、评估对企业有商业潜力的新技术,便是企业在当今竞争环境中制胜的关键。无数事实说明:竞争优势通常属于那些擅长从大量的技术中灵活地挑选技术的公司,而不一定属于那些创造了技术的公司。

因此,如何发现、掌握、管理和推动新兴技术正在成为企业在新一轮竞争中胜出的关键。企业要想在新兴技术管理这场特殊的战争中取胜,关键就是要理解与新兴技术高度不确定性相关的动态性本质,认识不确定性的来源,从而运用新的管理思维和方式来抓住新兴技术所带来的机遇。

3. 新兴技术管理研究现状

本书在绪论中已对新兴技术管理研究的起源进行了介绍,目前国内外对新兴技术管理研究的领域,除了包括新兴技术的概念和特征、新兴技术的管理挑战及新兴技术管理的思维与方法外,还包括如下领域[68]:①新兴技术的产生与演化;②新兴技术的识别与评估;③新兴市场的识别与拓展;④新兴技术战略研究;⑤新兴技术管理的组织创新;⑥新兴技术的评估与投融资管理;⑦新兴技术的知识管理及其他。本书的研究内容与前三个领域高度相关,现就其研究与进展进行综述,其他方面的研究现状请参看相关文献[68]。

1) 新兴技术的产生与演化

新兴技术一方面可能产生于突破性创新(radical innovation),出现全新的技术路径[79]。另一方面也可能产生于渐进性创新过程中,来自两个或多个不相干的技术的融合,产生的新的系统[80];还可能来自应用领域的改变[63]。突破性创新探讨全新的技术轨道或流程[81],渐进性创新则关注技术轨道的演变、相关技术的分离、嫁接和组合、融合;新兴技术研究还关注到分裂性技术(disruptive technology)和不连续创新(discontinuous innovation)的特征[82-84]。

从生物进化论的观点来看,新兴技术更像是物种形成的间断均衡的过程[85]。根据物种进化理论与物种形成过程,技术物种的形成最可能来自基因突变(突发性的技术革命),但这种突变通常源自环境(应用领域)的改变,在新的环境中,独特的选择标准和新应用领域的"环境与气候——新资源"可能催生与它的"先辈"完全不同的技术。从技术物种形成的角度看,科学发展可能是递增的,应用领域的改变却正是创造性破坏的主要诱因。因此,由于应用领域的改变而产生新兴技术的概率要高得多。

国内许多学者的研究虽然没有直接针对新兴技术,但却体现了新兴技术的研究范畴,对研究新兴技术的起源与形成具有很强的启发性和很高的借鉴价值。例如,陈劲等[86]和张洪石等[87]对复杂产品创新系统尤其是其前端管理的研究;高建等对转型创新管理的研究[88];付玉秀和张洪石对突破性创新的一系列基本问题的研究[89];徐河军等对不连续创新进行的讨论[90]。

而目前对新兴技术演化进行研究的文献非常缺乏,其中具有代表性的是 Adner 和 Levinthal,他们应用"间断均衡"理论[85],借用生物演化的思想对新兴技术的演化进行研究,强调应用领域的改变是实现创造性毁灭的主要原因,但缺乏对新兴技术演化机理的深入系统分析。还有一些文献虽然没有正面研究新兴技术演化的问题,但都体现了新兴技术与其他要素之间共生演化的思想。目前王敏等比较直接涉及了新兴技术演化的研究[91-95],本书作者在新兴技术的起源与形成路径方面做了一些前期工作[96-98],本书将做进一步深入探讨。

2) 新兴技术的识别与评估

企业如何选择适合自身的新兴技术发展之路,取决于企业对新兴技术的正确认识和评估。新兴技术的高度不确定性使得传统的技术评估静态分析工具(如净现值法)不再适用,需要动态的评估方法。Doering 等提出一个包括划定范围、研究寻找、评价和付诸实施四个步骤的过程[63]。技术路线图根据时间的变化来追寻技术或产品发展的轨迹,把技术、市场和组织联系起来考虑,是进行技术评估与选择的方法之一[99,100]。期权定价模型、实物期权,尤其是定位期权、搜索期权考虑了新兴技术的选择和未来机会的不确定性,在技术选择、技术评估中常被使用[63]。

Abetti 在其研究中指出:新兴技术在启动阶段(类似胚胎)往往很难辨别,但企业必须尽早察觉技术发展成熟的早期征兆(这时收益/成本曲线会变平),敏感探测出可能代替其核心技术的新兴技术,已被评估采纳[101]。美国乔治·华盛顿大学的一个专门小组 1999 年对新兴技术发展进行了预测,归纳出了 12 个类别的 85 个科技项目,认为它们是有望对人类进步产生重要影响的新兴技术;《麻省理工学院技术评论》期刊 2003 年推举了改变世界的十个新兴技术[102]。朱琼则在 2003 年列举了信息技术领域中的十大早熟技术[103]。银路等在其《新兴技术管理导论》中专门对早熟技术进行了探讨,指出在新兴技术的识别中,这是一个值得给予极大关注的概念;黄鲁成和卢文光用定量的方法对新兴技术评估进行了探索[104];宋艳运用新兴技术动态评估的方法揭示了企业如何将一项成熟的技术管理成为新兴技术[105];宋艳和银路进一步对企业发展新兴技术过程中的风险识别问题进行了探讨[106]。

3) 新兴市场的识别与拓展

新兴技术管理需要同时关注技术和市场两个维度。技术变化与市场演变高度相关、互相驱动。新兴技术管理的核心就是把握技术潜在的商业化机会,实现技术与市场的有效链接。Tushman 和 Anderson 指出真正的竞争优势属于擅长技术选择的公司,而不是创造先进技术的公司[28]。因此,企业不仅需要寻找、发现、发掘需求和市场,更需要创造、培育需求和市场,通过对消费者的引导、教育,创造市场、创造机会。

识别、拓展和评价新兴市场的挑战在于需求完全是潜在的,无法从消费者那里获得更多的信息，大部分消费者往往会习惯或依赖原有产品，而对新产品心存抵触。新兴市场的评价因技术发展与市场接受速度的相互作用，变得更加复杂[107]，因而传统的市场研究方法不能有效运用于新兴市场评估[108,109]。Day 指出捕捉采用曲线，通过某些"转折点"来预测市场；von Hippel 等提出如何发现领先客户的方法[110]；Theoharakis 和 Wong 提出通过市场描述，寻找市场演化的信号和路径[111]；Roussel 认为，技术的性能约束和客户偏好的不同造成了客户群的不均匀集中，形成了市场的团簇性。这种团簇性体现为不同的消费特征和组合[112]；Macmillan 和 Mcgrath 以笔记本电脑为例，分析在团簇性市场上技术与市场的结合，并提出控制单一缝隙市场、融合缝隙市场和创造新的技术层三种市场定位选择策略[63]；Lynn 等通过大量的案例发现对于新兴市场，传统的市场规划方法经常显得无能为力甚至出现错误[113]。因此，在面对新兴技术时，企业需要重点提升学习吸收能力。Wesley 和 Daniel 提出的情景分析法是适合分析和预测这种技术与市场都存在不确定的新兴市场的方法[114]。Balachandra 等在其研究中强调技术与市场的相互作用，将技术与市场的发展周期看作两个交互的双螺旋结构[115]。Hills 和 Sarin 认为通过市场驱动模式，企业可以带动客户和其他利益相关者重视新技术，增加补充产品开发利用的可能性，并且使技术不确定性程度最小化，而且技术标准的建立使得竞争无序得到了克服[116]。

高旭东强调后来企业应该创造自己的市场，而不是在技术领域的赶超[78]；鲁若愚和张红琪研究了新兴技术面临的快变市场问题，提出了在快变市场环境下新兴技术产品的更新策略，尤其强调产品更新的时机[117]；赵振元等则进一步提出新兴技术的市场一部分呈爆炸性，一部分呈团簇性，并详细讨论了新兴技术特殊的市场开拓思路[65]；黄梦璇和宋艳[118]、刘峰等[119]以我国 3G 技术为例，讨论了新兴技术产品的市场开发问题。

2.1.3　新兴技术起源初探

前述基于技术创新定义的梳理与评述，对技术创新及技术管理理论进行了回顾，理清了从技术创新管理到新兴技术管理的理论发展脉络及它们之间的关系；重点对新兴技术的概念及特征进行了辨析，强调了新兴技术的阶段性特点，提出新兴技术不是一个单纯的技术概念，而是一个动态发展的过程，将沿着特定路径发展演变而逐渐形成。继而综述了目前新兴技术管理的研究现状，发现在新兴技术形成初期的研究还比较欠缺，因此选择新兴技术的起源和形成路径及影响因素作为本书的研究主题。本节确定将具有新兴技术特质作为全书研究的起点，并对相关概念进行进一步界定。通过对新兴技术起源和形成路径的研究所依据与借鉴的理论进行阐释，主要包括技术演化理论(含技术 S 曲线理论、技术轨道理论和技术生命周期理论)、创新生态系统理论、复杂系统理论、技术创新双螺旋结构演进理论，为后续的研究做理论上的准备。

1. 新兴技术起源、形成路径的概念界定

既然技术创新管理研究首先是对技术起源(技术发明，主要指研发)展开的研究，那么对新兴技术管理的探讨也应从起源开始，但新兴技术本身是个动态、发展的概念，因此，新兴技术的起源、形成路径及影响因素的研究，就成为新兴技术管理首先需要探讨的问题。

对这一问题的专门性研究,最早见诸《沃顿论新兴技术管理》,之后有学者从技术和市场两个角度,选择适度指标对新兴技术识别进行了定量探讨[104];也有部分学者从演化角度进行了相关研究[91-94];魏国平则基于新兴技术的技术特征和市场特征提出了新兴技术可分为标准依赖型、复合交叉型和基础依赖型[120]。更多专门性研究成果并不多见,分析原因,可能是:①新兴技术及其管理研究脱胎于技术创新管理研究,新兴技术的发生、发展与演化总体应满足技术创新活动中的共性规律,而这方面在技术创新领域已有较多研究成果,因此,当新兴技术因其特殊性成为独特的研究对象时,其起源、形成路径及影响因素的研究尚未得到学界的高度重视;②高技术向新兴技术转变的分界点难以把握;③新兴技术起源和形成的内涵具有复杂性,还没有形成共识。

虽然本书作者在前期已对新兴技术的起源及形成路径做了初步探索,但比较定性,而且没有明确提出与技术创新管理相比较,新兴技术起源的研究起点,以及在新兴技术形成的初期如何判断它预期可以发展为新兴技术,就无法进行测度及后续的定量研究,因此本书首先对这两个问题进行明确。

就起源问题,技术创新理论一般从科学发现开始(图 2-1),此时,创新活动的范围局限于以技术专家为主体的创造活动,关注的是技术维度,以技术形式实现和技术成果创造为目标,技术的市场价值往往不被看重,企业的关注度和参与度都不太高,这个时候来识别何种新技术可能成长为新兴技术为时过早。

在探讨新兴技术概念内涵的研究中,有学者明确提出:新兴技术是针对技术商业化的可能性提出的一个概念,这一概念关注的是技术的商业属性[121]。一些学者认为,新兴技术的形成一定是有其商业化预期,而且能被观察和测量的[122-128],并将新兴技术产业化潜力定义为:一项新技术,包括产品的软硬件、工艺过程实现大规模生产应用并获得商业利润的可能性。

因此,本书认为新兴技术起点一定不是单纯的技术维度,而应与市场紧密相关,即使在一项新兴技术对行业的创造性毁灭还未明显显现时期,判断标准也应以该项技术的潜在商业化价值或称产业化潜力为标志。企业管理者选择投资新兴技术的主要价值在于通过未来发展机会和利润丰厚的商业化后创造的期权[75]。而作为单个企业判断的标志应是应用该技术的创新绩效。到目前为止创新绩效的衡量指标已相当成熟,主要包括创新产生的直接经济效益(如新产品销售增长率、新产品利润率等)和间接经济效益(如技术诀窍、专利等)[129],最终要反映出新兴技术的爆发式增长特征。

本书力图从把握新兴技术的本质特征入手,考察高技术向新兴技术转化的关键。与新兴技术的创造性毁灭特征相关联,从企业技术创新活动的价值取向出发,新技术商业化预期的爆发式增长可作为判断新兴技术起源的一个标志,它集成了技术突破和应用需求的综合考量,对于企业实际应用也具有针对性。当把新技术商业化预期的爆发式增长作为判断新兴技术起源的一个标志,考察高技术向新兴技术转变的临界点时,就必须同时考虑新技术应用(包括潜在应用)增长的因素与技术进步的因素,以及它们的相互作用。

从企业角度观察,任何一项技术创新活动都必须在一个具体的企业(或多个企业)组织中实践,实践的成功与否不仅取决于技术因素和市场(应用)因素,还取决于企业因素(包括企业规模、能力、组织管理等与新兴技术的匹配,以及对技术和市场联合运行的把握)。

企业何时、以何种组织形式、以多大规模投入，取决于企业对新技术的成熟度、市场成长性和行业竞争性的把握。这些都是新技术向新兴技术成功转化的关键因素。

在技术、应用和企业三个要素中，技术和应用是新技术向新兴技术转化的内在因素，企业介入是转化成功的重要因素。内因决定事物的本质，因此，在研究新兴技术的起源和形成路径问题时，本书着重对技术因素和应用因素，以及它们的相互作用进行研究。但即使有了一个具有显著的新兴技术特质的技术，能否将其发展为新兴技术，企业的选择和能力就成为极其关键的因素。

本书牢牢把握技术与应用这两个本质成因，把起源与形成融入一个整体发展的动态过程，沿着技术进步和应用扩散两个维度，构建技术创新活动的分析空间。以技术发展与应用扩散的相互作用为关联，把新技术商业化预期的爆发式增长作为判断新兴技术起源的标志，探讨新兴技术的起源与形成路径。

本书研究依据的主要理论包括技术演化理论(含技术 S 曲线理论、技术轨道理论和技术生命周期理论)、创新生态系统理论、复杂系统理论、技术创新双螺旋结构演进理论。

2. 技术演化理论

1)技术 S 曲线与生命周期

技术 S 曲线是狭义的技术演化理论中的一个经典概念,它表示一种产品在具体一段时间内或者所投入的努力程度与产生的性能改进之间的关系(图 2-2)[130,131]。在这个研究领域内，技术 S 曲线已成为最基本的研究工具。该曲线的纵轴是用来测度产品或工艺性能的一个重要维度，横轴上的单位选择一般根据研究者的目的而定。如果要测度开发小组投入的相对效率或潜在产出率，一般以技术开发投入作为横轴[130]；如果要评价技术成熟度对产品销售或竞争地位的影响，则选择时间作为横轴[132]。该理论假定，任何技术初期的性能改进将是比较缓慢的(导入期)；在技术更好地被人们理解、控制并且传播以后，技术改进的速度将会加快(成长期)，随后会进入较为稳定的成熟阶段(成熟期)；之后，该技术将沿着渐进线接近一种自然的或者物质上的极限(技术极限)，以致需要更长的时间或更多的技术上的努力才能实现某种改进(停滞期)。

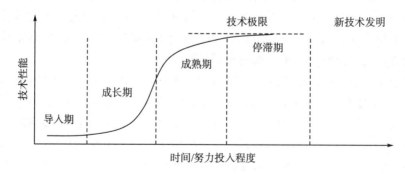

图 2-2 技术 S 曲线及生命周期示意图

许多学者对技术演化之所以呈现出 S 形态，给出了不同的解释。例如，Foster 用蒸汽动力轮船对风力帆船的替代，说明了风力帆船的速度提升之所以会呈现出 S 形态，本质上是帆船的动力系统受风和水的物理作用规律的制约，速度的提升最终会达到一个极限[132]，这是自然规律强加的极限，同时他也用了其他几个产业的例子来支持这种对技术演化过程的解释。Constant 通过对飞机产业中涡轮喷气技术对活塞式发动技术替代过程的研究，指出沿着特定方向的技术性能的提高速度是递减的，主要是规模现象或系统复杂性所致[133]，也一定程度验证了技术 S 曲线理论的适用性。

技术 S 曲线是关于技术改进潜力的一种归纳性推论。其主要用途是对技术的发展进行预测，进而为企业的技术战略提供依据，但它不能很好地表示新老技术交替时出现的不连续性，更不能解释技术改进与市场需求之间的关系，这便是技术 S 曲线理论的局限所在。

2）技术范式与技术轨道

上述技术 S 曲线的演化规律，其中隐含了一个基本假设：技术性能的提升或改善总是沿着特定的技术轨道进行的，即技术 S 曲线的形态是由技术轨道内生决定的。

纳尔逊和温特在 20 世纪 80 年代初首先提出了"自然轨道"的概念，用以刻画和描述技术发展的某些特征：在许多领域中技术进步具有层次递进性，特别在高新技术行业中，技术进步具有自增强性。一项创新性研究与开发的成功，为一个企业带来的不仅是一种较好的技术，而且是为下个时期进行搜寻的更高的平台[134]。意大利学者多西（Dosi）受库恩（Kuhn）科学范式概念的启发，融合自然轨道与科学范式的思想，并在 1982 年首次把范式概念引入技术创新研究，提出了技术范式和技术轨道的概念[23]。技术范式决定了研究的领域、问题、程序和任务，具有强烈的排他性。技术轨道表明：在技术范式所规定的范围内解决问题的"正常"活动的模式，代表了在由技术范式所规定的外部边界之内的一组可能的技术方向。1988 年，Dosi 等又进一步把技术轨道定义为：经过经济的和技术的要素权衡折中，由技术范式所限定的技术进步的轨迹[135]。技术轨道并不是线性的确定性选择，每项技术经过科学研究后出现，它们的技术定位、方向和能力都会有所不同，在技术发展过程必然存在"技术范式"的竞争，类似图 2-1 中的形式竞争。这种竞争中既有新旧技术范式的竞争，也有各种新技术范式之间的竞争。例如，数字照相技术取代感光胶片技术的过程，就是新旧技术范式的竞争；当前数字电视领域的等离子技术和液晶技术的竞争就属于新技术范式之间的竞争；而关于 3G 通信的三大技术标准［WCDMA（wideband code division multiple access，宽带码分多路访问）；CDMA2000（code division multiple access 2000，码分多路访问 2000）；TD-SCDMA］之间的竞争则属于同一范式内不同技术轨道之间的竞争。

技术所包含的知识基础的复杂性和市场对其接受程度的递进性特征，使得技术发展过程表现为在技术范式规定下，沿技术轨道方向发展的一种强选择性的进化活动，即由于技术轨道的存在，技术演化过程表现出路径依赖特征。

3）路径依赖与路径创造

技术演变过程的路径依赖性质和自我强化机制的开创性研究，是由 Arthur 提出的[24]。他认为细小的事件和偶然的情况会把技术的发展引入特定的路径，而不同的路径最终会导致完全不同的结果。新技术的采用往往具有报酬递增的机制。由于某种原因先发展起来的技术通常可以凭借先占的优势，实现自我增强的良性循环，从而在竞争中胜过对手。而一种较之其他技术更具优良品质的技术却可能因为晚进入一步，而陷入困境甚至"锁定"在某种恶性循环中。

路径依赖反映了组织惯性对组织向其他与组织历史不一致的方向发展时的内部抵制，其结果导致出现三种创新陷阱（①熟悉陷阱；②成熟陷阱；③邻近陷阱），使得企业技术创新出现低效率或无效率[136]。要打破路径依赖，避免创新陷阱，就必须实行路径创造。Garud和 Karnoe 认为路径创造是企业家对原有路径有意识的偏离过程[137]。Dosi 提供了可能打破路径依赖的几种动力，包括：①新技术范式；②成员的异质性；③社会经济共同进化的适应性特征；④新的组织形式的侵入。

4）主导设计与生命周期

主导设计的概念来源于 20 世纪 70 年代关于产业创新的研究。Utterback 和 Abernathy 首先提出了这个术语，认为主导设计是由以前独立的技术变异所引发的多项技术创新整合而成的新产品（或特征集），它的出现为某个产品类别建立了居于主导地位的单一技术轨道，其他的技术轨道则遭到市场排斥，因此改变了企业和产业内的创新与竞争状况[22]。随着主导设计的出现，企业间竞争的焦点会转向价格和工艺创新（渐进创新）。虽然有较多学者对主导设计进行了不同的定义，但都一致认为产业参与者之间的技术博弈在主导设计出现前后会发生显著变化。

具体而言，在基于某种新的技术范式的新兴产业出现之初，不同的企业可能沿着不同的技术轨道进行创新投入，并努力使自己企业的技术轨道被行业所认可，此时产业技术的演化特征表现为不同技术轨道之间的竞争。而在新兴产业发展的初期，被大多数企业认同的技术轨道更具有成为主导设计的潜力。随着主导设计的出现——特定技术轨道被行业内的所有企业认可采纳，各个企业的创新投入不再是沿着原来的技术轨道进行，而是沿着主导设计所选择的技术轨道进行。此时，我们将主导设计所遵循的技术轨道称为产业技术轨道。主导设计出现后，产业技术的演化特征表现为技术性能沿着产业技术轨道的方向变化或改进。

Anderson 和 Tushman 对技术范式、技术轨道和主导设计之间的关系作出很好的解释，在 1990 年提出了另一种技术生命周期理论[138]，认为一个新技术产生于技术的非连续状态，经过技术之间的激烈竞争后产生主导设计范式，随后进入渐近变革阶段，直到新的技术非连续状态出现，如图 2-3 所示。

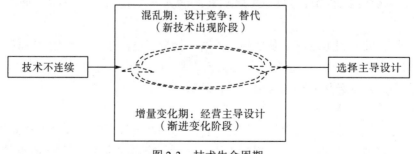

图 2-3　技术生命周期

也有研究者用技术 S 曲线来显示技术演进生命周期理论（图 2-4），虽然表述方式不同，但代表的实质含义是一致的，即新技术来源于技术的非连续状态，由竞争产生主导设计进入持续化改进，直到新的不连续技术出现。

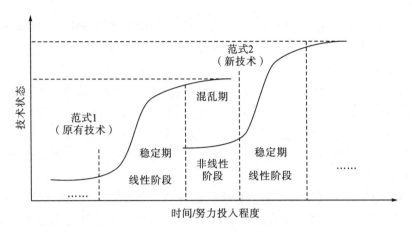

图 2-4　技术演进生命周期理论

3. 创新生态系统理论

技术创新活动的行为和演化方式呈现出显著的类似于生物物种演化的特征。将生态学理论引入技术创新领域研究的最新进展是创新生态系统概念的提出，许多学者在这方面做了相关研究[139]。Adner 认为创新生态系统是一种协同整合机制，将系统中各个企业的创新成果整合成一套协调一致、面向客户的解决方案，创新生态系统的整体创新能力是影响企业绩效的关键要素[140]。Adomavicius 等的研究认为技术的进化与发展依赖于技术进步的整个生态环境，并分析了技术在技术生态系统进化中的作用[141]。他们所指的技术生态系统是由特定环境中的一组特定技术组成的，也可以理解为：为满足特定消费者需求的相关技术构成的技术群。直观来说，就是由一个核心技术和其相关联的背景技术所构成的系统。例如，在无线通信技术不断发展的背景下，计算机技术与其相关的技术就构成了一个系统。刘友金和罗发友利用行为生态学理论和方法，对技术创新群落的形成与演化进行行为生态学特征分析，探讨了技术创新群落形成与演化的内部因素和外部条件，提出企业技术创新集群行为的类生态特征主要体现在互惠共生、协同竞争、领域共占、结网群居等方面[142]。傅羿芳和朱斌则运用种群理论和方法研究了构成高科技产业集群持续创新的生态体系[143]。黄鲁成着重研究了创新主体个体行为、种群行为及群落行为的特征[144]。张运生探讨了专利许可、协作研发、技术标准推广合作进程中合作伙伴之间的生态关系与耦合机理问题[145]。

创新生态系统的核心理念是：当企业合作时，创新生态系统让企业可以获得单一企业不能获取的资源，也就能创造出比单一企业可创造的更高的价值，因此企业创新战略的制定(新技术研发或选择，进入时机、资源配置等)一定要充分考虑与系统内合作伙伴的共生关系，还要努力维护和发展这种关系。创新生态系统的价值在平台领导战略、开放式创新战略、协同创新战略等研究中都得到了不同程度的重视。

4. 复杂系统理论

美国研究复杂系统理论最为著名的桑塔费研究所(Santafe Institute)的科学家认为，复杂性是处于混沌的边缘(混沌是指确定性系统中存在的内在随机性)，复杂系统是一种复杂适应系统(complex adaptive system)。新英格兰复杂系统研究所的科学家认为，复杂系统是指系统整体行为不能从组成单元的行为加以推断的系统。成思危认为，复杂系统最本质的特征是各组成部分具有某种程度的智能，即具有了解其所处环境，预测其变化，并按预定目标采取行动的能力。从以上定义可以看出：复杂系统是区别于具有微观还原性的简单系统的具有非线性相干作用的开放系统，它通常是一种复杂适应系统，其状态介于完全有序和完全无序的中间。

许多学者将复杂性理论引入创新管理的研究中，并取得了一定的研究成果：Downs和Mohr认为创新过程是最复杂的组织现象之一，并且单一的创新理论无法胜任，因为这将导致实证上的不稳定性和理论上的混乱[146]。布朗和艾森哈特所著的《边缘竞争：战略的结构性混沌》是对复杂性理论原理在创新管理中进行的深入研究[147]。

新兴技术的形成可看作一个复杂调适系统，由很多具有不同心智模式的行为主体(企业)构成，主要包括关键核心技术的提供者、辅助性技术的提供者、补充性资产的提供者、政策制定者、知识型服务的提供者、消费者(技术最终价值的获得者)等[148]。相对于整个系统来说，单个企业决策具有一定的随机性和无意识性，似乎对整个产业系统的演化影响甚微，但从系统整体观来分析，系统内行为主体之间的学习性和反馈性，使得系统表现出自组织特征。因此以自组织、非线性、混沌边缘为研究对象的复杂系统理论对研究新兴技术的共生演化具有重要的指导价值。

5. 技术创新双螺旋结构演进理论

双螺旋结构理论源自美国学者沃森和英国学者克里克对DNA的研究，他们利用一条化学线索和X射线衍射方法推导出DNA双链均呈螺旋结构，并于1953年在《自然》杂志上公布了该结论。双螺旋结构表明DNA分子可以被复制，同时也显示了DNA表达生物信息的方式，从而揭示了生命的奥秘，成为生物科学史上一个划时代的理论标志，即分子生物学和分子遗传学的时代因此而开始了[149-151]。

该理论不仅在生物学领域影响巨大，还被很多学者引入技术创新领域的研究中，形成了一些新的观点和认识。巨乃岐认为技术的价值实现是伴随着它的设计、发明而诞生(自然编码，内在价值)，开发、生产而增长(社会编码，潜在价值)，应用、普及而实现(社会表达，现实价值)的过程。其中,技术的自然编码与社会编码所构成的内在结构可类比DNA的形成，成为技术价值的双螺旋结构，是技术的内在规定性[152]。还有学者应用该理论对自组织现象[153]及数据起源[154]进行了讨论。宋刚等[155]和高柯[156]在他们的研究中都提出，技术进步和应用创新两个方向可以看作既分立又统一、共同演进的一对双螺旋结构，或者说是并行齐驱的双轮——技术进步为应用创新创造了新的技术，而应用创新往往很快就会触到技术的极限，进而鞭策技术的进一步演进。

这些研究一方面说明技术成长与生命科学有类似之处，双螺旋结构理论可以成为技术创新管理的理论支撑。另一方面，说明技术与市场在技术创新中同等重要，没有先后。正如日本技术评论家森谷正规指出：没有市场，技术是成长不起来的[157]。莱斯认为，技术设计与发明以物质需求的优先性为其价值取向，它把为了满足人类的物质需要而发展生产力作为自己的首要任务[158]。只有当技术和应用的激烈碰撞达到一定的融合程度时，才会诞生出引人入胜的技术创新或模式创新，形成行业发展的新热点。技术创新可视为技术进步与应用创新双螺旋结构共同演进催生的产物。而新兴技术的形成与发展是一个多主体参与、多要素互动的过程，作为推动力的技术进步与作为拉动力的应用创新之间的互动形成有利于创新涌现的创新生态，推动了技术创新向更高阶段发展。

2.2　基于不连续创新视角的起源分析

看似一夜间成功的新兴技术并不是无缘而起的，虽然表面上看它不具有传统技术的路径依赖特征，成功似乎是可遇而不可求的，但任何事物背后总是有科学原理支撑，只要深入研究，就会揭示其内在规律。Day 和 Schoemaker 在其新兴技术研究中明确提出技术物种的概念，并指出新兴技术形成必定是源于某种技术突破或市场变革[63]，导致技术或市场出现了不连续，再随着特定路径动态演化而形成；也可能像新物种形成一样是由于遗传和变异[159]，有可能是连续演变，更有可能是间断均衡的过程[86]。本节将从不连续创新角度和物种形成的角度探讨新兴技术的起源，为进一步探讨新兴技术形成路径奠定基础。

2.2.1　技术演化的两条 S 曲线

在技术演化理论中经典的 S 曲线理论基础上，很多学者从多个角度，特别是引入市场的因素，通过大量案例分析论证了该曲线的存在。希林(Schilling)研究指出一项技术的性能进步率和它的市场接受率都表现出一条 S 形的曲线，这两种 S 曲线形式相近，但过程完全不同[160]。

1. 技术进步的 S 曲线

2.1.3 节介绍的技术生命周期中的 S 形曲线，指的就是技术进步的 S 曲线。表现的是一项技术在创造过程中投入的时间或者投入的努力程度与所产生的性能改进之间的关系，可近似为向上倾斜的一条斜线(图2-5)。它显示，在技术产生初期，性能进步的缓慢是因为还不能深入了解技术的基本原理，巨大的投入花费在探求不同的技术进步途径或者寻找不同的技术进步的促进因素上；在企业的研究人员深入了解技术之后，开始致力于从单位投入中收获最大的技术提升，使得技术性能迅速进步；但是在其成熟的阶段，技术进步的边际成本开始增加，投入回报开始减少，S 曲线变得平缓，将沿着渐进线接近一种自然的或者物质上的极限，以至于需要更长的时间或更多技术上的努力才能实现某种改进。

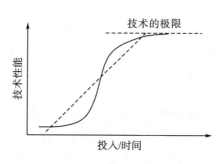

图 2-5   技术进步的 S 曲线

如果要测度开发小组投入的相对效率或潜在产出率，一般以技术开发投入作为横轴；如果要评价技术成熟度对产品销售或竞争地位的影响，则选择时间作为横轴[131]。

借用"技术轨道"的概念，可以认为：技术进步的 S 曲线代表了技术由自身发展因素决定的成长规律，一条技术进步曲线就代表一项具体技术成长的技术进步轨道。

2. 技术扩散的 S 曲线

Brown 研究发现技术扩散的过程也可以用一条 S 曲线来描述，表示一项新技术进入市场后，用户积累数量随时间推移的一种变化规律，也可将其近似为一条向上的斜线(图 2-6)[161]。与技术性能 S 曲线图不同，技术扩散 S 曲线图的坐标轴由技术的累积采用者和时间组成。这条 S 形曲线显示，在初始阶段，当市场推出不为人所熟悉的新技术时，技术采用者缓慢增长；当技术逐渐为人所熟悉并且拥有大量市场时，采用者迅速增加；最后市场达到饱和状态，新采用者的增长速度又开始减慢。在这些市场都达到饱和之后，对于新进入企业来说，已经没有多少机会了。

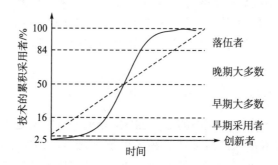

图 2-6   技术扩散的 S 曲线和采用者类别

借用技术轨道的概念，可以认为：技术扩散 S 曲线代表了技术由市场因素决定的应用成长规律，一条技术扩散曲线就代表一项具体技术应用成长的技术扩散轨道。

3. 两条 S 曲线的相互作用

技术进步的 S 曲线和技术扩散的 S 曲线是密切相关的。一方面，技术性能的进步加速了市场对技术的认可，采用者将会不断累积；另一方面，市场的广泛认可激发了对技术进步的投资，使技术日趋完善，逐渐接近其极限。

　　虽然技术性能进步与技术市场扩散都呈现出 S 形曲线形态,但两者的斜率并不相同[160]。Christenson 通过研究许多产业,包括微处理器、软件、摩托车、电动汽车等,发现技术进步曲线的斜率要比客户需求曲线的斜率大[162]。这是因为产业中的竞争致使价格和利率都下降,市场必然会被细分,出现最基本的三类市场:高端市场、大众市场、低端市场。而在高端市场中,高性能和多功能的产品能够使企业实现高价格目标,获得更高的利润,因此很多企业,特别是那些有竞争实力的企业往往更愿意通过技术创新努力,以超出客户接受能力的速度给产品增加特性(速度、功率、功能等),而将销售转向高端市场。尽管随着时间的推移,客户也会追求更高性能的产品,但是为了完全使用新功能,客户需要一段时间来学习,并且调整自己的工作和生活习惯,这使得客户应用新功能的速度较之企业提高产品性能的速度减慢了。因此,虽然技术进步曲线和客户需求曲线都是向上倾斜的,但是技术进步曲线更陡峭一些(图 2-7)。为了文字的简洁,图中将技术进步曲线简称为技术曲线,技术在高端市场、大众市场、低端市场的扩散曲线简称为高端市场、大众市场、低端市场。

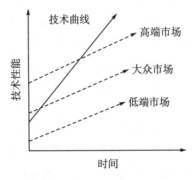

图 2-7　技术进步与客户需求

　　图 2-7 中,技术曲线起点处的技术性能和大众市场需求是接近的,但随着时间的推移,由于技术领先的企业更愿意将目标锁定在高端市场,因此技术性能提高的速度比大众市场的预期更快。随着产品功能的增加和性能的改善等,技术价格随之上升,大众市场的消费者可能会认为没有必要为这些没有价值的技术特性支付额外的费用,从而更愿意享用那些与他们需求相匹配的技术。而低端市场往往更不能吸引这些企业为之提供服务,因为它不是价格高得超过了客户的预期,就是技术根本不能满足客户的需求(图 2-8)。

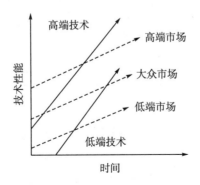

图 2-8　低端技术曲线与大众市场相交

但反过来，技术的先进程度与其应用过程中为消费者带来的效用(需求或利益的满足程度)是不同的[163]，如激光技术刚出现时，谁都不否认其技术的先进性，但对用户而言，其效用为零(无用)，它不得不进入很长一段时间的沉默期；又如，索尼公司的 Walkman一经问世，就受到用户的极度青睐，因为它在应用上为用户创造了新的效用，但其技术实质上却没有太大改变。因此，影响技术发展的关键因素来自技术性能的进步和技术应用的扩展(主要基于技术或产品给用户带来的效用)及其之间的相互作用。但是，技术进步和应用扩展往往并非总是协调一致的。一方面，技术的发展可能会超越市场的需求；另一方面，技术的发展不能满足市场的需求。这两种情况下，必然会产生技术进步和应用扩展的不连续，换言之，不连续技术创新机会也就出现了[90]。

2.2.2 两种不连续创新

1. 技术进步的不连续性

一项技术并不一定都有机会到达它自然的或者物质上的极限。当一种技术的进步实现了类似的市场需求，但是以一种全新的技术为基础时，称为不连续的技术创新[70,108]。例如，从螺旋桨式飞机到喷气式飞机的转变、从乙烯基录音技术(或者类似的磁带)到高密度唱片的转变等都是不连续的技术创新。从技术进步的 S 曲线看，当有一条更陡峭的 S_1 曲线或者能够达到更高的性能极限的 S_2 曲线(图 2-9)出现时，技术进步出现了不连续。就可能到了某个阶段后，在新技术上投入的回报率要比现技术高得多，企业就有可能采用新技术而淘汰老技术。新进入产业的企业更倾向于选择这种破坏性的技术，而老企业则面临着两难的选择[71]：是努力延长其现有技术的生命周期还是投入并转换到新技术上？这就是新一轮竞争给老牌企业带来的极大挑战和给新企业带来的极好机会。但无论如何，从技术驱动的角度看，企业总是会致力于技术的不断进步，这种源于技术不连续的创新活动总是会使新技术不断产生。

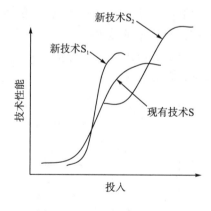

图 2-9 不连续的技术进步

2. 应用扩展的不连续性

在技术扩散过程中，对于用户而言，不是更多地考虑技术的先进与否，而会更多地考虑技术或产品给自身带来的效用，或者是能否满足自身的需求（含潜在需求）[163]。如果某种技术进步的速度超越用户需求或用户能够吸收的性能改进速度，或者技术的进步不能满足用户的需求，技术应用的扩展就会出现不连续性。从技术扩散的 S 曲线看，也存在一条更陡峭的曲线 S_1 和一条更高极限的曲线 S_2（图 2-10），它们表示用户的新需求希望依赖于某种新技术以更快的速度达到或以更高的水准得到满足，从而才能使用户积累的速度更快或更高。因此努力开发这种能更快或更好地满足用户需求的新技术，获得先动优势及高额利润成为企业创新活动的重要动力。因此，从技术需求的角度看，应用扩展的不连续性成为企业技术创新活动的又一动因，因此，新技术将不断产生。

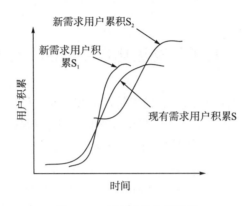

图 2-10　不连续的应用扩展

3. 新兴技术的产生

由新兴技术的概念和特征可知，它的兴起是源于其自身技术进步的不连续和市场应用扩散的不连续两个方面，而不连续创新的实现必须包括两个方面，一是发现新知识，二是发现新市场空间[164]。单独考虑技术进步而产生的新技术，会因忽略用户需求和对新知识的接受能力而在应用扩展过程中受到阻碍，而变得迟缓，如激光技术，只有当这项理论上成功的尖端技术与实际应用发生联系后，才能得到许多大公司的认同和加盟，并使其不断完善和扩展，出现新行业并对现有行业产生破坏，形成划时代的新兴技术[165]。又如，20世纪 90 年代末中国蓬勃发展起来的小灵通技术，其技术本身并不先进，而且在其发源国日本遭到淘汰。但当 1997 年，此项技术被中国电信（包括网通）引入中国，由 UT 斯达康应用开发时，不仅吸取和借鉴了其在日本发展的教训，更重要的是结合了中国国情（用户分布、需求特点、政策限制等），对该技术进行了改造，使之附加于市话交换机，利用城市固定电话交换设备容量富余进行传输[105]。这一改进，使小灵通在不违反当时的政策限制的条件下，以绿色、廉价、移动等特点迅速实现用户积累，并在用户积累过程中不断进行技术与服务的创新，实现技术进步与应用扩散的交互作用，形成中国在那个时期不可忽视的一项新兴技术。

反之，过分依赖用户需求产生的新技术，多半是渐进式的，技术上不会有很大突破，长此以往，技术的进步会受到阻碍。就像 Stephen 所说：顾客根本不知道自己需要什么，现在不知道，将来也不会知道。因而，亦步亦趋跟着顾客走的企业，产品必然彼此彼此，市场会因而变成一潭死水，企业也别想有什么大出息了[166]。Hammer 和 Prahalad 在其《为未来竞争》中也强调指出：企业要生存和发展，就必须比顾客走得更远，因为顾客一般是缺乏远见的[167]。

因而，对许多技术而言，只有在一系列配套资源得到开发之后，这些技术对广大的潜在用户来说才是有价值的，才能实现技术扩散，并在扩散过程中依赖市场需求而得到不断改进和完善。所以，只有既考虑到技术的进步因素，又注重技术应用过程中用户的利益或需求，才可能使在技术进步不连续和应用扩展不连续条件下产生的新技术，实现技术与应用的协同作用，相互促进，这样才能真正实现技术突破和市场爆发，形成真正意义上的新兴技术。

2.3　基于生物进化理论的起源分析

有关技术创新的另一种路径展现了新兴技术研究的新角度，这就是类比生物学(包括生命起源、生物遗传与进化和生态环境)的概念及其逻辑，有兴趣的读者可参看相关文献。复杂性科学先驱、著名经济学家阿瑟(Arthur)在《技术的本质》一书中，以现象、组合和递归为要点，构建了一个完整的技术理论。基于这一理论，他探讨了技术的进化，认为技术的进化和生物的进化存在相似之处。从概念上看，生物具有技术属性。从实际上看，技术则正在成为一种生物，具有生物属性。凯文·凯利在《技术想要什么》中指出：技术是一种生命体。本书侧重于从生物遗传与进化的角度，类比物种概念与起源，阐述新兴技术的物种特性，解释新兴技术的起源和发展的内部成因与外部环境，用生物进化规律推导技术演化规律。

2.3.1　物种的概念及物种起源理论简述

在有性生殖的生物中，物种(species)的定义是指个体间实际上能相互交配或可能相互交配，而产生可育后代的自然群体[168]。

物种形成理论经历了物种不变论(immutability of species)、物种多起源论(multiple creation of disjunct species)、达尔文时代的自然选择进化论、综合进化论和现代遗传学理论，其认为物种形成既可能是一个逐步的长期过程，也可能是短暂或瞬时的，即物种在时间上(进化历史上)是连续的，"空间上"(或瞬时的存在)是间断的[169]，更有可能是时间和空间共同作用的结果。因此，必须在时间和空间两个维度讨论新物种才更有意义。在这种思想指导下形成了很多不同的成种理论，但总体可以归纳为以下几个主要方面：渐变成种与突变成种、地理成种与非地理成种、遗传物质与表型特征、线系与分支等[170]。其中，渐变成种与突变成种最具代表性。

渐变成种是指新物种的形成是通过相当长期的变异积累来实现的，从个体变异开始，经过居群分化，产生亚居群，进而分化成不同居群、不同亚种、不同半种，最后发展成不同的亲缘同形物种和不同的物种。

突变成种方式很多，不同的研究者给出了不同的定义。Goldsohmidt 认为新物种或较高阶元的产生是由一个个体的一次突变形成的。与突变成种论相近的还有下列概念：①聚量(量子)成种：由自然选择和基因漂变(迁徙所致)共同作用，再加上适当的空间隔离而快速形成新物种[171]。②瞬时成种：新物种或变种是通过突变(多倍体或染色体变化)产生的，从亲本种中分离出来的一个个体，可以建立起另一个新的物种居群[172]。③跃变成种：指与突变事件(如气候、栖息条件、物理屏障等)有关的成种作用[173]。④爆发性成种：指一个类群或居群在相对较短的时间内分裂成多个支系的后代[174]。⑤间断成种：物种是通过快速的成种事件而形成的，在形成后，可以保持长时期的稳定[175]。例如，线系成种、杂交成种、转基因成种、染色体成种等都被学者列为突变成种的范畴。

渐变理论强调地理隔离、自然选择、生物变异等，在时间上是连续的、漫长的。突变理论强调染色体、基因改变和地理隔离遭到破坏、物种形成事件发生变化等，表现出快速、间断的特征。由于突变理论既考虑了时间和空间上的影响因素，更能解释自然界很多现象，因此得到学界更广泛的认同。

总之，无论是哪种成种理论，影响成种作用的因素可归纳为两类：内因(遗传物质的)和外因(地理环境的)。依据这样的归纳，综合进化论和现代遗传学理论将新物种的形成方式总结为：遗传物质的变化；地理环境的影响；物种的作用机制[159]。

遗传物质的变化主要是在时间维度上，考虑一类物种内因变化的影响，表现为由于基因突变、染色体变异和基因重组，使物种中产生可遗传的变异，从而形成新物种。地理环境的影响是在空间维度上，考虑一类物种外因变化的影响，表现为在一定地理隔离条件下可以通过自然选择等因素作用，使物种的遗传结构发生适应性改变(或称为可遗传的变异)，而形成新物种。物种的作用机制是在时间和空间维度上，考虑内、外因共同作用的影响，表现为多类物种种群在一定生态环境内加深了性状分歧，逐渐形成亚种，一旦出现生殖隔离，亚种就变成了新的物种。因此，物种的形成机制就等同于产生生殖隔离的机制[80]。生殖隔离机制虽然有很多种，但最为常见也是重要的成种机制是地理隔离，因此本书借用的物种作用机制便是遗传物质变化与地理环境影响的相互作用。

2.3.2　新兴技术的物种特性

物种的本质是可育后代，而新物种除了具有与先辈大为不同的特点，也一定要有繁殖后代的能力，并且是在一定地理环境下讨论其繁殖的后代。如果不讨论其是否具有繁殖能力，可以统称为生物，但一旦确定其具有可育后代的能力，就可称为物种或生物物种。因此可以用有无繁殖能力来分析一项技术是否具有物种特性。

新技术是指对生产产品和提供服务有新影响的技术[66]，它突出的是技术的时间属性，"新"处于 S 曲线的始端，突出这种技术是过去没有的，是"新"的优势；高技术是在美国等西方国家普遍使用的概念，与普通的技术概念相比，高技术突出体现了在这些技术中人类智能的高度集中，尤其指科技前沿领域的技术，突出的是技术的内容属性，强调其中所包含的较大比例的人类智能，其技术基础具有尖端性和复杂性；高新技术是新技术中的高技术，产生于 20 世纪 80 年代中国的研究领域，是从技术的内容和时间属性的角度，强调其对国民经济的推动作用和技术产生发展的先进性[176]。无论是新技术、高技术还是高新技术都强调的是技术的时间属性和内容属性,而没有从应用的角度强调技术的派生性、拓展性和驱动性(可对应物种的繁殖能力),因此更适合用"新生物"做类比。而这些新生物中有一种特殊的生物——新兴技术受到特别关注,因为它是同时考虑技术成长和应用发展而形成的,它正处在高度不确定的阶段,具有动态、间断、拓展、派生、驱动等特性,可以通过技术成长和应用环境条件的相互作用产生许许多多不同的技术,因此具有明显的物种特性,即可育后代的能力。

2.4   两种不同起源视角的关联性

既然新兴技术具有显著的物种特性,我们就可以将生物学进化中的新物种映射为技术演化中的新兴技术,进一步得到相关概念对应,见表 2-4。

表 2-4   生物进化与技术演化的相关概念对应

生物进化的概念	技术演化的概念
新物种	新兴技术
基因	技术的知识基础
进化	渐进
变异	突破
杂交	结合或融合
适应	应用
地域	领域
迁徙	转移
物种形成事件	环境条件变化

由辩证唯物主义可知,任何事物的产生与发展都可归结为其内因和外因及其相互作用的结果。虽然新兴技术形成处在高度不确定的阶段,其影响因素多且复杂,但总归也可用内因和外因来总结。首先,新兴技术是建立在科学基础上的革新,其知识基础正在扩展,是正在涌现、正在被人们所认识、正在兴起的高技术,因此可将影响新兴技术形成的内部因素概括为其涵盖的知识基础的变化;另外,新兴技术在现有市场的应用正经历着革新或新市场正在形成,应用领域中的环境条件对其有着深刻的影响,因此可以将影响新兴技术形成的外部因素归纳为应用领域中环境条件的影响。

通过内因和外因这座桥梁,可以建立影响新兴技术和新物种形成的主要因素的对应关系(图 2-11)。

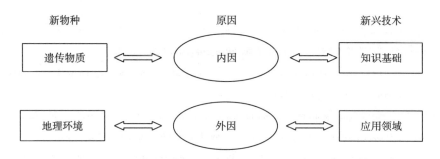

图 2-11　影响新兴技术与新物种形成的因素对应

基因是决定一个生物物种所有生命现象最基本的因子,而技术的知识基础也从根本上决定了新兴技术的特性及发展趋势;基因通过遗传和变异产生新物种,而新技术也可通过技术的渐进和突破形成;基因产生变异的原因既可以是物种杂交,也可以是地域或物种形成事件发生变化,使得物种必须适应新环境。新兴技术的形成除了技术突破,也可以是技术之间的结合或融合,或是技术转移至新领域,其应用必须适应新环境的条件变化。

因此,渐变理论更支持传统技术发展的观点,即任何一项重大技术,都要经过产生、发展、完善和老化的发展过程,而且其作用和地位最终将被一种或若干种新技术所替代。如此新陈代谢,循环不止,且随时间变化都符合 S 曲线[177]。其理论强调连续性、渐变式、增量性。

突变理论可以对新兴技术的概念与特征进行较好的解释。既认同技术自身(时间因素)的连续性、渐变式、增量性,更强调应用领域或市场环境条件(空间因素,即需求特点、基础设施、政策等因素)变化显示出来的间断、跃变、爆发等特性。

新兴技术虽然显示出极大的模糊性和不确定性,基于技术创新的视角,通过对技术 S 曲线的深入剖析,可知技术进步的不连续和应用扩展的不连续是新兴技术的起源;但只有既考虑技术的进步因素,又注重技术应用过程中用户的利益或需求,才可能使在技术进步不连续和应用扩展不连续条件下产生的新技术,实现技术与应用的协同作用,相互促进,这样才能真正实现技术突破和市场爆发,形成真正意义上的新兴技术。基于物种起源理论的分析,将生物学进化中的新物种与技术演化中的新兴技术相对比,新兴技术的起源归结为以下三个方面的改变:①遗传物质的变化——技术知识基础的改变;②地理环境的影响——应用领域的改变;③物种的作用机制——技术之间结合或融合方式的改变。在此基础上,我们对新兴技术形成路径及特点做深入探讨,以寻求其产生的内在规律及共性特征。

本章参考文献

[1] 熊彼特. 经济发展理论[M]. 郭武军, 吕阳, 译. 北京:华夏出版社, 2015.

[2] 罗斯托. 经济成长的阶段[M]. 郭熙保, 王松茂, 译. 北京:中国社会科学出版社, 2010.

[3] Enos J L. Invention and Innovation in the Petroleum Refining Industry[M]//Universities-National Bureau Committee for Economic Research & Committee on Economic Growth of the Social Science Research Council. The Rate and Direction of Inventive

Activity: Economic and Social Factors. Princeton: Princeton University Press，1962.

[4] 经济学动态编写组. 当代外国著名经济学家[M]. 北京：中国社会科学出版社，1984.

[5] Myers S，Marquis D G. Successful industrial innovations: A study of factors underlying innovation in selected firms[R]. Alexandria: National Science Foundation，1969.

[6] Utterback J M. Innovation in industry and the diffusion of technology[J]. Science，1974，183（4125）: 620-626.

[7] Myers S，Marquis D G. Science indicator[R]. Alexandria: National Science Foundation，1976.

[8] Mueser R. Identifying technical innovation[J]. IEEE Transactions on Engineering Management，1987，32（4）：158-176.

[9] 弗里曼，苏特. 工业创新经济学[M]. 华宏勋，华宏慈，等译. 北京：北京大学出版社，2004.

[10] 傅家骥. 技术创新学[M]. 北京：清华大学出版社，1998.

[11] 吴贵生. 技术创新管理[M]. 北京：清华大学出版社，2009.

[12] Schumpeter J A. The Theory of Economic Development[M]. Cambridge: Harvard University Press，1934.

[13] Schumpeter J A. The Process of Creative Destruction in Capitalism，Socialism and Democracy[M]. London: George Allen & Unwin Ltd.，1942.

[14] 李永波，朱方明. 企业技术创新理论研究的回顾与展望[J]. 西南民族学院学报（哲学社会科学版），2002，23（3）：188-191.

[15] 余志良，谢洪明. 技术创新政策理论的研究评述[J]. 科学管理研究，2003，21（6）：32-37.

[16] 林春艳，林晓言. 技术创新理论述评[J]. 技术经济，2006，25（6）：4-7.

[17] 叶明. 技术创新理论的由来与发展[J]. 软科学，1990（3）：7-10.

[18] 王洪. 西方创新理论的新发展[J]. 天津师范大学学报（社会科学版），2002（6）：19-23.

[19] 张凤海，侯铁珊. 技术创新理论述评[J]. 东北大学学报（社会科学版），2008，10（2）：101-105.

[20] Thomas S K. The Structure of Scientific Revolutions[M]. Chicago: University of Chicago Press，1962.

[21] Rothwell R. Towards the fifth-generaion innovation process[J]. International Marketing Review，1994，11（1）：7-32.

[22] Utterback J M，Abernathy W J. A dynamic model of process and product innovation[J]. Omega，1975，3（6）：639-656.

[23] Dosi G. Technological paradigms and technological trajectories: A suggested interpretation of the determinants and directions of technical change[J]. Research Policy，1982，11（3）：147-162.

[24] Arthur W B. Competing technologies and lock-in by historical small events: The dynamics of allocation under increasing returns[R]. Laxenburg: International Institute for Applied Systems Analysis，1983.

[25] Utterback J M. Mastering the Dynamics of Innovation[M]. Boston: Harvard Business School Press，1996.

[26] Kline J，Rosenberg N. An Overview of Innovation[M]//Landau R，Rosenberg N. The Positive Sum Strategy: Harnessing Technology for Economic Growth. Washington D.C.: National Academy Press，1986.

[27] von Hippel E. The dominant role of users in the scientific instrument innovation process[J]. Research Policy，1976，5（3）：212-239.

[28] Tushman M，Anderson P. Technological discontinuities and organizational environments[J]. Administrative Science Quarterly，1986，31（3）：439-465.

[29] 吴晓波，李正卫. 技术演进行为中的混沌分析[J]. 科学学研究，2002，20（5）：458-462.

[30] Broche R A A，Balthazar H U，Menken M M. Quantifying and forecasting exploratory research success[J]. Research Management，1986，22（5）：14-21.

[31] Jeffrey D，Kentaro N. Creating and managing a high-performance knowledge-sharing Network: The Toyota case[J]. Strategic Management Journal，2000，21（3）：345-367.

[32] Iansiti M，West J. From physics to function：An empirical study of research and development performance in the semiconductor industry[J]. The Journal of Product Innovation Management，1999，16(7)：385-399.

[33] Robert W R. Does cooperation absorb complexity? Innovation networks and the speed and spread of complex technological innovation[J]. Technological Forecasting and Social Change，2007，74：565-578.

[34] Schilling M A，Phelps C C. Inter-firm collaboration networks：The impact of large-scale network structure on firm innovation[J]. Management Science，2007，53(7)：1113-1126.

[35] Asheimt G B. Interactive，innovation system and SME policy[C]. The IGU Commission on the Organization of Industrial Space Residential Conference，Gothenburg，Sweden，1998.

[36] Longhop C. Collective learning and technology development in innovative high technology regions：The case of Sophia-Antipolice[J]. Regional Studies，1999，33(4)：333-342.

[37] Arthur W B，Defillippi R J，Lindsay V J. Careers，communities and industry evolution：Links to complexity theory[J]. International Journal of Innovation Management，2001，5(2)：239-255.

[38] Chowdhury S R. Organization 21C：Someday All Organizations Will Lead This Way[M]. Upper Saddle River：Prentice Hall，Inc.，2003.

[39] 陈劲. 创新全球化：企业技术创新国际化范式[M]. 北京：经济科学出版社，2003.

[40] 丘海雄，徐建牛. 产业集群技术创新中的地方政府行为[J]. 管理世界，2004(10)：36-46.

[41] Metcalfe J S. The Economic Foundations of Technology Policy：Equilibrium and Evolutionary Perspective in Handbook of the Economics of Innovations of Technology Change[M]. Oxford：Paul Stoneman，1995.

[42] Lundvall B A. National System of Innovation：Towards a Theory of Innovation and Interactive Learning[M]. New York：St. Martin's Press，1992.

[43] 陈劲. 技术创新的系统观与系统框架[J]. 管理科学学报，1999，2(3)：66-68.

[44] Dundon E. The Seeds of Innovation：Cultivating the Synergy That Fosters New Ideas[M]. New York：Amacom，2002.

[45] Wheatley M J. We Are All Innovators[M]//Hesselbein F，Goldsmith M, Somerville I. Leading for Innovation and Organizing for Results. SanFrancisco：Josses-Bass，2001.

[46] Bean R，Russell W R. The Business of Innovation：Managing the Corporate Imagination for Maximum Results[M]. New York：Amacom. 2001.

[47] 纳雷安安. 技术战略与创新——竞争优势的源泉[M]. 程源，高建，杨湘玉，译. 北京：电子工业出版社，2002.

[48] Porter M. The Competitive Advantage of Nations[M]. New York：The Free Press，1990.

[49] Harris J M，Shaw R W，Sommers W P. The Strategic Management of Technology[M]. New York：Booze Allen Hamilton Inc.，1981.

[50] Arthur D. Little Inc. The strategic management of technology[R]. Cambridge：Arthur D. Little Inc.，1981.

[51] Burgleman R A，Kosnik T J，Van den Poel M. Toward an Innovative Capabilities Audit Framework[M]//Burgleman R A，Maidique M A. Strategic Management of Technology and Innovation. Homewood：Richard D. Irwin，1988.

[52] Kim L. Imitation to Innovation：The Dynamics of Korea's Technological Learning[M]. Boston：Harvard Business School Press，1997.

[53] Fransman M，King K. Technological Capability in the Third World[M]. London：Macmillan，1984.

[54] 魏江，许庆瑞. 企业技术能力的概念、结构和评价[J]. 科学学与科学技术管理，1995(9)：29-33.

[55] 赵晓庆，许庆瑞. 企业技术能力演化的轨迹[J]. 科研管理，2002(1)：70-76.

[56] Hamel G，Prahalad C K. The core competence of the corporation[J]. Harvard Business Review，1990，68(3)：79-91.

[57] Hamel G，Helen A. Competence-Based Competition[M]. New York：John Wiley & Sons Inc.，1994.

[58] Leonard-Barton D. Core capabilities and core rigidities：A paradox in managing new product development[J]. Strategic Management Journal，1992，13：111-125.

[59] Nelson R R，Winter S G. An Evolutionary Theory of Economic Change，Cambridge[M]. Massachusetts：Belknap Press of Harvard University，1982.

[60] Teece D J，Pisano G. The dynamic capabilities of firms：An introduction[J]. Industrial and Corporate Change，1994，3(3)：537-556.

[61] Pek-Hooi S，Edward B R. Networks of innovators：A longitudinal perspective[J]. Research Policy，2003，32(9)：1569-1588.

[62] Xu Q R，Zheng G，Yu Z D，et al. Towards capability-based total innovation management（TIM）：The emerging new trend of innovation management—A case study of haier group[C]//Xu Q R. Proceeding of ICMIT 2002 & ISMOT 2002. Hangzhou：Zhejiang University Press，2002.

[63] Day G S，Schoemaker P J H，Gunther R E. Wharton on Managing Emerging Technologies[M]. New York：John Wiley & Sons，Inc.，2000.

[64] 银路，石忠国，王敏，等. 新兴技术：概念特点和管理新思维[J]. 现代管理科学学，2005(4)：5-7.

[65] 赵振元，银路，成红. 新兴技术对传统管理的挑战和特殊的市场开拓思路[J]. 中国软科学，2004(7)：72-77.

[66] 华宏鸣. 技术与管理创新简明教程[M]. 北京：中国人民大学出版社，2005.

[67] 李仕明，李平，肖磊. 新兴技术变革及其战略资源观[J]. 管理学报，2005，2(3)：304-306.

[68] 银路，王敏，等. 新兴技术管理导论[M]. 北京：科学出版社，2010.

[69] 刘炬，李永建. 新兴技术的技术不确定性及其对企业的启示[J]. 理论与改革，2005(5)：159-160.

[70] Christensen C M. The Innovator's Dilemma：When New Technologies Cause Great Firms to Fail[M]. Boston：Harvard Business School Press，1997.

[71] Mechanical C H. Foresight：Crafting Strategy in an Uncertain World[M]. Boston：Harvard Business School Press，2001.

[72] 考特尼，等. 不确定性管理[M]. 北京新华信商业风险管理有限责任公司，译. 北京：中国人民大学出版社，哈佛商学院出版社. 2000.

[73] Schumpeter J A. Business Cycles，A Theoretical，Historical，and Statistical Analysis of the Capitalist Process[M]. Philadelphia：Porcupine Press，1982.

[74] Tripsas M. Unraveling the process of creative destruction[J]. Strategic Management Journal，1997，18(S1)：119-142.

[75] 戴，休梅克. 沃顿论新兴技术管理[M]. 石莹，等译. 北京：华夏出版社，2002.

[76] 李仕明，肖磊，萧延高. 新兴技术管理研究综述[J]. 管理科学学报，2007，10(6)：76-85.

[77] 巴尼. 获得与保持竞争优势[M]. 第2版. 王俊杰，杨彬，李启华，等译. 北京：清华大学出版社，2003.

[78] 高旭东. "后来者劣势"与我国企业发展新兴技术的对策[J]. 管理学报，2005，2(3)：291-294.

[79] Green S，Gavin M，Airman-Smith L. Assessing a multidimensional measure of radical technological innovation[J]. IEEE Trans Engineer Manage，1995，42(3)：203-214.

[80] David B Y. Competing in the age of digital convergence[J]. California Management Review，1996，38(4)：31-53.

[81] Christine S K，Dawn R D，Kurt A H. An empirical test of environmental，organizational，and process factors affecting incremental and radical innovation[J]. Journal of High Technology Management Research，2003，14(1)：21-45.

[82] Kostoff R N，Boylan R，Simons G R. Disruptive technology roadmaps[J]. Technological Forecasting and Social Change，2004，

71(1/2)：141-159.

[83] Bower J L，Christensen C M. Disruptive technologies：Catching the wave[J]. Harvard Business Review，1995，73(1)：43.

[84] Lynn J M G，Paulson A. Marketing and discontinuities innovation：The probe and learn process[J]. California Management Review，1996，38(3)：8-37.

[85] Gould S J，Eldridge N. Punctuated equilibrium：The tempo and mode of evolution reconsidered[J]. Palebiology，1977，3(2)：115-151.

[86] 陈劲，童亮，黄建樟，等. 复杂产品系统创新对传统创新管理的挑战[J]. 科学学与科学技术管理，2004(9)：47-51.

[87] 张洪石，陈劲，高金玉. 突破性产品创新的模糊前端管理研究[J]. 研究与发展管理，2004(6)：48-53.

[88] 高建，程源，徐河军. 技术转型管理的研究及在中国的战略价值[J]. 科研管理，2004，25(1)：49-54.

[89] 付玉秀，张洪石. 突破性创新：概念界定与比较[J]. 数量经济技术经济研究，2004(3)：73-83.

[90] 徐河军，高建，周晓妮. 不连续创新的概念和起源[J]. 科学学与科学技术管理，2003(7)：53-56.

[91] 王敏，银路. 新兴技术演化的整体性分析框架："三要素多层次"共生演化机理研究[J]. 技术经济，2010(2)：28-38.

[92] 程跃，银路，李天柱. 企业能力与新兴技术的共生演化——基于锐捷网络公司的案例研究[J]. 研究与发展管理，2009(6)：2200-2207.

[93] 王敏，银路. 技术演化的集成研究及新兴技术演化[J]. 科学学研究，2008(3)：466-471.

[94] 王敏，银路. 技术推动型与市场拉动型新兴技术演化模式对比研究——基于动态战略管理的视角[J]. 科学学研究，2008(S1)：24-29.

[95] 周述琴，傅强，王敏. 新兴技术演化的生态系统分析[J]. 科技进步与对策，2007(8)：19-21.

[96] 宋艳，银路. 新兴技术的物种特性及其形成路径研究[J]. 管理学报，2007，4(2)：211-215.

[97] Song Y，Yin L. A discussion on the origin of emerging technologies from the view of technology S-curves[C]. ISMOT'07 International Conference，Zhejiang University，Hangzhou，China，2007.

[98] 宋艳，银路. 基于不连续创新的新兴技术形成路径研究[J]. 研究与发展管理，2007，19(4)：31-35.

[99] Martin R. Technology roadmaps：Infrastructure for innovation[J]. Technological Forecasting and Social Change，2004，71(1/2)：67-80.

[100] 谈毅，仝允桓，李雪凤. 基于技术路线图的产业创新模式：一个选择性评述[J]. 研究与发展管理，2007，19(4)：23-30.

[101] Abetti P A. 技术与企业经营战略的集成[J]. IT 经理世界，2002(12)：82-83.

[102] Tristram C. 10 emerging technologies that will change the world[J]. MIT Enterprise Technology Review，2001，104(1)：97-103.

[103] 朱琼. 10 大早熟技术[J]. IT 经理世界，2003(6)：76-78.

[104] 黄鲁成，卢文光. 基于属性综合评价系统的新兴技术识别研究[J]. 科研管理，2009，30(4)：190-194.

[105] 宋艳. 新兴技术的动态评估与小灵通的成功之道[J]. 管理学报，2005，2(3)：337-339.

[106] 宋艳，银路. 新兴技术的风险识别与三维分析——基于动态评估过程的视角[J]. 中国软科学，2007(10)：136-142.

[107] Moriarty R T，Kosnik T J. High-tech marketing：Concepts，continuity，and change[J]. Sloan Management Review，1989，30(4)：7-17.

[108] Stipp D. Gene chip breakthrough[J]. Fortune，1997，31(3)：56-73.

[109] Andrew H V，Guard R. A framework for understanding the emergence of new industries[J]. Research in Technological and Policy，1989，4：192-225.

[110] von Hippel E，Thomke S，Sonnack M. Creating breakthroughs at 3M[J]. Harvard Business Review，1999，77(5)：47-55.

[111] Theoharakis V，Wong V. Marketing high-technology market evolution through the foci of market stories：The case of local area

networks[J]. The Journal of Product Innovation Management，2002，19（6）：400-411.

[112] Roussel P A. Technological maturity proves a valid and important concept[J]. Research Management，1984，27（1）：29-34.

[113] Lynn G S，Joseph M，Albert P. Emerging technologies in emerging markets：Challenges for new product professionals[J]. Engineering Management Journal，1996，8（3）：23-29.

[114] Wesley M C，Daniel A L. Absorptive capacity：A new perspective on learning and innovation[J]. Administrative Science Quarterly，1990，35（1）：128-152.

[115] Balachandra R，Goldschmidt M，Friar J. The evolution of technology generations and associated markets：A double helix model[J]. Transaction on Engineering Management，2004，51（1）：3-12.

[116] Hills S B，Sarin S. From market driven to market driving：An alternate paradigm for marketing in high technology industries[J]. Journal of Marketing Theory and Practice，2003，11（3）：13-25.

[117] 鲁若愚，张红琪. 基于快变市场的新兴技术产品更新策略研究[J]. 管理学报，2005，2（3）：317-320.

[118] 黄梦璇，宋艳. 基于技术扩散 S 曲线的 3G 技术市场推广策略研究[J]. 研究与发展管理，2011，23（3）：26-32.

[119] 刘峰，宋艳，黄梦璇，等. 新兴技术生命周期中的"峡谷"跨越——3G 技术市场发展研究[J]. 科学学研究，2011，29（1）：64-71.

[120] 魏国平. 新兴技术管理策略研究——基于新兴技术特征的分类分析[D]. 杭州：浙江大学，2006.

[121] 吴东，张徽燕. 论新兴技术概念的商业内涵[J]. 科学学与科学技术管理，2005，26（7）：64-67.

[122] 黄鲁成. 辨别新技术商业化潜力的思路[J]. 科学学研究，2008，26（2）：231-236.

[123] 黄鲁成，王冀. 新兴技术商业化成功的环境影响因素实证研究[J]. 科技进步与对策，2011，28（1）：1-5.

[124] 王吉武，黄鲁成，卢文光. 新兴技术商业化潜力的涵义及评价方法探讨[J]. 科学学与科学技术管理，2008，29（4）：32-35.

[125] 卢文光，黄鲁成. 新兴技术产业化潜力评价与选择的研究[J]. 科学学研究，2008，26（6）：1201-1209.

[126] 杨壬飞，仝允桓. 新技术商业化及其评价的研究综述[J]. 科学学研究，2004（S1）：37-41.

[127] 程善宝. 新兴技术产业化的系统动力学研究[D]. 北京：北京工业大学，2010.

[128] 宋丽敏，陈阳. 新兴技术商业化的制约因素分析及其发展对策[J]. 经济研究导刊，2009（18）：33-34.

[129] 宋艳，邵云飞. 企业创新绩效影响因素的动态研究——以九洲电器集团公司创新实践为例[J]. 软科学，2009，23（9）：88-92.

[130] O'Brien M P，Bright J R. Technological Planning and Misplanning：In Technological Planning at the Corporate Level[M]. Cambridge：Harvard University Press，1962.

[131] Becker R H，Speltz L M. Putting the s-curve concept to work[J]. Research Management，1983，26（5）：31-33.

[132] Foster R N. Innovation：The Attacker's Advantage[M]. New York：Summit Books，1986.

[133] Constant E W. Why evolution is a theory about stability：Constraint，causation，and ecology in technological change[J]. Research Policy，2002，31（8-9）：1241-1256.

[134] 纳尔逊，温特. 经济变迁的演化理论[M]. 胡世凯，译. 北京：商务印书馆，1997.

[135] 多西，费里曼，纳尔逊，等. 技术进步与经济理论[M]. 钟学义，沈利生，陈平，等译. 北京：经济科学出版社，1992.

[136] 张伟峰，慕继丰，万威武. 基于企业创新网络的技术路径创造[J]. 科学学研究，2003，21（6）：657-661.

[137] Guard R，Karnoe P. Path Creation as a Process of Mindful Deviation[M]//Guard R，Karnoe P. Path Dependence and Creation. New York：Lawrence Earlbaum Associates，2001.

[138] Anderson P，Tushman M L. Technological discontinuities and dominant design：A cyclical model of technology change[J]. Administrative Science Quarterly，1990，35（4）：604-633.

[139] 张利飞. 高科技产业创新生态系统耦合理论综评[J]. 研究与发展管理，2009，21（3）：70-75.

[140] Adner R. Match your innovation strategy to your innovation ecosystem[J]. Harvard Business Review，2006，84（4）：98-107.

[141] Adomavicius G，Bockstedt J C，Gupta A，et al. Technology roles and paths of influence in an ecosystem model of technology evolution[J]. Information Technology and Management，2007，8（2）：185-202.

[142] 刘友金，罗发友. 企业技术创新群落形成与演化的行为生态学研究[J]. 科学学研究，2004，22（1）：99-103.

[143] 傅羿芳，朱斌. 高科技产业集群持续创新生态体系研究[J]. 科学学研究，2004，11（12）：128-135.

[144] 黄鲁成. 基于生态学的技术创新行为研究[M]. 北京：科学出版社，2007.

[145] 张运生. 高科技产业创新生态系统耦合战略研究[J]. 中国软科学，2009（1）：134-143.

[146] Downs G W, Mohr L B. Conceptual Issues in study of innovation[J]. Administrative Science Quarterly，1976，21（4）：700-714.

[147] 布朗，艾森哈特. 边缘竞争：战略的结构性混沌[M]. 吴溪，译. 北京：机械工业出版社，2001.

[148] 谢德荪. 技术革新中的 Grabber-Holder 动态和网络效应[J]. 经济与控制，2002（26）：1721-1738.

[149] 沃森. 双螺旋——发现 DNA 结构的故事[M]. 刘望夷，等译. 北京：科学出版社，1984.

[150] 蔡兵. 从双螺旋结构的发现到基因组生物学时代[J]. 科学世界，2000（9）：40-48.

[151] 任本命. 解开生命之谜的罗塞达石碑——纪念沃森、克里克发现 DNA 双螺旋结构 50 周年[J]. 遗传，2003，25（3）：245-246.

[152] 巨乃岐. 试论技术价值的"双螺旋结构"——从技术价值的形成看技术的基本价值形态[J]. 自然辩证法研究，2004，20（5）：75-79.

[153] 岳付荣. 由 DNA 双螺旋结构的发现看科学发现的自组织[D]. 南京：南京航空航天大学，2006.

[154] 陈颖. 一种基于 DNA 双螺旋结构的数据起源模型[J]. 现代图书情报技术，2008（10）：11-15.

[155] 宋刚，唐蔷，陈锐，等. 复杂性科学视野下的科技创新[J]. 科学对社会的影响，2008（2）：28-32.

[156] 高柯. 技术创新是一种"双螺旋结构"[J]. 华东科技，2010（6）：34-35.

[157] 陈昌曙. 技术哲学引论[M]. 北京：科学出版社，1999.

[158] 莱斯. 自然的控制[M]. 岳长岭，李建华，译. 重庆：重庆出版社，1993.

[159] 同号文. 物种形成方式及成种理论述评[J]. 古生物学报，1997，36（3）：387-400.

[160] 希林. 技术创新的战略管理[M]. 谢伟，王毅，译. 北京：清华大学出版社，2005.

[161] Brown R. Managing the "S" curves of innovation[J]. Journal of Marketing Management，1991，7（2）：189-202.

[162] Christenson C M. Innovation and the General Manager[M]. New York：Irwin/McGraw-Hill，1999.

[163] Veryzer Jr. R W. Discontinuous innovation and the new product development[J]. Product Innovation Management，1998，15（4）：304-321.

[164] 柳卸林. 不连续创新的第四代研究开发——兼论跨越发展[J]. 中国工业经济，2000（9）：53-58.

[165] 顾影. 激光技术的发展史[J]. 记录媒体技术，2006（9-10）：73-77.

[166] Brown S. 折磨顾客[J]. 哈佛商业评论，2001（2）：51-56.

[167] Hammer G，Prahalad C K. Competing for the Future[M]. Boston：Harvard Business School Press，1994.

[168] 王亚馥. 遗传学[M]. 北京：高等教育出版社. 1999.

[169] 刘志瑾，任宝平，魏辅文，等. 关于物种形成机制及物种定义的新观点[J]. 动物分类学报，2004，29（4）：827-830.

[170] Simpson G G. Tempo and Mode in Evolution[M]. New York：Columbia University Press，1944.

[171] Goldschmidt R. The Material Basis of Evolution[M]. New Heaven：Yale University Press，1940.

[172] Lewis H. Speciation in flowering plants[J]. Science，1966，52（3719）：167-172.

[173] Mary E. Animal Species and Evolution[M]. Cambridge：Harvard University Press，1963.

[174] Mary E. Speciation and macroevolution[J]. Evolution，1982，36（6）：1119-1132.

[175] Elbridge N，Gould S J. Punctuated Equilibrium：An Alternative to Pyloric Gradualism[M]//Schopf T J M. Models in Palebiology.
San Francisco：W.H. Freeman and Company，1972.

[176] 赵洪江，陈学华，苏晓波. 新兴技术、新技术、高技术及高新技术概念辨析[J]. 企业技术开发，2005，24（11）：40-62.

[177] 邓树增. 技术学导论[M]. 上海：上海科学技术文献出版社，1987.

第3章　新兴技术的形成路径

本章将在同时考虑技术进步不连续和应用扩展不连续的情况下，提出新兴技术可以通过技术突破、技术植入、应用创新、融合创新四条路径形成，并用物种进化理论中基于遗传物质变化、地理环境影响、物种的作用机制对四种路径进行解释。按照 Freeman 和 Perez 的"技术—经济范式"理论，四条新兴技术路径是相互关联、共生演化的，最终可实现新兴技术的创造性毁灭。同时提出新兴技术的产生不能完全等同于生物进化过程，其原因是企业在发展新兴技术路径的过程中具有能动性。对一个具体企业而言，可以根据对新兴技术形成规律的认知和理解，依据自身的资源和实力识别与评估对自身最有价值的技术，选择恰当的进入时机和正确的新兴技术发展路径，获得创新收益。这是一个企业、技术和市场间的动态匹配过程。

3.1　基于不连续创新的四种形成路径

据 2.2.2 节的分析，单独考虑技术进步而产生的新技术，会因忽略用户需求和对新知识的接受能力而在应用扩展过程中受到阻碍，而变得迟缓；过分依赖用户需求产生的新技术，多半是渐进式的，技术上不会有很大突破，长此以往，技术的进步会受到阻碍，市场应用空间也会越变越窄。因此，只有既考虑到技术的进步因素，又注重技术应用过程中用户的利益或需求，才可能使在技术进步不连续和应用扩展不连续条件下产生的新技术，实现技术与应用的协同作用，相互促进，这样才能真正实现技术突破和市场爆发，形成真正意义上的新兴技术。本章首先将不连续的技术进步和不连续的应用扩展分别视为两个不同维度，把技术创新活动置于由技术进步和应用扩展两个维度构成的分析空间，可以得到如图 3-1 所示框架，它表明新兴技术可以是单个高技术的发展，也可以是多个高技术的结合，可以在现有领域发生突破，也可以在新进领域兴起，从而有四条主要形成路径。

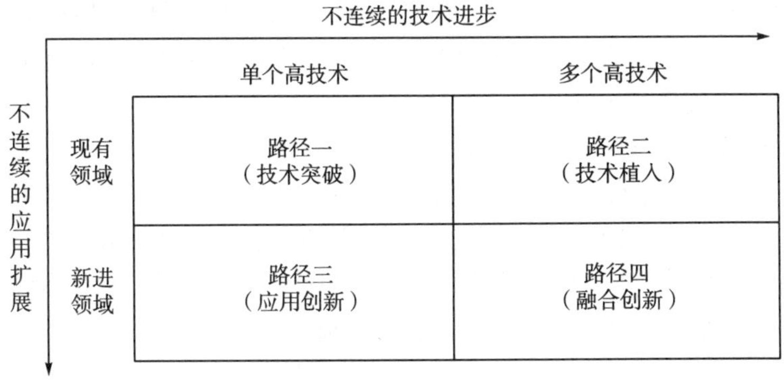

	不连续的技术进步	
	单个高技术	多个高技术
现有领域	路径一 （技术突破）	路径二 （技术植入）
新进领域	路径三 （应用创新）	路径四 （融合创新）

（不连续的应用扩展）

图 3-1　新兴技术的形成路径

3.1.1　路径一：技术突破

第一条路径是技术突破，通过技术进步不连续而形成新兴技术，技术突破型新兴技术形成路径，它的不连续产生于一种高技术在原有应用领域的发展过程中取得重大科学突破，且这种突破能使用户的同一需求得到更好的满足，促使应用得到迅速扩展。例如，在计算机硬件技术发展史上，晶体管代替真空管、软磁盘诞生、集成电路的发明是计算机发展史上的转折点，都是具有代表性的不连续创新。因此，晶体管技术、软磁盘技术、集成电路技术在当时均可被视为沿着技术突破路径而形成的新兴技术。

这类新兴技术产生的驱动力主要来源于技术本身的发展，多产生于有技术实力的大公司和从事基础研究的人员及实验室。但其应用潜力和商业化前景具有极大的不确定性，当技术发展获得了突破，如果应用不能得到很好的拓展，要么成为束之高阁的科研成果，要么成为如交互式电视、B2B、虚拟存储等在一阵热烈的追捧之后，便偃旗息鼓的早熟技术[1]。这些没有在应用上得到拓展，从而未被市场接受的新技术，不能称为真正意义上的新兴技术，至少在某一个阶段如此。

3.1.2　路径二：技术植入

第二条路径是技术植入，也是通过技术进步不连续而形成的另一类新兴技术，它的不连续来自某一项高技术在现有应用领域发展过程中引入其他技术，也可以说是两个或两个以上并不相干的高技术在某一技术应用领域进行合并或结合，产生新的系统[2]，而对原有技术造成破坏甚至毁灭。医学影像CAT扫描仪就是X射线技术和计算机技术结合的产物。X射线技术在医学领域已经得到应用，而计算机技术以前仅用于数据处理，这两项技术的结合创造了性能更卓越的新型扫描系统，最终在医学领域完全替代了传统的CAT扫描仪。在这个例子中，在原有技术中植入了计算机技术，产生的新技术创造了以新型CAT扫描仪(集扫描成像和数据处理为一体)为核心的新行业，而毁灭了老行业。再如，第三代移动通信技术(简称3G)是结合了移动通信技术和数据通信技术尤其是Internet技术的新兴技术。3G的设计是为了提供比第二代移动通信系统更大的系统容量、更好的通信质量，而且要能在全球范围内更大限度地实现基本无缝漫游及为用户提供包括话音、数据及多媒体等在内的多种业务。它支持高速移动多媒体业务，全面突破了传统移动语音通信模式，将给社会经济生活带来重大影响，无疑将成为移动通信发展的方向，也无疑将对第二代移动通信系统造成破坏甚至替代[3]。

这类新兴技术产生的驱动力也主要来源于技术的发展。研究人员不要孤立地考虑一项技术的发展，要注重与其他技术的结合产生新技术。特别是企业在某项技术发展过程中出现障碍，导致应用扩展受阻时，不要仅仅在原有技术路径上寻找突破，要努力探索那些存在于不同领域内的技术，加以创造性地植入并使其有效结合，以排除技术障碍，从而使产品跨过原来的技术平台而得到一个增量市场的份额。

3.1.3　路径三：应用创新

　　第三条路径是应用创新，通过应用扩展不连续而形成新兴技术，它的不连续来自应用领域的转变，它可以是一项高技术从现有的应用领域转移到新领域，也可以是为一项纯粹的技术找到恰当的应用空间，从而使技术在其应用获得迅猛发展的同时，性能也得以完善和进步。起源于日本的小灵通技术，在日本并不成功，却被中国电信(包括网通)成功引入中国市场，不但呈现出爆炸式的增长，原有技术也进一步得到提升和创新[4]。这是该路径下形成的新兴技术的一个典型例证。在这个例子中，应用领域的转变是技术发展过程中的不连续点，进入一个新领域不仅改变了选择标准(如低成本)，还极大地改变了支持技术发展的可利用资源(特殊的客户群、运营商、设备提供商、政策)。再如，因特网的迅猛发展从根本上说并不是一项技术变革的结果，而是由于网页浏览器这一相对不起眼的发明将该技术的应用领域从政府和学术机构推广至大众消费市场。网页浏览器这类技术称为补充性技术，补充性技术的出现使原有技术在新环境中得到快速发展，或是新环境中特殊的选择标准和新资源催生补充性技术。

　　这类新兴技术产生的驱动力主要来源于对市场的了解和对用户需求与利益的认知，或者称为市场的拉动。技术并不要求有本质改变，但必须充分利用应用环境条件实现技术创新。对于发展中国家和技术优势不明显的企业，关注这类新兴技术显得尤为重要。台湾、马来西亚、韩国等地区和国家经济的成功转型，就是把握了信息技术快速发展的契机，将很多新技术引入本土，通过消化、吸收、学习、创新，从以加工制造和原料出口为主转而成为新兴技术产品的开发制造的主要地区，并将地区的经济与生活水准推向了一个更高的台阶。中国电信(包括网通)对小灵通的成功运作，也说明这条路径对优势不明显的企业的重要性和有效性。

3.1.4　路径四：融合创新

　　第四条路径是融合创新，可能通过融合新兴路径而形成新兴技术，这是由技术进步不连续和应用扩展的不连续同时作用而产生的新兴技术，它的不连续来自两项或多项技术经历融合过程，产生的新技术应用到新领域并得到快速发展，且对其他领域产生重大影响。20 世纪 80 年代发展的生物芯片，融微电子、微机械、物理、化学及计算机技术等于一体，是生物技术与其他科学和技术相互交叉及渗透的产物。这项技术已在医学、农业、工业及生命科学领域创造出良好的应用前景，其技术正在日趋完善，并将继续广泛应用于生命科学研究和实践领域。这种以多门学科、多项技术相融合所产生的工具和手段的广泛应用将给 21 世纪整个人类生活带来一场"革命"。2001 年 12 月美国商务部和美国国家科学基金会共同组织召开了一次关于技术融合的专题讨论会，在其"推动技术融合，提高人类素质"的主题报告中提出了"融合技术"(NBIC 会聚技术)的概念。这个概念包含了科学技术四大领域的有机结合，这四个领域目前都在飞速发展。它们是：①纳米科学和纳米技术；②生物技术和生物医学(包括遗传工程)；③信息技术(包括先进的计算通信技术)；④认知科学(包括认知神经科学)。多技术融合在技术上原本都有其融合的合理性，而纳米、生物、信息与认知四大技术领域之间的互补性使它们的融合更富有意义,它将诞生一系列革命性的 NBIC 产品,可以使人类精神、身体和社会能力持续增强,从而给予我们更多的可成功应付各种挑战的方法[5]。

这类新兴技术产生的驱动力源于技术驱动和市场拉动的同时作用,但往往不是依靠单个企业的力量能完成的。它要求企业与其他组织(包括其他企业、科研机构、高校)之间形成技术联盟,通过各组织间技术优势互补,充分挖掘市场需求潜力,充分利用外部资源(往往包括政府的组织和支持)来实现创新。

3.2　新兴技术形成路径的物种进化方式解释

依据第 2 章基于物种起源理论分析得出的新兴技术起源的三个方面,把高技术作为新兴技术的起点,可类推出三种新兴技术的形成方式,用上述列举的一些事例同样可以对其进行较好的解释。

3.2.1　方式一：基于遗传物质的变化

这是一种主要考虑内因变化的形成方式。物种的基因突变、重组等遗传物质的变化可对应高技术的知识基础或知识结构的改变。因此一种高技术在现有应用领域的发展过程中取得重大科学突破,且应用得到迅速扩展而形成新兴技术,即可视为基于遗传物质变化的形成方式。例如,晶体管代替真空管、软磁盘诞生、集成电路的发明是计算机发展史上的转折点,它们都是因为现有知识基础发生了根本性变化而诞生的。这些类似遗传物质的知识基础发生了改变,才能使计算机技术的应用得以不断拓展。因此,晶体管技术、软磁盘技术、集成电路技术均可视为是基于遗传物质变化而形成的新兴技术。再如,从螺旋桨式飞机到喷气式飞机的转变、从卤化银(化学的)摄影到数字成像摄影的转变也都是应用了全新的知识基础产生的新兴技术。

3.2.2　方式二：基于地理环境的影响

这是一种首先考虑外因变化的形成方式。由于地理环境的改变而产生新物种,新物种为了适应新环境产生了遗传结构的适应性改变,具备了与先辈大为不同的特性。例如,燕麦和黑麦在中亚、西亚本来是混生在小麦、大麦田里的杂草,但到了更北的地方种植时,由于其耐寒性强于小麦和大麦,生长优势得以充分发挥,因此成为寒冷气候特点地区的主要农作物[6]。

一项高技术从现有的应用领域(包括地域、人群、行业等)转到新领域,技术本身在获得迅猛发展的同时也得以完善和改变,这种方式可称为基于地理环境影响的形成方式。例如,前文提到的小灵通技术,在日本并不成功,在 21 世纪初的中国,不但市场呈现出爆炸式的增长,原有技术也进一步得到提升和创新。应用领域的转变是该技术发展的首要原因,进入一个新领域不仅改变了选择标准(如低成本),还极大地改变了支持技术发展的可利用资源(特殊的客户群、运营商、设备提供商、政策)。新环境中特殊的选择标准和新资源催生补充性技术，补充性技术的出现，又可使原有技术在新环境中快速成长。"南橘北枳"也是这种形成方式的最好说明。

3.2.3　方式三：基于物种的作用机制

这是多类物种种群生活在一定生态环境内，由其内因和外因共同作用而形成新物种的方式。这种方式会有两种情况出现。

(1)一类物种被引入另一类物种的生活环境，遗传物质会因此发生改变，植物界的移植或嫁接就是这样一种方式。例如，在梨树上嫁接苹果枝条，因枝条的基因(内因)决定了新结出的果实必定像苹果，但由于养分(外因)来源于母体(梨树)，果实必定具有母体的特性，因此，在内外因的共同作用形成了备受消费者青睐的新型水果，它看似是苹果，却集苹果和梨的味道与成分于一体。与之相对应，一项高技术在原有应用领域发展过程中引入其他技术，或者说是两个或两个以上并不相干的高技术在某一技术的原有应用领域进行了结合，产生了更为先进和适用的新技术及系统，便可归结为这种形成方式。例如，现代医学影像 CAT 扫描仪就是将计算机技术引入原有医学扫描领域与其 X 射线技术有效结合的产物；第三代移动通信技术，也是将数据通信技术，尤其是互联网技术引入现有的移动通信领域，并与移动通信技术有效结合而形成的新兴技术。

(2)不同种类的物种在一个新环境中相遇，遗传物质也会因杂交而发生改变，但只有当地理隔离出现时，新物种才能形成。与此相对应，两项或多项高技术经历融合(杂交)产生了新技术，一旦为新技术找到了恰当的应用领域，新兴技术便应运而生。例如，20世纪 80 年代发展的生物芯片，融微电子、微机械、物理、化学及计算机技术于一体，是生物技术与其他科学和技术相互交叉及渗透的产物。只有当其应用领域被确定在医学、农业、工业及生命科学中任何一个具体领域后，其技术才因其应用的拓展得到日趋完善，才有可能成为 21 世纪给整个人类生活带来一场"革命"的新兴技术。

3.3　三种方式与四种形成路径的对应分析

如果将物种理论指导下新兴技术形成的三种方式(包括第三种方式的两种情况)与新兴技术路径做对比，不难看出有如图 3-2 所示的对应关系。

因为要有一个良好的基因基础，本书以高技术为起点，同时考虑环境条件的作用，就必然结合技术与其应用领域发生的变化而进行探讨，就像一个新物种形成一样，可以是基因等遗传物质的变化，也可以是物种形成事件等地理环境影响的作用。如果把高技术的进步与发展类比为遗传物质的变化，把应用领域的转变视为地理环境影响的作用，那么新兴技术的遗传物质变化可以是单个高新技术发展中的技术突变，也可以是多个高新技术的结合；地理环境中物种形成事件的影响可以发生在现有领域，也可能产生于新领域，从而得到物种进化的三种方式与不连续创新形成的四种路径之间的对应关系。

图 3-2　新兴技术形成路径与物种形成方式对比

　　基于遗传物质变化的方式一，主要是因基因突变而产生的物种进化，与因技术知识基础或结构变革出现的技术突破路径相类似；方式二主要因地理环境变化而发生的遗传结构的适应性改变，使新物种具备了与先辈大为不同的特性，这与一项高技术因应用领域改变而产生的性能和扩散能力的增强，即应用创新路径一致；基于物种作用机制的方式三出现的两种典型情况分别与路径二和路径四有较好的对应，即原物种一旦植入另外物种的基因，必定会诞生新物种，就像一项技术系统引入了另一种技术后，必定会出现技术性能或应用领域的改变，有可能带来市场爆发一样；不同种类的物种在一个新环境中相遇，因环境的适应特征，诞生新物种更是不言而喻的，这与在一个新的应用领域通过多种技术相互融合产生全新的技术，即融合创新非常类似。这样的对应关系说明无论是从不连续创新的角度还是从物种起源的角度，将新兴技术形成归纳为上述四条不同的路径有一定合理性。

3.4　新兴技术四种路径之间的关系

　　四条路径的起源都基于不连续性，但每条路径下新兴技术的发展演变必然包含技术和市场的增量变化，即由于某种变革的出现形成某种新兴技术路径的机会，再沿着该路径的轨道经过一段时间的连续变化后会出现另一种不连续，这与 Freeman 和 Perez 提出的四种创新类型[7]：渐进创新(incremental innovation)、突破性创新(radical innovation)、技术系统(technology system)的变革和技术-经济范式(techno-economic paradigm)变革的演变相类似。根据他们的观点，渐进创新发生在任何企业内部，以改进性能和降低成本的连续性创新为主；突破性创新是不连续事件，在不同部门和时间段内不均匀分布。突破性创新是新市场增长的潜在源泉，也是与经济繁荣相关的新投资的增长领域。突破性创新往往还伴随着产品、工艺和组织的创新。例如，相对软磁盘技术，优盘技术就是一种突破性创新；技术系统的变革是影响更为深远的技术变化，不仅影响经济结构中的若干部门，也可能产生全新的部门、企业或行业。例如，由数字音乐播放器及其配套软件技术的创新，不仅开创了数字音乐产业这个新行业，对传统音乐产业的运作模式也产生了巨大的冲击。这种变革是渐进创新和突破性创新的组合，会影响一类企业或几类企业的组织和管理创新；更高层次的变革是技术——经济范式的变革，会影响整个经济形态。这个层次的变革包括特殊产品和工艺技术的技术通道(technology trajectory)变革，会影响经济系统中各个部门的投入、成本结构和生产、流通条件。例如，因特网带来的变革就属于这个层次的变革。

　　这四种变革是相互关联、逐级发展的，所涉及的参与者数量和创新的影响范围随着发展而逐渐增多和扩大。例如，渐进创新往往是由同一个部门的一家或几家企业完成，影响范围只局限于特定的产品或工艺。而技术系统的变革，一般涉及不同部门的多家企业，而影响范围不仅是产品、工艺的变化，更重要的是会对一个或多个部门的生产流程、商业模式产生深远影响。基于以上认识，我们认为新兴技术最终所带来的变革属于技术系统层次和技术-经济范式层次的变革，但总是由不同级别、不同影响程度和范围的众多新兴技术群落逐渐演变而成的，是一个动态发展的过程。

　　因此，新兴技术这四条路径也不是完全独立的，而是相互关联可以相互转化的。它们之间的转化也体现出新兴技术由单个企业到多数企业的参与，一个技术机会到新兴行业的形成过程，也就是新技术多层次共生演化的过程[8,9]。从一个产业的角度看，四条新兴技术形成路径的动态转化过程可如图 3-3 所示意。

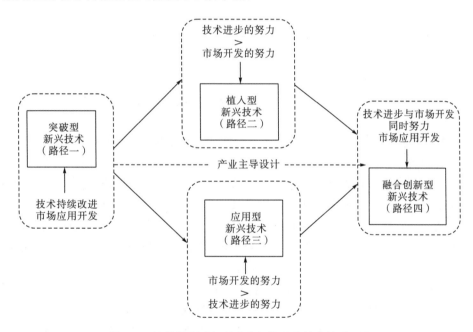

图 3-3　新兴技术四条形成路径的动态转化关系示意

　　这种转化的关系表明，新兴技术是一个动态发展的过程，一般因企业在其技术进步中的某项技术突破而起，过程中发生移植与融合，伴随着应用扩散方向中的转移和扩展，呈现出丰富的路径，并最终形成以一个(系列)主导设计来贯穿主线[10]，汇集相关技术而成的新兴技术系统或集群。企业经过合并、分裂、关联而形成以龙头企业为核心的新兴技术产业集群和产业链，从而最终实现新兴技术的创造性毁灭[11]。个人计算机及应用可以做一个很好的例证。第一只晶体管问世，实现了电子技术的革命性突破，由电子管向晶体管的器件转变，奠定了现代电子技术的电路硬件技术基础。随后的集成电路、大规模集成电路和超大规模集成电路设计与生产技术，形成了硬件电路的主导设计模式；在 Apple DOS（第一个 Apple 操作系统）基础上发展起来的字符命令形式的单任务操作系统和微软的 Windows 视窗技术基础上发展起来的多任务可视化图形界面技术，成为个人计算机操作系统软件的主导设计模式。上述硬件设计与生产技术和操作系统软件技术的发展，构成了个人计算机技术集群，创造了个人计算机产业行业和产业链。

　　站在一个产业发展的视角，用技术 S 曲线的演化来显示这四条新兴技术形成路径的关系，可用图 3-4 显示。

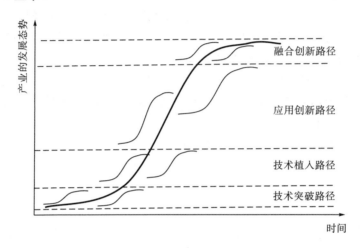

图 3-4　新兴技术四条形成路径的技术 S 曲线演化示意

　　图 3-4 中间粗线条的 S 曲线表示以一项突破性创新技术为主导的产业随时间的发展态势。而该项突破性创新技术是由若干技术突破路径形成的技术（细线条的 S 曲线）竞争而产生的；随着该技术的增量式发展，企业常常以超出客户接受能力的速度给产品增加特性，这是因为技术进步曲线的斜率往往比客户需求曲线的斜率大（该原理在 2.1 节已做过详细阐释），因此，通过技术植入路径而形成的新兴技术应运而生，同样会出现不同的技术轨道；随着参与的企业逐渐增多，更多的企业看到了潜在的市场机会，根据不同应用领域的特点和自身实力，开发出完全不同的具有极高用户效用的新技术，以获得创新收益；待技术性能与应用开发进行到一定程度，以该技术为主导的多种技术结合为全新应用领域开发新技术成为很多企业的必然选择，此时融合创新发展新兴技术的可能性增大，有的企业逐渐退出。此阶段，极有可能诞生引导下一轮产业发展的突破性创新技术。

　　因此，新兴技术要真正实现其创造性毁灭，一定是由一组相互联系、相互促进、相互制约的新兴技术群体组成的，是由多个间断和均衡构成的动态发展过程。本章提出的四种路径便形成了四类不同的新兴技术群。对一个具体企业而言，可以根据对新兴技术形成规律的认知和理解，再根据自身的资源和实力识别与评估对自身最有价值的技术，选择恰当的进入时机和正确的新兴技术发展路径，以获得创新收益。这是一个企业、技术、市场间的动态匹配过程。本书重点探讨新兴技术形成初期，企业如何根据自身实力和环境条件，选择恰当的新兴技术形成路径，制定并实施基于新兴技术的发展战略。而对新兴技术演化过程及产业集群暂未涉及。

3.5　企业对四种路径认识与实现的关键因素分析

3.5.1　技术突变型创新路径

1. 含义

这是一条通过技术进步的不连续创造出新技术并成功实现商业化的创新路径，它的不连续产生于一种技术在发展过程中取得重大科学突破，且这种突破能使使用户的同一类需求得到更好的满足，或者满足新的市场需求。在图 2-9 中，S_1、S_2 相对 S 而言就是技术突变型创新路径。例如，晶体管代替真空管、从螺旋桨式飞机到喷气式飞机的转变、从卤化银（化学的）摄影到数字成像摄影的转变等都是具有代表性的技术突变型创新。

技术突变型创新主要是以技术自身的发展为驱动力，采用这条路径的多为有技术实力的大公司和从事基础研究的实验室。但其应用潜力和商业化前景具有极大的不确定性，当技术发展获得了突破时，如果应用不能得到很好的拓展，要么成为束之高阁的科研成果，要么成为早熟技术[12]。

产生技术突变需要新的技术知识或知识结构，这种新知识的产生或知识结构的改变类似于物种的基因突变、重组等遗传物质的变化，技术突变后产生的新技术类似于生物界产生的新物种。

2. 企业特点

相关研究表明，走技术突变型创新路径的企业，以技术实力雄厚的大公司及研发型企业居多，强调拥有自主知识产权，自主研发是这类企业技术的重要来源。

这类技术实力雄厚的大公司通常有着技术、资金、人才等资源方面的优势，不仅科研力量强大、研发投入占比高、人才储备充分，对市场影响力大，而且有着健全的组织管理机制及先进的企业文化，鼓励创新，允许失败。这类企业往往有足够的资源优势把握技术生命周期前端的新兴技术创新机会，采用技术突变型创新路径实现突破性创新。

加拿大北方电讯公司（以下简称北电）是一家通信设备行业的百年老店，一直非常注重前沿技术的研发，公司管理层始终奉行一种观念，要做就做最新、最好，公司 75%的研发支出的投向是最新、最热门的技术，拥有大量前沿技术专利。即使是在陷入困境的 2007 年，北电的研发投入仍然高达 17.23 亿美元，占当年营收的 15.7%。北电的产品研发历来非常超前：当市场上的光传播设备仍然是 10Gbit/s 传输速率的时候，北电就开始投入巨资开发 40Gbit/s 的产品，虽然一度造成高额库存，但却赢得了市场先机；当 3G 开始在全球大规模商用时，北电已经在 LTE 和 WiMAX 等 4G 技术上取得了重要突破。显然，北电在通信设备领域走出了一条技术突破型的创新路径，使其一直具备先发优势。

作为研发型企业，规模普遍较小，经营年限较短，一般以有别于原有技术轨道的独特技术为其核心资源。这类企业往往是突破性技术创新的重要发起者，因为小企业灵活的组织结构有利于偏离原有的技术轨道开展技术创新，技术人员的创新意识强、积极性高。从知识角度看，渐进性创新与突破性创新对知识的需求不同，渐进性创新更侧重于利用内部的知识积累,而突破性创新则需要广泛利用内外部的创意并创造出新知识为新技术开发提供知识基础,知识宽度和深度都会影响突破性技术创新成功的概率。研发型企业通常是通过创造独有的和新颖的知识来开发新技术。

高通公司成立于 1985 年,最初只是一家小型技术公司,虽然拥有近 2000 项 CDMA 技术专利,但仅仅是专利而已,没有成型的产品,也不是唯一掌握 CDMA 技术的公司。经过 5 年艰苦的谈判,旧金山太平洋电话公司在 1990 年最终给予了高通公司将 CDMA 技术商业化的机会。1993 年,韩国政府宣布建立以 CDMA 为标准的全国移动通信网络,高通公司终获成功,最终 CDMA 顺利成为与欧洲的 GSM(global system for mobile communications,全球移动通信系统)并列的两大 2G 标准之一。CDMA 技术创始人艾文·雅各布斯通过满世界的推广、游说,让一个曾经的军方技术成为人们头脑中的一个产业,自己掌握的技术成为行业标准的一部分,在这个产业兴起之时,自己便可以握住手中的众多专利坐地收钱;当 CDMA 技术成为 3G 的主要技术方向后,高通公司利用其专利收取了巨额的许可费用,从一家小公司发展成为行业巨头,目前又成为 5G 技术标准的主导制定者。

3. 路径实现的关键要素

通过对调查问卷的统计分析,影响技术突破型创新路径的主要因素依次包括技术的竞争性、产业环境的配套程度、高层团队的素质与能力等。

从影响因素重要度排序可看出,走技术突破型创新路径的企业很重视技术的竞争性,首先要拥有先进的技术,其次要重视产业环境的配套程度,通常称为互补性资产,最后就是高层团队的素质与能力,包含风险承担、价值导向等,这三个因素共同构成是否采用该路径的关键因素。

上面介绍的北电、高通公司之所以能成功,不仅仅是因为它们有超前的专利技术,更因为它们重视将技术优势与技术环境、企业自身的能力相结合。

3.5.2 技术植入型创新路径

1. 含义

这也是一条因技术进步的不连续而引发新技术并成功实现商业化的创新路径,它的不连续来自某一项技术在现有应用领域发展过程中引入其他技术,也可以说是两个或两个以上并不相干的技术在某一技术现有应用领域进行合并或结合产生了新技术,最终获得商业化成功。在图 2-9 中,S_2 相对 S 就是这一条创新路径。如前文所列举的医学影像 CAT 扫描仪的诞生。第三代移动通信技术是在第二代数字通信技术基础上植入了通信技术和互联网技术产生的新技术,相对原有技术具有更大的系统容量、更好的通信质量,而且能在全球范围内更大限度地实现基本无缝漫游及为用户提供包括语音、数据及多媒体等在内的多种业务。它支持高速移动多媒体业务,全面突破了传统移动语音通信模式,给社会经济生活带来了重大影响,因此很快成为主流通信技术,替代了第二代移动通信系统,并演进发展到 4G,乃至后续的 5G 技术。

2. 企业特点

相关研究表明，走技术植入型创新路径的企业主要从事研发和生产制造及服务型业务，它们更善于利用其他领域的技术来改变现有领域的技术轨道，从而使企业快速成长。从技术 S 曲线上来分析，它不是一条完全转轨的曲线，而是在原来的技术中叠加了一项或多项技术，使得原有技术 S 曲线轨迹发生了变化，有望达到更高的技术极限。

苹果公司在其产品更新上往往会采用技术植入型创新路径，其 iPhone X 的成功问世便是典型例证。iPhone X 在原有 iPhone 的基础上，植入了柔性有机发光显示器(organic light emitting display，OLED)全面屏+面部识别解锁+无线充电+增强现实(augment reality，AR)技术四大"黑科技"，称为史上性能最强劲的手机。这款手机虽然集成了多项可能代表未来 5 年发展方向的新技术，但其中一些技术并非苹果公司原创。

首先，iPhone X 手机采用了柔性 OLED 全面屏，这也是苹果手机首次采用此技术，但目前 iPhone X 所需要的 OLED 屏幕只有三星公司能够大规模供应，这无疑是苹果公司的软肋，必须要与三星公司通力合作。其次，iPhone X 还采用了面部识别解锁技术来全面取代指纹解锁技术，苹果公司早在 2007 年就开始了这方面的专利申请，还在 2017 年 2 月并购了一家专门从事人脸识别的以色列公司 RealFace，以进一步完善自己的专利布局，这也充分说明苹果公司对外部技术的搜索与利用能力很强。再次，无线充电也是 iPhone X 的一大亮点，苹果公司从 2009 年开始就拥有了这项技术的专利。最后，iPhone X 手机配置有支持 AR 技术的摄像头、陀螺仪和传感器，其中很多技术并非苹果公司最先研发，但苹果公司从 2010 年开始就申请了通过一种映射 APP，能够利用 iPhone 的高级传感器套件，向用户呈现其周围环境的实时增强视图的专利。因此，从苹果公司角度看，iPhone X 的优势在于植入了众多其他领域的技术，使智能手机的技术性能可以达到新的高度，是技术植入型创新路径的典型代表。

朗科公司对优盘的成功开发，也在一定程度说明了技术植入型创新路径可以让一个科技型公司快速成长。

优盘技术主要来源于朗科公司创始人之一邓国顺的知识积累和外部知识的应用。首先在知识积累方面，主要体现在发现软盘存储数据存在诸多问题，如容量小、易坏和不方便携带、移动数据缓慢、容易出现数据丢失等问题。其次外部知识应用方面，主要是邓国顺观察到计算机的部件如主板、CPU、鼠标、键盘都在快速更新换代，移动存储设备需要的三个核心技术 Flash 存储介质、USB 接口和专有控制程序，其中前两个技术已经存在，如能再开发出专有控制程序就可以创造出全新的移动存储设备。由此，开发一种大容量和便于携带的移动存储设备的想法油然而生。

随后经过研发、中试到商业化成功，其中申请专利和制定技术标准是朗科公司将移动存储新技术推向普及的关键。朗科公司于 1999 年首创的基于 USB 接口、采用 Flash 存储介质的移动存储产品，是中国企业在计算机技术领域取得的少数几项产生了广泛影响的技术成果之一。优盘的问世加上标准的普及，取代了占据存储主导地位的软盘和光盘而成为移动存储的主流技术。

3. 路径实现的关键要素

通过对调查问卷的统计分析,影响技术植入型创新路径的主要因素依次包括用户关注程度、技术的活跃性和技术经济实力等。

上述关键影响因素同样体现出技术植入型创新路径依然是由技术自身、技术环境、企业能力构成的技术系统中各要素共同作用的结果,但关键因素与技术突破型路径有所不同,因为该路径的特点是通过在原有技术系统中引入其他技术来提高性能或增加功能,目的是增强原有客户能感知到的效用或价值,所以用户的关注度、技术的活跃性和技术经济实力成为重要的影响因素。

采用技术植入型创新路径,需要拓展技术搜索空间,不要孤立地考虑一项技术的发展,而要注重与其他技术的结合进而产生全新的技术。特别是企业在某项技术发展过程中出现障碍导致应用扩展受阻时,不要仅仅在原有技术路径上寻找突破,要努力探索那些存在于不同领域内的技术,并加以创造性地植入使其有效结合,这样不仅能使技术障碍得以排除,还会给产品性能和用途带来跃迁。

3.5.3 技术应用型创新路径

1. 含义

这是一条因技术应用扩散的不连续而产生新技术并成功实现商业化的创新路径,它的不连续来自应用领域的转变,它可以是一项技术从现有的应用领域(或市场)转移到新领域(市场),也可以是一项纯粹的技术找到了恰当的应用空间,从而使技术应用获得迅猛发展,性能也得以完善和进步。前文已列举了小灵通的例子,再如,因特网的迅猛发展从根本上说并不是一项技术变革的结果,是由于网页浏览器将因特网技术的应用领域从政府和学术机构推广至大众消费领域;激光技术最初完全是一项纯粹的技术突破,后来其应用领域才逐步被开发出来,首先是军事领域的激光测距、激光制导、激光通信、激光模拟训练等,其次是工业领域的激光切割,然后是消费领域的近视治疗等。每一个新的应用领域的发现,就带来一次巨大的商业机会,技术也随之不断得到进步和完善。

这类路径的形成同样可以从生物进化中得到解释,这是一种首先考虑外因变化的生物进化方式。由于地理环境(如气候、栖息条件、物理屏障等)的改变而产生的新物种,为了适应新环境产生了遗传结构的适应性改变,具备了与先辈大为不同的特性。

2. 企业特点

相关研究表明,应用创新,尤其是领先式应用创新往往能让企业快速扩张,这条路径考验的是企业对市场的敏感性及对技术信息的掌握程度,要求企业能提前发现一块有潜力的新领域(即市场),将成熟的技术引入这个领域,并配合"本土化"的技术创新。

采取技术应用型创新路径的企业往往是以用户为中心,善于发现并解决用户的现实与潜在需求,通过引进或集成各种相对成熟的技术,开发出能够引领用户需求的产品和服务。

华为公司最初仅是思科公司的代理商,但很快发现有较大的低端或偏远市场是思科公司短期无法顾及的，因此华为公司瞄准这类市场，展开了针对思科公司的模仿创新，努力将产品成本做得更低，服务质量做得更好，锁定顾客，并逐渐扩大领地，依靠应用型技术创新，华为公司最终成为思科公司最强劲的竞争对手。当然，目前的华为公司已经走出了完全依靠应用创新型路径发展的模式，正在探索更多路径上的成长与飞跃。

再以我国目前互联网的霸主 BAT（指百度、阿里巴巴和腾讯）为例，它们同样是抓住了中国互联网市场的红利，通过将先进国家的互联网技术及运营模式应用到中国，加上一些适合中国市场的技术创新，用不到 20 年的时间内赶上了称霸全球的美国互联网同行，2017 年全球市值 Top15 的互联网企业排行中，美国占 8 家，中国占 7 家，这一数据足以显示中国互联网企业通过应用型创新路径所获得的快速成长。

3. 路径实现的关键要素

通过对调查问卷的统计分析发现，影响技术应用型创新路径的主要因素依次包括用户关注程度、技术的独特性和生产与营销实力等。

采用技术应用型创新路径的企业通过创造或发现技术新的应用领域，着力进行市场开发。一般选择的技术相对成熟，新市场一旦接受该技术产品的独特价值，往往会伴随着企业销售收入的快速增长。同样，这类企业也不仅靠关注客户需求获得市场发展，也是技术环境、技术自身、企业能力构成的技术系统中各要素共同作用的结果，只是各影响因素的重要度与前两种路径有显著差异。

这类创新路径形成的驱动力主要来源于对市场的了解和对用户需求与利益的认知，技术并不要求有本质改变，但必须充分利用应用环境中的资源与条件实现技术创新。对于发展中国家和技术优势不明显的企业，关注这类创新路径显得尤为重要。中国台湾、马来西亚、韩国等地区和国家经济的成功转型，就是把握了信息技术快速发展的契机，将很多新技术引入本土，通过消化、吸收、学习、创新，从以加工制造和原料出口为主转而成为新兴技术产品的开发者和制造商。

3.5.4　技术融合型创新路径

1. 含义

这条技术创新路径是由技术进步不连续和应用扩展不连续同时作用而形成的，它的不连续来自两项或多项技术经历融合产生的新技术被应用到新的领域。前文 3.1.4 节中已列举了相关例证。

这类路径的形成也可以从生物进化中得到解释。这是多类物种种群生活在一定生态环境内，由物种基因和地域中的突发事件共同作用而形成的新物种，即不同物种在一个新环境中相遇，遗传物质也会因杂交而发生改变，但只有当地理隔离出现的情况下，新物种才能形成。技术融合混进了来自多个以前不相干的技术领域的技术改进，创造出对市场有革命性影响的产品，即两项或多项技术经历融合（杂交）产生了新技术，一旦为新技术找到了恰当的应用领域，技术融合型创新路径便会形成。如上面提到的生物芯片技术，再就是众所周知的录像机产品，它是磁记录技术和光学技术在光通信技术这个新领域中得到融合产生的新技术。

2. 企业特点

选择技术融合型创新路径的企业一般具有成熟稳定的特点,它们善于整合企业内外的技术资源,充分了解客户的现实需求和潜在需求,创新成为驱动公司发展的主导文化。

在技术植入型创新路径中列举的苹果的 iPhone X 智能手机,是基于产品层次的技术创新路径。但纵观苹果公司的发展,从起初的 Apple II,到 iMac、iPod、iPhone、iPad,以及目前的 iWatch 和 iTV,公司战略层次的创新路径更多地体现为技术融合型。因为在苹果公司推出上述新产品中,在技术轨迹上发生了不连续,而且很多核心技术并非苹果公司所有,但它善于将这些原本已经存在的多项技术整合起来,再加入自己的专利技术创造出一个给消费者带来完美体验的革命性产品,成功将新技术扩散到消费级市场,使技术的应用领域也发生了不连续。

走技术融合型创新路径不仅需要一定的技术研发能力,更需要对新技术进行大规模商业推广的能力,其核心优势是对庞大的生态链的整合能力和市场营销能力。

3. 路径实现的关键要素

通过对调查问卷的统计分析,影响技术融合型创新路径的主要因素依次包括产业环境支持程度、技术的独特性、生产与营销实力、企业技术经济实力、高层团队的素质与能力、内外环境驾驭能力等,且这几项能力的重要程度相差较小。说明这种路径下各种机会都存在,关键是看企业发现机会并为这个机会配置资源的能力,即对技术系统中各要素的动态管理能力。

这类技术创新路径产生的驱动力源于技术驱动和市场拉动的同时作用,但与连续性创新的兼顾型有所不同,它关注的是两个方向的不连续性变化,从这种间断性变化中寻求更具潜力的发展机会。这类创新往往很难依靠单个企业的力量来完成,它要求企业与其他组织(包括其他企业、科研机构、高校)之间形成技术联盟,通过各组织间技术优势互补,充分挖掘市场需求潜力,充分利用外部资源(包括政府的组织和支持)来构建技术生态系统,从而实现创新的商业化价值。

3.6   四种路径对企业自主创新的启示

3.6.1   自主创新及其与新兴技术的关系

1. 自主创新内涵

自主创新是指企业依靠自己的力量独立完成创新的一系列工作,技术创新所需资源(人力、资金、技术等)由企业投入,企业对创新独自进行管理、运作,它在企业技术创新战略中占有重要地位[13]。

国外学者称自主创新为领先创新[14],将自主创新战略的目标定位于技术的率先性和市场的领先地位,因此在竞争中会显示出比较明显的优点。

（1）自主创新有利于企业为自己构筑起较高的技术壁垒。当自主创新的企业在一定时期内掌握了某项核心技术时，就可借助专利的保护，通过控制关键性核心技术的转让，在一定程度上控制某种产品甚至整个行业技术发展的进程，在竞争中处于十分有利的地位。

（2）自主创新的企业将技术的自主攻关和领先开发定为追求的目标，在一个全新的技术领域寻求突破，其创新的空间是比较大的。当某项核心技术开发成功之后，很可能会带动一大批新产品的诞生，形成创新的集群现象。

（3）自主创新有利于企业培养独立的研发能力，提高技术积累的整体水平，并在此基础上培育核心能力。而且，在自主创新的过程中，企业长期积累起来的技术诀窍和经验能够得以充分发挥。这样不仅避免了外部委托研发所导致的技术开发成果不配套和不适用的问题，还能防止企业陷入长期依赖外部技术供给的恶性循环之中。

因此，从长远来看，自主创新是企业技术创新的最高层次，也是企业最终追求的战略选择[15]。然而，自主创新战略并不是任何企业一开始就能选择的，它要求企业必须具备较强的资金投入能力、风险承受能力、技术储备能力和一支素质精良的科研队伍。

2. 自主创新外延

企业技术创新战略主要分为自主创新战略（或领先创新战略）、模仿创新战略、合作创新战略[14]。这三种战略并不是相互独立和排斥的，因此自主创新的外延可以通过其他两种创新模式得到拓展。

模仿创新是指主体通过学习模仿率先创新者的方法，引进、购买率先创新者的核心技术和技术秘密并以此为基础进行改进再创新的做法，该过程的切入点可以是技术选择，也可以是市场产品。合作创新是企业间或企业、科研机构、高等院校之间的联合创新行为，它是依靠企业内部和外部力量进行的一种技术创新活动，在创新活动中，企业和合作伙伴的侧重点各有不同[13]。

三种技术创新战略的关键都是要有核心技术和技术秘密，只是在企业开始技术创新活动时，受企业资源条件所限，必须选择不同的技术创新战略。起初，人力、资金、技术等资源优势突出的企业理应依靠自身实力选择自主创新模式，以获得技术领先优势和市场领先地位；消化吸收能力强的企业可选择模仿创新模式，韩国轿车发展产业就是模仿创新的成功例证；具备战略联盟优势的企业可选择合作创新模式，一旦靠联合力量形成的核心技术和技术秘密归企业所有，企业可以在新的平台上开始一系列创新活动，最终实现自主创新。因此，从一个较长时间段和动态的角度看，企业从不同技术创新模式切入，最终是有条件走到自主创新的。

3. 新兴技术与自主创新的关系

新兴技术必须伴随技术成长和应用发展才能形成，而自主创新是始于技术研发或市场需求，依赖自身能力开展生产、销售、发现或创造新的需求，再反复并创新的一系列活动，关键要素也是技术和市场，因此二者必然有密切的联系。

新兴技术可以形成企业的核心技术和技术秘密，而核心技术是一种极富战略性、长远性和竞争性的技术，企业可以围绕关键核心技术开展一系列自主性研究开发，构建出技术创新平台,而每个阶段性的进展和突破都可能引起技术平台的升级与更新,从而带动技术的整体发展,提高企业产品的技术优势,最终实现企业的自主创新。反之,自主创新是以企业已经掌握了某项核心技术为基础而开展的一系列创新活动,由于其技术领先性,能够率先使其技术应用得到迅速扩展,使之成为新兴技术,并获得创新收益。一般具有较强实力的企业会选择创新战略,由于这样的企业具有较强的研发能力、资金实力和管理能力,并以技术的自主攻关和领先开发为目标,具有较大的创新空间,较容易在一个全新的技术领域取得突破,形成新兴技术。

因此新兴技术可以促成自主创新,自主创新可以形成新兴技术,二者通过核心技术而相互作用、动态转化(图 3-5)。

图 3-5   新兴技术与自主创新的关系

3.6.2   技术突变型新兴技术与原始性自主创新

1. 技术突变型新兴技术的特点与核心技术

技术突变型新兴技术是沿着现有技术和应用路径,在渐变过程中技术发生跃变而产生的,一般具有突破性创新的四个主要特征[16]:①一系列全新的性能特征;②已知性能特征提高五倍或五倍以上;③产品成本大幅度削减(成本削减 30%或 30%以上);④应能给应用空间带来突破,并常常能开启新的市场和潜在的应用[17]。这类新兴技术可以借助专利保护构筑起较高的技术壁垒,形成核心技术,以技术的率先性占领市场的领先地位。

2. 原始性自主创新模式

这种模式类似自主创新内涵所定义的创新模式,虽然对企业具有十分明显的优势,但往往对企业的经济实力、技术研发能力、抗风险能力和组织能力都有较高要求。一般只有经济和技术实力超群的大型跨国公司才具有一开始就采取这种模式的条件。基于技术突变型新兴技术的原始性自主创新模式如图 3-6 所示。

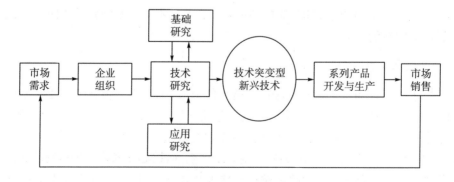

图 3-6   基于技术突变型新兴技术的原始性自主创新模式

3.6.3 技术植入型新兴技术与移植式自主创新

1. 技术植入型新兴技术的特点与核心技术

技术植入型新兴技术的特点：①现有的单项技术并不一定是新技术；②多项技术在现有某一技术领域内有效融合；③融合后的新技术性能大大优于原有技术，并能极大影响或替代现有技术，并改变甚至毁灭老行业。

这类新兴技术的关键是企业在某项技术发展过程中出现障碍导致应用扩展受阻时，不能仅依赖原有技术路径，要努力探索那些存在于不同领域内的技术，加以创造性地植入并使其有效结合而形成新的核心技术，以排除原有技术障碍，从而使产品跨过原来的技术平台而得到一个增量市场的份额。

2. 移植式自主创新模式

这种模式很容易对企业原有价值链造成破坏甚至毁灭，但又能促使企业在新的技术平台上构筑技术壁垒，实现技术的率先和市场的领先，这使企业经常面临两难的选择[18]：是努力延长其现有技术的生命周期还是投入并转换到新技术上？这就是新一轮竞争给老牌企业带来的极大挑战和给新企业带来的极好机会。基于技术植入型新兴技术的移植式自主创新模式如图 3-7 所示。

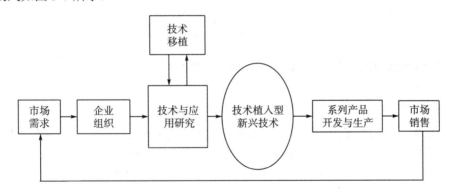

图 3-7 基于技术植入型新兴技术的移植式自主创新模式

3.6.4 应用创新型新兴技术与应用式自主创新

1. 应用创新型新兴技术的特点与核心技术

应用创新型新兴技术是通过技术的应用领域发生转变而形成的。它的特点：①根本的技术没有太大改变，变化的实质来源于应用；②可从外界获得技术以适应新市场中新的选择标准和环境资源；③新的市场特点、基础设施、政策等环境资源催生补充性技术，并使技术得以完善和改变，而促使市场快速成长。

这类新兴技术的关键在准确判断自身技术能力、发展速度及方向的同时，发现环境中新的市场需求和可利用资源，积极主动评估和选择恰当的外来技术，为了使外来技术更好地适应环境，拓展应用，企业会不断培养自身的技术研发能力，通过一系列补充性技术形成其核心技术，实现技术创新。

2. 应用式自主创新模式

这种模式是企业通过外部技术的模仿或购买，在消化、吸收的同时，强调与新环境的适应，基于需求创造的应用研究，在此基础上实现技术再创新，逐渐培养企业技术研发能力，摆脱受制于他人的局面，最终具备自主创新的能力。韩国轿车工业的成功就是这样一种模式的典型例证，也可称为引进消化吸收再创新。基于应用创新型新兴技术的应用式自主创新模式如图 3-8 所示。

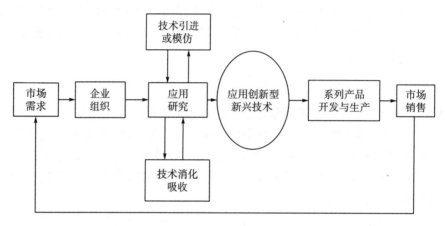

图 3-8   基于应用创新型新兴技术的应用式自主创新模式

3.6.5   融合创新型新兴技术与集成式自主创新

1. 融合创新型新兴技术的特点与核心技术

融合创新型新兴技术的特点：①技术和应用路径完全不具依赖性；②耗资巨大，需要多个企业协同进行，甚至政府的组织和参与；③这类技术的诞生将创造一系列革命性产品；④技术驱动性极强，能创造新行业，并对其他行业产生巨大影响。

这类新兴技术一经诞生就可直接形成核心技术，如果这项核心技术归企业所有，企业可围绕它开展一系列创新活动，创造一系列革命性产品，扩展其应用。

2. 集成式自主创新模式

这种模式需要企业与其他企业或科研机构形成技术联盟，充分利用外部资源为实现某一技术创新战略目标而协同合作，凭各自的技术优势共同完成技术创新活动。基于融合创新型新兴技术的集成式自主创新模式如图 3-9 所示。

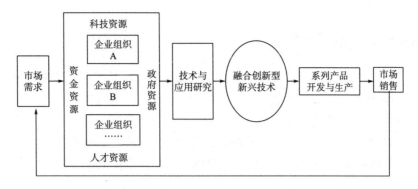

图 3-9　基于融合创新型新兴技术的集成式自主创新模式

3.6.6　创新启示

在同时考虑技术成长(时间)和应用领域(空间)两个维度影响因素的情况下,新兴技术有四条主要形成路径,并形成了四类有代表性的、具有不同特点的新兴技术。

每一类新兴技术都有可能形成企业的核心技术和技术秘密,使企业最终实现自主创新;企业通过自主创新更有条件进一步形成其他新兴技术。二者通过核心技术而相互作用、动态转化。

基于每一类新兴技术的特点,结合自主创新的内涵和外延,提出了四种企业自主创新模式,企业可根据自身条件做恰当选择。

发展中国家大多数企业的经济实力和技术实力有限,可以优选应用式自主创新模式,充分利用自身环境中新的选择标准和资源特点,通过应用研究实现技术再创新,走引进一消化吸收一自主创新之路。如果发展中国家的企业能协同合作,政府能有效组织并大力支持,通过企业间技术优势互补,充分挖掘市场需求潜力,走集成式自主创新模式也不失为一种好的选择。

3.7　战略性新兴技术产业创新策略

著名经济学家布莱恩·阿瑟在《技术的本质》一书中阐述了对技术本质和技术进化的洞见,基于三个基本原理构建了一个较完整的技术理论。①所有的技术都会利用或开发某种(通常是几种反映技术来源的复杂性)效应或者现象——技术来源于现象;②所有的技术都是某种组合,这意味着任何具体的技术都是由当下的部件、集成件或系统组件构成组合而成的(进一步反映技术组合的复杂性)——技术成型于组合;③技术的每一个组件自身也是微缩的技术(当下的技术将成为未来新技术的组件——未来进一步的复杂性)——新技术成就于递归。简而言之,复杂新技术就是技术模块的层级组合及不断的递进演绎。

当代新兴技术及产业,如互联网、移动通信、智能技术应用等的团簇式整合发展很好地诠释了这一基于现象—组件—递归的技术本质与进化规律。当我们关注那些具有行业颠覆和广泛影响、意义深远的战略性新兴技术与产业时,基于模块组合和团簇整合的创新选择是一种可以考虑的策略。

3.7.1　战略性新兴技术模块化特征

我国于 2010 年发布《国务院关于加快培育和发展战略性新兴产业的决定》，之后又相继发布了国家战略性新兴产业的"十二五"和"十三五"发展规划，确立节能环保、新一代信息技术、生物、高端装备制造、新能源、新材料、新能源汽车、数字创意等为战略性新兴产业。战略性新兴产业是典型的创新驱动型产业，代表了未来产业与技术的发展方向，复杂性、多领域交叉融合等技术特性使得战略性新兴产业更倾向于通过模块化来实现创新驱动发展。

模块化是指将某些复杂系统按照一定的规则分解成若干相互联系的半自律系统并加以重新整合的过程。战略性新兴产业领域的技术创新及其突破重点更倾向于模块化特征，具体体现在以下四个方面[19]。

1. 产业技术构成的模块化

一般地，战略性新兴产业技术可以分为功能模块技术和架构规则技术。其中，功能模块技术是实现系统特定功能的内部知识集，根据功能重要性及技术水平，功能模块技术又分为关键模块和外围模块；架构规则技术则是关于技术系统整体的设计、结构和集成技术，由结构技术、接口技术和技术标准等构成，战略性新兴产业涉及多领域技术交叉融合，架构规则技术对战略性新兴产业创新的整合作用越来越强，战略性新兴产业突破性技术创新就是要突破关键模块技术和变革产业架构规则。

2. 产业技术创新链模块化

战略性新兴产业技术的深度、宽度都很高，相应地，产业技术创新链也必须具备一定的长度和宽度，即基础、应用、产业化多环节创新协作，并涉及多领域技术创新链交叉融合。因此，战略性新兴产业技术创新链需要进行纵向和横向模块化分解与集中，最终呈现为模块网络化链状结构。

3. 产业技术创新行为模块化

模块化背景下的战略性新兴产业技术系统属于半自律系统，不同模块技术创新活动独立性增加。通常在市场竞争环境下，无论是模块技术还是架构技术，都有可能同时被多个主体重复开发，"背对背"竞争压力很大，而"面对面"合作较为松散。因此，战略性新兴产业突破性技术创新就是通过"背对背"竞争激发创新动力，以及"面对面"合作整合优势创新资源进行创新协同，进而实现产业技术重大突破。

4. 产业技术创新组织模块化

产业技术模块化决定了产业创新组织模块化，对应于产业技术模块化划分，产业技术创新组织分为架构规则创新主体模块集成商、关键模块创新主体、关键模块供应商和外围模块创新主体、外围模块供应商等模块化组织。

3.7.2　战略性新兴技术创新路径

　　所谓战略性新兴产业技术创新路径，是指实现产业重大技术突破的起点、方向、重点、过程及方法手段的总称。从模块化视角来看，创新路径主要有四条：外围模块高端渗透路径、关键模块重点突破路径、架构规则颠覆重构路径和模块-架构耦合升级路径，如图 3-10 所示。我国模块化特征显著的战略性新兴产业中的光伏产业、新能源汽车、智能手机和电信设备的产业技术创新路径能够较好地解释这四条路径。

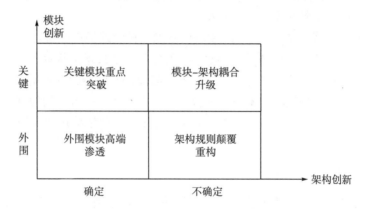

图 3-10　战略性新兴产业突破性技术创新主要路径

　　1. 外围模块高端渗透路径

　　外围模块高端渗透路径是指战略性新兴产业技术创新开始于外围技术模块的创新，并通过技术学习与再创新活动，逐步向关键模块技术乃至主导架构规则渗透，并最终实现产业技术赶超与升级的战略主线。

　　我国的光伏产业正是从硅片、电池片及组件封装等外围模块技术创新入手，逐步向光伏产业链"微笑曲线"的两端进军，通过创新链横向渗透和纵向拓展，实现高纯度多晶硅制备、高效率电池组及发电系统集成与应用等重大技术突破。

　　2. 关键模块重点突破路径

　　关键模块重点突破路径是指依托优势创新资源，面向制约战略性新兴产业发展的关键模块技术(如产业核心、共性技术等)进行重点攻关，形成能够带动产业发展与技术升级的标志性技术创新成果的战略主线。主要是在"背对背"式的竞争机制作用下，参与创新的模块化组织选择关键技术模块进行重点研发，形成模块技术多样性创新局面，并通过"赢者通吃"规则优选具有核心地位的关键模块技术。

　　近十年来，我国发展新能源汽车产业就是采用的关键模块重点突破路径。首先是关键模块技术创新的定位——电池技术，这是新能源汽车产业发展中的瓶颈所在。其次是关键模块技术多样性创新，2007 年前后，我国在纯电动、混合动力和燃料电池等方面均取得技术突破，直接助推了三类新能源汽车的相继问世。最后是关键技术模块主导地位确立，我国明确将混合动力电池作为技术过渡方案，以纯电电池为创新战略取向，从产业层面规避了不同动力电池模块技术间的恶性竞争,有利于明确优势创新资源投入方向以及合理布局优先发展领域。

3. 架构规则颠覆重构路径

架构规则颠覆重构路径,是指对产业技术架构规则进行重构及对已有模块技术再集成,进而引起战略性新兴产业整体技术升级,以及产业格局变革的战略主线。要想在一些战略性新兴产业领域实现技术突破,就要紧跟新兴技术潮流,对产业架构规则进行重新认识,抢先设计更具创新性的产业架构规则及技术模块优化组合方案,并围绕技术变革和市场需求持续进行产业架构规则个性化重构。

智能手机是新一代移动终端的重点领域,智能手机快速涌现并替代传统手机的过程就是对手机产业领域架构规则颠覆重构的过程。首先是产业技术架构规则重新界定,智能手机到底是什么或应该是什么,这也是智能手机突破性技术创新的本质所在。其次是通过对计算机、通信以及手机等领域技术模块有效集成,实现产业技术架构规则的变革。最后是对手机产业架构规则成功的颠覆性重构,通过不一样的产业架构规则及模块技术集成实现创造需求。

4. 模块–架构耦合升级路径

一些战略性新兴产业技术的突破,需要模块和架构规则技术同时变革,即为模块–架构耦合升级路径。与前面三条路径相比,该路径的技术突破也是最为全面的,不仅要在架构规则下进行关键模块技术突破,还要通过架构规则重构来优化集成模块技术。

我国电信设备技术由 3G 向 4G 的成功演进就是典型的模块–架构耦合升级过程。首先通过模块–架构的耦合互动过程,进行了电信设备整体技术创新能力积累,并且为从 3G 向 4G 的重大技术变革奠定了基础,随后以大唐电信、华为、中兴等为代表的企业对电信设备技术构成接口、测试等架构和标准进行颠覆性重构,成为国际 4G 标准的核心内容,过程中攻克了该框架下的一系列关键技术模块,掌握了重要的基础专利,如华为、中兴拥有的基础专利已经达到国际顶级电信设备供应商水平,远高于 TD-SCDMA 标准下的基础专利比重。

本章参考文献

[1] 赵振元,银路,成红. 新兴技术对传统管理的挑战和特殊的市场开拓思路[J]. 中国软科学,2004(7):72-77.

[2] Yoffie D B. Competing in the age of digital convergence[J]. California Management Review,1996,38(4):31-53.

[3] 余江,方新. 第三代移动通信技术替代进程分析[J]. 科研管理,2002,23(3):14-19.

[4] Schumpeter J A. The Theory of Economic Development[M]. Cambridge:Harvard University Press,1934.

[5] 赵俊杰. 对技术融合趋势的思考[J]. 科技导报,2003(6):23-26.

[6] 张天真. 农作物育种学总论[M]. 北京:中国农业出版社,2003.

[7] Freeman C,Perez C. Structural Crisis of Adjustment,Business Cycles and Investment Behavior[M]//Dosi G,Freeman C,Nelson R,et al. Technical Change and Economic Theory. London:Pinter Publishers,1988.

[8] 王敏. 新兴技术"三要素多层次"共生演化机制研究[D]. 成都：电子科技大学，2010.

[9] 王敏，银路. 新兴技术演化的整体性分析框架："三要素多层次"共生演化机理研究[J]. 技术经济，2010(2)：28-38.

[10] 王敏，银路. 新兴技术演化模式及其管理启示[J]. 技术经济，2009，28(11)：13-16.

[11] 王敏，唐泳，银路. 集群创新系统(CIS)的学习效率探析——基于复杂网络的观点[J]. 研究与发展管理，2007，19(6)：38-43.

[12] 高旭东. "后来者劣势"与我国企业发展新兴技术的对策[J]. 管理学报，2005，2(3)：291-294.

[13] 傅家骥. 技术创新学[M]. 北京：清华大学出版社，1998.

[14] Freeman C. The Economics of Industrial Innovation[M]. 2nd. London：Francis Printer，1982.

[15] 邓晓岚，陈功玉. 企业的核心技术与自主创新[J]. 科技进步理论，2001，18(3)：119-121.

[16] Leifer R，McDermott C M，O'Connor G C，et al. Radical Innovation: How Mature Companies Can Outsmart Upstarts[M]. Boston：Harvard Business School Press，2000.

[17] Dewar R D，Dutton J E. The adoption of radical and incremental innovations：An empirical analysis[J]. Management Science，1986，32(11)：1422-1433.

[18] Christensen C M. The Innovator's Dilemma[M]. Boston：Harvard Business School Press，1997.

[19] 武建龙，王宏起. 战略性新兴产业突破性技术创新路径研究——基于模块化视角[J]. 科学学研究，2014，32(4)：508-518.

第4章 新兴技术路径形成的影响因素

前面对新兴技术形成路径的探讨是从技术供给的角度，对技术物种的形成进行的归纳，对新兴技术的起源做了一个比较合理的分析。但新兴技术的产生不能完全等同于生物进化过程，生物进化基本限于自然再生过程，但新兴技术的产生与发展必须靠管理来实现。虽然每一条路径下形成的新兴技术会有其特定的技术轨道，这是一种客观存在，但一旦加入具体企业的因素，新兴技术的形成与发展就变得更为复杂和动态，特别是在新兴技术形成初期，总会出现有远见的企业通过对技术的深入了解，结合自身实力和特点，识别和评估对自身最有价值并具有新兴技术特质的技术，选择恰当的发展路径，在一定时间和范围内实现新兴技术的特征，使企业把握住技术机会并得以创新发展。因此，企业对新兴技术的形成与发展具有能动作用，是由单个企业的创新行为逐渐演变为众多企业参与的技术创新系统，系统中每条路径下形成的新兴技术相互关联、共生演化，形成行业特征，最终实现新兴技术的创造性毁灭。这是一个动态发展的过程，也是企业对每个阶段进行风险管理的过程。本章将通过全面回顾小灵通技术在中国市场上的爆发式发展，提出企业对新兴技术动态评估过程的修正模型，总结出企业的技术、环境和组织三个维度下的因素均会对新兴技术路径形成产生影响，并构建出三维分析框架，提出了具体评估指标，最后给出一个实际应用例证。

4.1　路径形成过程的动态分析

对新兴技术创造性毁灭的理解是相对而言的，针对一个具体企业，区分对全世界而言的新兴技术和对公司或公司某一部门而言的新兴技术是非常重要的。企业可能没有实力去感知和管理对全世界而言的新技术，因为这种技术可能暂时不会对公司和部门的发展带来直接的影响与推动，而重要的是要努力寻找、发现并有效评估相对本公司或部门而言的新技术，特别是从外界获得的技术(不管是新的还是成熟的)，以之实验、将之融入其现有产品，并开发出新产品，以促进原有技术的提升和进步，将其发展成为新兴技术[1]。前文提过的小灵通技术在中国市场特定时期得以迅速发展便是一个很好的例证。

4.1.1　案例——小灵通的成长历程

2009年2月工业和信息化部出台文件，要求中国电信、中国联通2011年前妥善完成小灵通退市的相关工作。至此，曾一度在中国通信行业掀起巨大波澜的小灵通从人们的视野中消失。但不可否认的是小灵通在中国电信(包括原网通)的成功运作下，在一定时间和范围内体现出了新兴技术的典型特征，即破坏了原有通信行业格局，创造出了新的行业，并对中国的经济结构产生了一定影响。

自 1996 年，中国电信(包括原网通)开始了小灵通的技术准备，1997 年 12 月在浙江余杭开通国内第一个小灵通网，到 2005 年 9 月底，全国小灵通用户达已到 8127.5 万人。此后，用户数进入了缓慢增长和逐渐减少时期，最高用户数曾突破过 1 亿人。但截至 2008 年底，全国小灵通用户数已降至 6893.1 万人，直至 2009 年工业和信息化部出台文件要求退市[2]。从技术特性看，小灵通是一个相对成熟的技术，只是中国电信(包括原网通)对其进行了很好的应用开发。从对行业产生的影响看，1997～2005 年，小灵通在中国市场快速发展对行业影响很大。因此，小灵通技术是一种应用创新型新兴技术，其新兴技术的特征具有阶段性。

第 1 阶段：小灵通技术引入中小城市。满足和推动中小城市小范围移动用户的低端需求，时间从 1997 年到 2000 年 4 月。但 2000 年 5 月，信息产业部发文要求各地小灵通项目一律暂停，等待评估。

第 2 阶段：中小城市用户数量积累。2000 年 6 月 29 日信息产业部下发通知，将小灵通定位为固定电话的补充和延伸，小灵通的生存再亮绿灯。到 2002 年 10 月，小灵通在全国中小城市全面铺开，用户突破 1000 万人。尽管在 2002 年 12 月前，政府主管部门一直态度暧昧，而电信营运商并未放慢基础建设和开拓市场的脚步，相继攻克了除主要中心大城市以外的中小城市。

第 3 阶段：市场快速扩展，进入中心大城市。2002 年 12 月信息产业部宣布小灵通业务在除京、沪之外的地区全面开禁后，小灵通业务进入了高速发展时期，服务范围也从通话到短信服务，以及更多的数据增值服务。随后，相继走进了北京和上海[2]。到 2005 年 9 月，用户已超过 8000 万人，直接形成对移动通信市场的挑战与竞争。

从来没有一项业务像小灵通这样"头顶悬剑，脚踩风火轮"而成长壮大起来的，它能在移动、联通两大巨头的夹缝中，有如此强劲的发展，称得上是电信市场的奇迹！也足以说明一项成熟的技术，通过企业正确地识别与应用，就能将其新兴起来。

4.1.2　新兴技术形成过程的动态评估

创新路径的多样化、革命性新技术的发展、研发成本的上升、产品生命周期的缩短等现状，都毫无疑问会增加企业明智选择技术并使其迅速发展的风险和价值。随着原有的竞争优势逐渐丧失，精确和动态的技术评估对成功越来越关键。新兴技术的高度不确定性使得传统的技术静态分析工具不再适用于新兴技术管理。《沃顿论新兴技术管理》中提出了一个通常有四个相互关联步骤的技术评估过程[3]。与技术的更大不确定相对应，这个反复进行的评估方法对于降低不确定性、保证期权有所帮助；与新兴技术快速变化相对应，这一途径可以帮助预见选定技术成长为新兴技术的可行性和前景，使其更快地进入市场，如图 4-1 所示。

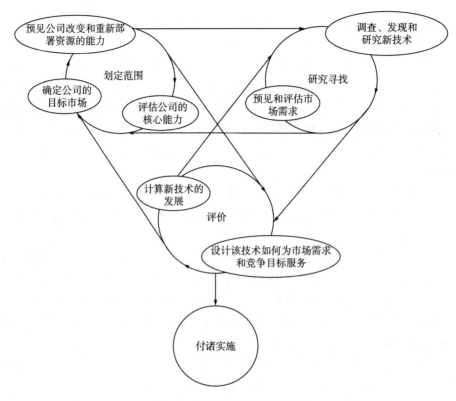

图 4-1　新兴技术动态评估过程

1. 划定范围

公司管理者必须充分考虑公司的战略意图,以公司能力和技术的潜在威胁或机会为基础,并结合公司自身发展历史、基础设施等条件,确定技术的范围或领域,包括目标市场、目标消费者,以及新技术可以满足的现有的或潜在的需求。该范围或领域应随着公司对技术了解的加深而不断变化。

2. 研究寻找

公司可以从内部和外部来寻找和发现新技术,包括自己的研发成果、颁布的技术和专利及竞争对手的行动等[4]。但公司必须在如何监测信息和技术源、遵循什么步骤、组织如何安排等方面做出决定,并持续坚持运作,才能不断有效地筛选技术、研究新技术并获得其商业可行性的信号。

3. 评价

候选的技术必须一一识别,并按优先顺序排列,再根据公司的技术力量、目标市场的需求、公司的竞争机会加以评价。要起草一个技术发展和市场进入的计划,分析新技术在经济上、竞争上、组织上的影响。

需要特别提出的是,技术评估必须在特定的公司环境中进行。新技术对公司来说可能是全新的,也可能是在现有的技术能力里找到的。利用现有技术为现有市场服务,其成功的可能性更大。技术和市场越新，成长的道路就越危险。但是，不论是靠现有的还是新的技术，都可以通过争取合作来降低开发新市场的风险，因为合作有助于解决公司缺乏市场经验的问题。

4. 付诸实施

前三步用于决定是否从事某个特定技术的发展。而第四步是如何以一种特定的姿态将新技术战略性地付诸实施。

新兴技术评估过程是一个动态、反复进行的过程，它体现了管理者对市场和技术的不确定性预见与公司自身能力和资源调控能力的反复结合，这是与传统静态技术评估方法最大的不同之处。随着每一次调查，我们将不断加深了解技术在满足市场需求方面的应用和它是否适合公司目前和将来的能力等。技术评估过程本身对公司而言就是一种学习，而这种学习又充实了这个过程，整个过程体现了管理者以对市场潜能综合理解为基础的创造和选择技术的能力。

4.1.3　小灵通技术评估及应用创新路径的形成

小灵通业务的迅速发展，得益于中国电信(包括原网通)对小灵通技术评估的成功运作，选择了恰当的新兴技术形成和发展路径。

1. 中国电信、中国网通的经营范围划定

2002 年前，中国电信、中国网通两大运营商被阻挡在移动通信市场之外，规定只能以其固定电话业务为主业。但中国电信、中国网通的通信固定网络建设投入巨大，发展空间已非常有限，并且有相当多的固定网络处于亏损状态(截至 2002 年 8 月底，全国移动电话本地通信量占本地电话业务总量的 89%，分流了固话业务)[5]。各大运营商把移动通信作为电信运营发展的战略重点。因此，面对庞大的移动通信市场，中国电信必须创新求变，目的就是要挤进该市场，重新给自己的业务划定范围。

2. 寻找并从外部获取新技术

中国电信要发展就必须寻找一种相对公司而言的新技术，将其发展为新兴技术以实现突破与创新。经过调查并与国外电信发展类比，不难得知 GSM、CDMA、TDMA(time division multiple access，时分多路访问)和 PDC(public digital cellular，公用数字蜂窝)、3G、PHS(personal handy phone system，个人手持电话系统)等都可以实现移动通信功能，但公司现有基础和核心能力是具有丰富的固定局用程控交换机资源，那么只有投入少、见效快的 PHS 才是实现固定电话运营商进入移动通信市场的一个现实选择，并且此项技术经过改进之后可使其同时支持有线交换和无线交换。

PHS 是一种个人无线接入系统。PHS 技术起源于 20 世纪 90 年代初的日本，它采用微蜂窝技术，通过微蜂窝基站实现无线覆盖，将用户端(即无线市话手机)以无线的方式接入本地电话网，使传统意义上的固定电话不再固定在某个位置，可在无线网络覆盖范围内移动使用。但该技术无漫游服务且移动性能低。当然，对通信话费敏感的用户，PHS 这种

经济实惠的通信消费的确是不错的选择。而在当时中国这样一个人口众多、经济还不是很发达的国家，这类用户的总量应该是个不小的数目。当然，如果技术不断发展、功能不断完善，很多高收入者也乐意接受这样的服务。

3. 原有技术的改进与发展

中国电信对 PHS 技术进行全面改良，针对市场反馈，不断地对原有技术进行改进和升级。在整个技术改进过程中，设备提供商的积极加入，使 PHS 业务迅猛增长，如 UT 斯达康、中兴通讯、华为等纷纷在其无线市话平台上投入巨资进行相关技术创新和研发新产品，并大胆地采用与各地电信局共同投资经营、共担风险的方式在各地开通了 PHS 网络，减轻了刚刚上市的中国电信的投资压力，与中国电信(中国网通)共同打造了一个运营与设备提供通力合作的模式。

4. 市场战略和策略的修正与创新

PHS 以固定电话的补充和延伸的战略姿态，从二三线城市包抄进入市场，既避免了一开始就与中国移动和中国联通发生正面冲撞的局面，又实现了挤进前景广阔、利润丰厚的移动通信市场的战略目标。在产品策略上，PHS 手机以低成本、低辐射(绿色手机)、低能耗、待机时间长、外表纤细秀丽等优秀品质打动用户。在市场不断拓展的同时，产品也不断地进行改进，厂商逐步提供与 GSM 手机和 CDMA 手机具有相同功能的手机，而有更强的价格竞争优势，用户群迅猛增长。除此之外，其准确的市场定位、极高的性能价格比、二三线城市突围、震撼的促销方式、完善的通路渠道等策略创新也是 PHS 取得成功的重要原因。PHS 不仅分流了中国移动和中国联通的用户群，而且在实现收入的同时，形成了固定运营商未来进入移动通信市场的砝码。一旦拿到移动牌照，这些 PHS 用户通过优惠条件转网，将会成为中国电信、中国网通手机的基础用户。定位为固定运营商的中国电信(包括中国网通)也就顺理成章进入移动通信市场，实现其战略目标。PHS 的成长奇迹不仅充分体现出中国电信的业务创新能力，更体现了中国电信对不确定条件下的新兴技术与市场的有效管理能力。

4.1.4　动态评估方法的补充和修订

通过中国电信对 PHS 的成功运作与原有新兴技术动态评估的比较不难看出，中国电信除在划定范围、研究寻找、评价、付诸实施四个相互关联的步骤上动态地、循环地进行评估外，在另外两个环节上所做出的努力与成效更是功不可没。一是对原有技术的改进与发展；二是市场战略和策略的修正与创新。而且在这两个环节中要特别注意吸引外部资源，以降低投资风险、加快市场扩展速度。这两个环节是在实施过程显现出来的，并与其他步骤相互关联且贯穿整个评估过程始终。新兴技术动态评估模型的修正如图 4-2 所示。

此案例说明，对一般企业而言，在新兴技术时代，重点不是感知和管理对全世界来说的新技术，而是要努力寻找、发现并有效评估相对本公司具有最大价值的新技术，特别是对于发展中国家和技术优势不明显的企业，关注从外界获得的技术，以之实验、将之融入自身现有产品及资源，并开发出新产品，以促进原有技术的提升和进步，显得格外重要。

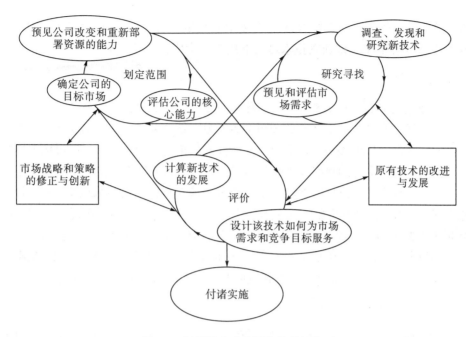

图 4-2　新兴技术动态评估模型的修正

但在新兴技术层出不穷的时代，每一项技术的基础结构、市场应用、客户分布、行业状况及形成的整个价值链都具有极大的不确定性，要管理这种不确定性，就必须用动态、循环管理的方法。本书通过中国电信(包括中国网通)对小灵通的成功运作，对原有评估方法进行了补充和修订，更加强调在整个动态的、反复的、不断学习和修正的过程中，对原有技术的不断提升和再度创新，以及市场战略和策略的不断修正与创新的重要性及反复性。

4.1.5　动态评估过程的风险识别

新兴技术是一个动态、反复进行的过程，其关键在于选准技术。美国、日本和韩国对半导体的研究结果表明，竞争优势通常属于那些擅长从大量的技术中灵活挑选的公司，而不一定属于那些技术发明者[5]。促使美国半导体产业在 20 世纪 80 年代和 90 年代苏醒的正是这种能力，即以对市场潜能综合理解为基础的选择技术的能力。中国电信包括(中国网通)对小灵通的成功运作正是这种能力的充分体现。但过程中的每一步骤都具有高度的不确定性，这是新兴技术的本质特征，其固有的高度不确定性既是机遇所在，也是风险的根源。根据美国项目管理学会对风险的定义，风险是指正面或负面影响项目内容的不确定事件或条件，因而风险与不确定性有着紧密的联系。对不确定性，或者说是对风险的识别与评估是新兴技术管理的核心，本节从动态评估过程的每一步骤入手，分析其风险组成，找到影响新兴技术路径形成与发展的因素，并从风险来源角度进行归纳、分层，为后续研究奠定基础。

风险除了与不确定性紧密联系外，还有一种定义，即由于各种因素的复杂和变动性的影响，使实际结果和预期发生背离而导致利益损失的可能性[6]。因此，对新兴技术评估中的风险识别就是要找出所有关于此项技术的不确定事件和可能导致企业利益损失的原因及条件，这些因素构成了新兴技术路径形成与发展的影响因素。按照动态评估的四个基本步骤和两个重要环节来识别新兴技术路径形成的风险所在。

1. 划定范围中的风险

这一步骤的主要任务是战略定位，或称为决策。公司管理者必须充分考虑公司的战略意图，以公司能力和技术的潜在威胁或机会为基础，结合公司自身发展历史、基础设施等条件，确定技术的范围或领域。重要的是发现技术的市场机会，包括目标市场和目标消费者，以及新技术可以满足的现有或潜在的需求。这个范围或领域的定位是在诸多不确定性条件下进行的，有可能与日后的现实结果出现偏差或完全错误而带来风险，如选择了错误的战略类型(与公司能力不匹配)，或新技术与战略定位不相符，或进入时机把握不准而导致利润损失。此步骤的风险属于决策型风险，它来源于管理者对技术环境(消费者的选择标准、市场的大小、政策、补充性资产等)、技术潜力、公司能力的全面认识和把握。这一层次的风险具有全局性，因而无论是危险还是机会，其结果都会使损失或利润得到放大[7]。

2. 研究寻找过程中的风险

这一步骤的主要任务是围绕公司确定的技术范围或领域，研究或发现适合的候选技术。管理者需关注技术进步的最新动向，用敏锐的战略眼光识别具有深刻影响市场结构的新技术，为新技术找到应用的空间，即发现技术机会。管理者往往需要系统地调查多个来源，从内部和外部来寻找与发现新技术，包括自己的研发成果、颁布的技术和专利、竞争对手的行动等。这一步骤的风险来自两个方面，一是管理者；二是技术本身。管理者方面的风险表现为：①信息渠道不完备、信息不充分，没有准确发现适合公司能力的新技术；②对新技术发展和市场需求，尤其是潜在需求不敏感，更主要的是对技术的早期信号，如被引证、复制、模仿、应用程度的变化等缺乏敏感度，错过了关注、追踪某一新技术的良机，而被竞争对手抢先等。技术本身的风险表现为：技术标准不明确、不成熟，所需配套资源缺乏，可能与社会伦理道德相冲突等导致技术应用前景不确定等。

3. 评估过程中的风险

这是一个将技术机会、市场机会与公司资源和能力相匹配的过程。公司内的评估小组必须仔细研究每一项候选技术是否适应环境、如何服务于市场需求、是否在公司和未来合作者的技术能力范围内等。研究表明，将现有技术渗透到现有市场的成功概率是 0.75；市场或技术中某一项对于公司来说是新的，则成功概率是 0.25~0.45；如果公司要靠新技术进入新市场，则成功概率是 0.05~0.15[8]。虽然，企业可以通过争取合作解决公司对新进领域不熟悉的问题，从而降低新项目开发的风险，但与合作者的关系(企业的微观环境)也成为该过程的风险组成。因此，该步骤的风险主要来自评估小组的综合能力，特别是对企业所处的宏观环境、微观环境的判断和理解，以及如何与企业自身资源和能力相匹配所带来的风险。

4. 付诸实施中的风险

这一步骤的任务主要是如何使选定的技术得以发展。如果依照传统的实施方法，企业会聚集一定的人、财、物等资源组建研发团队,分阶段开始项目研发。对于这种技术创新模式的风险管理已有学者进行了系统的研究[7,9,10]。但如果选定的技术对企业而言是全新的,而且准备进入的市场也是不熟悉的,这就意味着不确定因素非常多,如果这时就开始积聚资源,启动研究与开发,肯定会带来更大的风险。但如果因惧怕风险而放弃实施更是愚昧和错误的,因为管理者也同时丧失了获得丰厚利润的机会。公司应该随着不确定因素由多到少、早期信号由弱到强的变化保持四种积极应对的战略姿态。①起初最好是保持积极观望和等待的战略姿态,对选定技术的发展和市场变化的信号进行监测,尤其是一些早期信号的变化。②评估小组一旦捕捉到新技术的某种能量开始集聚,如果自身还停留于观望和等待,风险会更大,因为竞争对手可能会走到你前面。此时公司应该立刻定位,展开对该技术的研究,形成一个更加积极的学习过程,保持立刻行动的战略姿态。③当公司对选定的技术有足够的信心而要为其投资时,市场风险成为主要的风险来源,公司应积极主动地感觉市场变化,跟随消费者或竞争对手,实施商业化战略,保持积极跟随的战略姿态。④当管理者认为技术与市场的信号足以让他下决心将所有资源投入一项新技术的商业化之中时,就应保持坚信和领先的战略姿态。该步骤的风险主要来自组织内部,尤其是管理者对早期信号的捕捉,特别是对这些信号及其变化的认识和理解的差异性,称为决策者的直觉偏差、公司的资源有限和组织学习能力的强弱等带来的风险。

5. 两个重要环节中的风险

两个重要环节:一是原有技术的改进与发展,二是市场战略和策略的修正与创新;是指在付诸实施过程中,发现与上一轮评估中不相符合的信息或信号后,再返回评估过程对技术和定位进行重新判断。它的风险主要来源于实施过程受挫时,公司过早或盲目判断技术选择错误而转向其他技术,导致前期的付出变为损失;或是对划定的技术范围和领域,也就是对市场机会产生怀疑,导致否定前期评估而另辟蹊径造成的损失。对这两个重要环节的把握,体现出公司对技术消化、吸收与创新的能力,也就是企业如何通过配置资源、改进技术、开发互补性技术,促使选定技术与环境相适应的能力,以及组织的战略柔性和组织学习的能力。

4.2　新兴技术形成路径的影响因素分析

通过以上对四个基本步骤和两个重要环节中的风险识别,不难看出影响新兴技术形成和发展的因素很多,且具有系统性、多维性和动态性的特点。可以参照技术创新风险分类的思想,从风险来源的角度,将过程中错综复杂的影响因素按三个方向进行归纳,但由于各种影响因素所产生的影响范围、程度不一样,还须进一步对每个方向上的因素进行分层分析。

4.2.1　技术的环境因素

发展新兴技术已逐渐成为企业技术创新的重要内容,而企业技术创新系统是一个开放的系统,它与外界存在信息和能量交换。因此,外界的变化将对企业的技术创新产生很大的影响,也是新兴技术形成过程中必须首先考虑的因素——技术环境因素。它包括宏观层面和微观层面。

宏观层面的技术环境因素是指人口、经济、自然、政策、法律、文化、伦理、道德等方面的不确定性,也可能是管理者对以上因素的认识和理解存在偏差。例如,通货膨胀、财政金融政策的变化,将直接给技术创新造成市场和资金筹措上的风险,会改变技术创新的实际价值和投入成本,从而给创新技术的收益带来更大的不确定性;如果美国食品和药物管理局(Food and Drug Administation,FDA)规定禁止出售任何形式的基因食品和药品,那么从事基因食品和药品研制企业的技术创新活动肯定会受到极大影响。伦理和道德因素也会导致技术环境的不确定性。某一项技术创新为一部分人带来利益的同时,可能造成另一部分人利益的损失。例如,当流水线最初应用于工厂生产车间时,大幅度提高了生产效率,为所有者带来了丰厚的利润,但在短期内,却造成了大量生产工人的失业。所以,有一点要明确的是,新技术特别在其发展初期,并不总是被社会主流的道德价值标准所接受(如转基因生物技术),这也是技术创新不确定性的因素之一。

微观层面的技术环境因素主要指来自市场需求、补充性资源、替代技术、竞争对手行为、合作者关系等方面的不确定性。市场需求的变化是指管理者对市场规模与潜力的预测、对客户群体的定义[11]、对消费者偏好的理解(如不同地域的消费者有着完全不同,甚至截然相反的选择标准)等。补充性资产包括分销渠道、服务能力、客户关系、供应商关系、互补性技术等。竞争对手的行为,包括是敌对还是友好地接受竞争、对技术专利的持有程度、技术升级或转移的能力等。随着技术发展的日新月异,技术生命周期越来越短,如果是技术领先程度不高,较容易被竞争者模仿,或被更新的技术替代,导致新技术研发项目失败,造成企业创新活动的损失。

4.2.2　技术的自身因素

新兴技术是基于技术进步不连续和应用扩展不连续而产生的,并且伴随着技术进步与应用扩展的协同作用,相互促进而形成。因此,技术自身的影响因素也来自技术性能进步和技术应用扩展两个层面。

技术性能进步可以通过改变技术基础(如数码技术代替化学感光技术),或新材料、新工艺、新方法的采用。但正是由于这些改变,使新技术本身不够成熟、技术寿命不确定,或缺乏所要求的技术标准和产品规范,以及所需要的原材料供应和补充性技术,或是新技术与现有生产能力不相容,使其不能批量生产等。这一切都导致技术的可行性存在巨大不确定性,从而导致风险增大。同时,技术本身还存在一种更深层次的风险:技术责任或产品责任。如在中国,网络游戏技术的日趋发展已形成了一个新兴产业,但这些产品给社会带来的不良影响,尤其是对青少年的身心健康带来的危害已经引起社会的关注。将有怎样的政策出台?厂商是否会放弃进入这个领域?这些都存在着巨大的不确定性。这类不确定性可能导致的风险,不应该是出现了才关注,而应在一开始就纳入评估范围。

在新兴技术应用扩展过程中,由于领域的改变,也就是技术环境的变化,技术是否能

快速适应环境，类似一个物种是否能做到适者生存，受到基因基础、环境条件等各种因素
的影响。一方面，如果技术足够领先、性能足够优越，它就可以影响甚至改变环境条件(如
大部分人们最终接受数码技术的相机而放弃化学感光技术的相机)，实现扩散。另一方面，
可以按环境条件要求修正或改变原技术(如小灵通技术在中国的发展)，实现扩散。当然这
两种扩散都与企业对新技术的运作能力相关。

4.2.3 企业的组织因素

企业的能力是影响新兴技术形成与发展的重要因素，它不仅包括企业的资金、生产、
信息、人才、管理等方面的能力，还涉及企业家的决策能力、高层团队的认知水平、组织
学习能力及企业中的文化氛围等更深层面的因素。前一类因素称为显性层面的能力因素，
后一类因素称为隐性层面的能力因素。对显性层面的能力因素，大家的认识比较一致，这
里不再赘述。以下对企业隐性层面的能力因素进行解释。

企业家决策能力包括识别机会的能力、把握机会的能力、承担风险的能力、在不确定
性条件下做出决策的能力[12]。这种能力的高低对企业在技术范围的确定、技术机会与市场
机会的匹配，以及技术实施的时机和力度的把握方面起到至关重要的作用，当然也是全局
性、决策性的风险所在。企业家的这种能力与其知识水平、阅历深浅、创新意识、风险认
知、洞察力，甚至社会交往空间直接相关，其可以直接铸成一个企业家的直觉判断。

高层团队的认知水平往往是企业决策的重要平台，其水平受到团队传记性特征、团队
结构特征和信息模糊性的影响[13]。团队认知水平可能促成企业正确决策而获得收益，但同
样有可能导致错误判断而造成经济损失。在上述动态、循环的评估过程中，每一次的战略
选择结果又作为经验或教训，反过来影响团队成员下一次的认知判断，构成组织学习的适
应性过程。

组织学习包括内部学习和外部学习[14]。外部学习主要是指企业通过顾客、供应商、竞
争者及各种形式的合作者进行知识收集、转移、应用和再创造等一系列活动。Child 认为
组织外部学习的能力主要由下列因素决定：知识本身的转移能力、合作成员对新知识的接
受能力、组织成员对新知识的理解与吸收能力、组织成员的经验总结能力[15]。就内部学习
而言，组织学习能力定义为：组织内部的各成员在组织所处的环境、面临的情况，以及组
织内部的运作、奋斗的方向等方面，通过对信息及时认知、全面把握、迅速传递、达成共
识，并做出正确、快速的调整，以利于组织更好地发展的能力，是一个组织在知识经济时代
拥有的比自己竞争对手学习得更快的自创未来的能力[16]。研究同样发现：组织通常会照搬其
他组织或自身过去的成功经验(知识)来解决组织当前面临的问题，而陷入"能力陷阱"[17]。
因此，组织学习能力的强弱，以及如何对待每一次的经验和教训，同样会对新兴技术的形
成与发展带来影响。

企业中的文化氛围是指企业中，如惯性太强、惰性过大、竞争压力过大等氛围可能产
生的不利影响，主要在技术实施过程中表现出来。例如，组织惰性过大，企业中员工不喜
欢变革、不善于学习新知识、排斥新事物等，将直接阻碍技术创新的实施；企业内部竞争
压力过大，可能会驱使员工不惜一切代价顾及自己的报酬和前程，同事之间也将由于感到

危机四伏而不再相互分享信息,从而阻碍内部的信息交流,导致新技术不能有效实施,甚至失败。

4.3　影响因素的三维分析框架构建

2010 年发布的《国务院关于加快培育和发展战略性新兴产业的决定》将战略性新兴产业定义为以重大技术突破和重大发展需求为基础,对经济社会全局和长远发展具有重大引领带动作用,是知识技术密集、物质资源消耗少、成长潜力大、综合效益好的产业。为特定的科技项目投资成为引领战略性新兴产业发展的重要举措之一。因此,从众多的科技项目中遴选出可能发展为战略性新兴产业的科技项目成为评审工作的关键。但如何评价和遴选成为实践中急需解决的问题。

近年来,学术界针对战略性新兴产业的内涵、评价、选择及效益展开了积极的探讨[18-20],虽然观点不尽相同,但普遍认同:战略性新兴产业首先是战略层面,应具有长远性和整体性,不仅要符合国家的战略规划和科技、产业发展方向,更要符合当地的实际情况,担当起长期经济增长的支撑重任。同时科学界认为战略性新兴产业必然以新兴技术为支撑,且政府有较强的参与引导作用[21,22]。但如何将科技项目评审与战略性新兴产业相结合,更有利政府部门实际操作还缺乏研究。因此,本书试图从一项科技项目的核心技术是否具有新兴技术特质出发,探讨政府如何从动态的角度,站在战略高度围绕技术和创新企业特点及区域内的资源与条件等因素对某项科技项目进行综合考察,评价该项目是否具有战略性新兴产业的属性,并提出评价模型、指标体系及方法。

新兴技术管理研究已基本达成这样的共识:新兴技术所带来的变革是一个动态演化过程,存在着特定规律及形成机理[23]。企业需要对自身的资源和实力有一个正确评估,以便能够辨识出对自身最有价值的技术与机会,并选择恰当的新兴技术发展路径以获得创新收益[24]。因而,新兴产业是由一个或多个新兴技术沿着特定的技术轨道演化而形成的,过程中参与者的数量及创新的影响范围随着演化逐渐增多和扩大[25]。因而,当一项科技项目中的核心技术还没有明显的产业特征显现时,要对这项技术进行准确判断,看其是否具有形成新兴技术产业的潜力是有一定难度的。所以,这类项目的评判标准及方法与一般意义上的项目评审存在极大差异。

对于新兴技术的识别与评价,Day 和 Schoemaker 将建立在科学基础上的创新,可能创造一个新行业或改变某个已经存在的行业的技术定义为新兴技术,提出了用动态评估方法对新兴技术进行识别[3];Chan 等提出,通过建立主观和客观准则来进行新兴技术的选择[26];Sohn 和 Moon 则从技术自身、技术接受者、技术提供者三个方面研究了技术商业化的成功要素[27]。陈劲等应用市场轨道图对突破性创新进行了识别[28];魏国平利用专家打分法对新兴技术的类别及识别进行了探讨[29];电子科技大学新兴技术研究团队在此方面也进行了积极探索,并提出了一些值得借鉴的观点[30-32],研究成果集中体现在《新兴技术导论》中[33];黄鲁成和卢文光采用属性综合评价系统法,从技术和市场两个维度构建了新兴技术识别指标模型[34],此方法的应用对本书具有较大的启发。

　　另外，同行评议评审方法是一种较为经典的方法，Chubin 和 Haekett 对其定义与实践进行了系统论述[35]；鲍玉昆等全基于 SMART 评审准则的探讨，设计了适合一般科技项目评价的结构模型[36]；谈毅通过研发成果能产生技术、厂商及社会经济三个层面外部效益的探讨，提出政府可以通过科技计划干预研发活动[37]；胡景荣综合各种科技项目评审方法，从全过程网络化控制管理的角度构建了科技计划项目评审系统，一定程度上提高了评审效率[38]。

　　以上研究表明，针对一般意义上的科技项目评审，主要聚焦在某一项特定的技术和企业，从项目的技术先进性、可行性、风险及预期经济效益等方面，由专家打分或综合评议进行评判，具有静态、线性的特征。而针对具有战略性新兴产业属性的科技项目的评审，应该站在技术系统的视角，用动态发展的眼光，对其进行综合判断[39]。

　　对一个具体企业而言，新兴技术的形成与发展是在众多影响因素的作用下进行的一个动态发展的过程。前面针对这一过程中四个基本步骤和两个重要环节的影响因素进行了详细分析，提出了技术自身、技术环境、企业组织三个维度上的因素，而实施的具体体现就是选择恰当的技术路径使一项候选技术逐渐发展成新兴技术，因此四种路径的形成会受到三个维度因素的影响。图 4-3 为新兴技术形成路径与影响因素的三维分析框架。

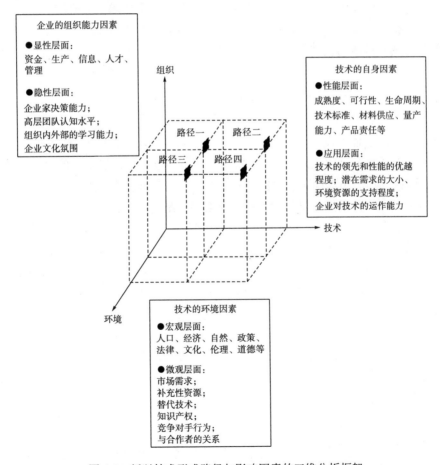

图 4-3　新兴技术形成路径与影响因素的三维分析框架

图中黑色小方框是可能的技术机会(也就是在一定范围内候选出的高技术),最好是处于不同发展阶段的机会,或是过去和现在的机会的混合。对技术机会的探讨同样经历了从古典经济学(静态、均衡和完全理性的观点)[40,41]到演化理论(动态、非均衡和有限理性)的演变,许多学者提出了不同的定义和理解[42-45],但就技术机会是企业对发现或创造的某一技术的未来商业化价值判断基本达成共识[46,47],这种商业化价值的实现又总是需要沿着特定的技术发展路径逐渐体现出来,由单个企业创新行为转变为众多企业的参与,最终实现新兴技术的创造性毁灭。确定可能的技术机会后,分别找到相对应的三个维度上的影响因素,要尽可能具体到项目层面,然后对每一个影响因素带来的风险进行评估,再进行综合、判断,选择最适合企业的技术发展路径。因此,新兴技术路径形成与影响因素之间可能存在某种规律,这是实证部分需要探讨的重点。

在具体实施过程中,公司如何认识技术环境和技术本身,以及公司的战略和能力对路径选择很重要,也就是结果不一定完全取决于现实状况和数据,而关键在于如何认识和理解这些计算结果,以做出正确的选择,制订计划并实施产品开发。同时,要规划出公司在该路径下降低这些影响因素所带来的风险和进一步学习的特定战略,这些战略可以是明确的,也可以是模糊的。越是不明确,越不能放弃这种预测分析,因为只有这样公司才能保持敏锐、应变,才有机会做到领先。三维分析需要在每一个技术机会确定后进行,并制定相应对策或调整战略姿态。这种预测与评估过程同样是一个循环的、反复的学习过程,始终伴随着公司及其技术的发展。

4.4　三维分析框架的应用

通常企业在决定是否投资一项新兴技术时,会以科技项目评估的方式进行,一般是邀请业内专家针对项目的技术先进性、经济可行性、市场预测等开展定性的会评方式给予结论和建议,这种方式的局限性是显明的,表现为:①各专家的关注点和业务专长差异导致依据和标准不一致从而使结论难以聚焦;②结论往往是定性的描述失于模糊;③如果涉及不同专业领域的多个项目,则有可能区分度不显明。

本书依据新兴技术形成路径影响因素的分析,结合动态评估方法,构建如图4-3所示的三维分析框架,进一步发展出21个测度指标和权重赋值(表4-1),作为专家评分依据,运用属性综合评价方法,计算分析项目的属性得分及是否属于战略性新兴产业项目的属性判断。本节给出了一个实际应用举例。

表4-1　具有战略性新兴产业属性的科技项目评价指标体系

二级指标	三级指标(I_i)	指标设计说明	指标权重(W_j)
企业组织能力	科研人员占比(I_1)	反映企业的自主创新实力和潜能	0.0389
	资金实力(I_2)	体现企业的资金条件	0.0736
	研发投入占销售收入比例(I_3)	企业对技术创新的重视程度和技术创新能力	0.0465
	企业规模生产能力(I_4)	企业是否具备大批量生产条件	0.0219

续表

二级指标	三级指标(I_i)	指标设计说明	指标权重(W_j)
	企业研发能力(I_5)	企业科技实力和创新能力的体现	0.1297
	高层团队及企业家能力(I_6)	企业对创新机会的把控和运作能力	0.0325
技术自身特性	技术先进性(I_7)	与国内外类似技术先进性比较，反映其潜力	0.1017
	技术复杂性(I_8)	技术壁垒高低的体现	0.0311
	技术独特性(I_9)	反映对细分市场的控制力	0.0406
	技术形成行业标准的可能性(I_{10})	反映对行业或产业的影响力	0.0502
	技术可预见性(I_{11})	指技术发展路径、前景的可预测性	0.0544
	技术相容性(I_{12})	与其他技术融合、互补的可能性	0.0329
	技术可实现性(I_{13})	在开发、实施、持续改进等方面的难易程度	0.0227
	技术应用可拓展性(I_{14})	技术应用领域的前景	0.0650
	技术受特定用户的偏好性(I_{15})	反映技术产品被目标市场采用的程度	0.0388
项目环境条件	宏观政策(I_{16})	政府对项目领域、行业的支持程度	0.0349
	相关企业的参与(I_{17})	竞争对手或上下游企业对技术的关注及发展程度	0.0222
	宏观经济环境(I_{18})	技术发展的经济大背景	0.0352
	社会伦理道德水平(I_{19})	被主流文化和道德标准接受的程度	0.0104
	补充性资源(I_{20})	技术研发、中试、产业化过程中所涉及的各种配套技术或资源的支持性	0.0876
	市场规模(I_{21})	技术现有及未来可能形成的市场容量	0.0296

4.4.1　评价指标选择

本书重点在文献[24]和文献[35]的研究基础上，选取了 21 个测度指标，即三级指标，分别代表了三个维度六个层面上的关键性因素。通过专家的判断打分，利用层次分析法计算出 21 个指标权重值(表 4-1)。

依据 21 个三级指标的权重值大小分析，企业研发能力、技术先进性及补充性资源三个指标的权重值位列前三，分别处于三个不同的维度，表明对具有战略性新兴产业属性的科技项目的评审首先需要从企业、技术和环境三个方面做系统评价的构想得到支持，并确定了具体评价指标。其次权重值较大的三个指标是：技术应用可拓展性、技术可预见性、技术独特性，均属于技术自身特性维度，这些指标也是新兴技术特质的具体体现，说明判断一项科技项目是否具有战略性新兴产业属性，看它是否以某一项新兴技术为基础是十分重要的。然后按权重值大小排序依次是：科研人员占比、技术受特定用户的偏好性、宏观经济、宏观政策环境、技术相容性、高层团队及企业家能力，这些指标也分别位于三个维度六个层面中，进一步说明基于战略性新兴产业属性的科技项目的评审模型是合理的，评价指标的重要程度具有差异性。

4.4.2　属性综合评价系统

文献[48]详细介绍了该系统的方法，关键步骤如下。

(1)利用单指标分析系统确定指标 x_i 的属性测度值 u_{ijk}，属性测度值需满足以下条件：

$$\sum_{k=1}^{k} u_{ijk}=1,\ 1\leqslant i\leqslant n,\ 1\leqslant j\leqslant m \tag{4-1}$$

(2)利用多指标综合分析系统，可通过加权求和的方法来计算出 x_i 的综合属性测度值

$$u_{ik}=u(x_i\in C_k)$$

计算式为

$$u_{ik}=u(x_i\in C_k)=\sum_{j=1}^{m}W_j u(x_{ij}\in C_k),\ 1\leqslant k\leqslant K \tag{4-2}$$

其中，W_j 表示第 j 个单指标的权重。

(3)用属性识别系统，通过置信度准则来识别研究对象属于哪一个评价类，设 $(C_1, C_2, \cdots, C_k)$ 为有序分割，$C_1>C_2>\cdots>C_k$。当样品 x_i 满足置信度准则：

$$k_0=\min\left\{k:\sum_{i=1}^{k}u_{il}\geqslant\lambda,\ 1\leqslant k\leqslant K\right\} \tag{4-3}$$

则认为研究对象 x_i 属于 C_{k0} 类。

(4)通过评分比较系统来比较属性的强弱。假如属性集 C_i 的分数为 n_i，当 $C_1<C_2<\cdots<C_k$ 时，有 $n_1<n_2<\cdots<n_k$；反之，当 $C_1>C_2>\cdots>C_k$ 时，有 $n_1>n_2>\cdots>n_k$[41]。计算公式为

$$q_{xi}=\sum_{i=1}^{k}n_i u_x(C_i) \tag{4-4}$$

式中，q_{xi} 为 x_i 的得分，反映 x_i 的重要性。

4.4.3　实际项目评价

1. 项目背景及打分

选取五个属于新一代电子信息、生物医药产业(以上产业属于战略性新兴产业范围)的科技项目作为评价对象，分别以 T_1、T_2、T_3、T_4、T_5 代表。这五个项目的背景及申报企业的具体情况详见文献[39]。

邀请七名从事生物医药领域、电子信息领域及新兴技术管理研究的专家对五个项目进行评价。首先请专家详细了解五个项目的报送资料，再邀请项目申报单位负责人对项目进行讲解，专家现场提问并作交流。申报单位人员离场后，专家分别针对 21 个三级指标给五个科技项目进行评价并打分，结果见表 4-2。其中，每项得分均为所有专家打分的平均值。

2. 计算单属性测度值

本书选取梯形分布的分段线性组合函数计算单指标属性测度值，用 u 表示（图 4-4 纵坐标）。

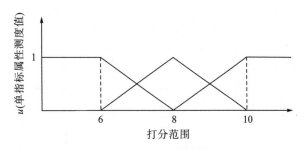

图 4-4　科技项目评价的单指标属性测度函数曲线

将科技项目评审各指标属性分为三类：$C_1 \in \{$一般性科技项目$\}$，$C_2 \in \{$新技术科技项目$\}$，$C_3 \in \{$具有战略性新兴产业属性的科技项目$\}$。对这三类项目属性界定如下。

一般类科技项目是指技术有一定创新性，但创新程度不高，多属于应用开发层面，企业完成产品研发及批量生产的难度不大，客户群及市场推广路径比较清晰。往往这类项目在传统的评审方式上较容易得到支持，因为各种不确定性较低，投资见效较快，风险小。这类项目往往会给企业带来直接的经济效益，但不会对行业造成太大影响，更不大可能带动新兴产业形成。

新技术科技项目相对于一般性科技项目而言，技术创新程度较高，一般会伴有专利成果，有潜在的市场需求，产品研发及市场开发需要投入和时间，有一定风险，但一旦成功会对企业及行业带来冲击和影响。

具有战略性新兴产业属性的科技项目要以新兴技术为核心，虽然不确定性因素较多，但伴随其发展，可能会对现有行业造成破坏，还极有可能创造出一个新行业并带动一个地区经济的发展。但这种项目的识别难度最大，本书的研究就是试图提出一个评价的概念模型，并找出一些客观的、可评价的指标来降低其识别难度。

一般情况下，C_1 项目数大于 C_2 项目数，C_2 项目数大于 C_3 项目数，则令 $C_1 > C_2 > C_3$。各专家对五个项目指标的打分范围为 [0，10]，设 (6，8，10) 为三个临界点，分别对应三个类单指标的得分为及格、中等、满分。其属性测度函数曲线如图 4-4 所示。

C_1、C_2 和 C_3 的属性测度函数分别为

$$y_1(x) = \begin{cases} 1, & x \leqslant 6 \\ \dfrac{8-x}{2}, & 6 < x < 8 \\ 0, & x \geqslant 8 \end{cases} ; \quad y_2(x) = \begin{cases} 0, & x \leqslant 6 \\ \dfrac{x-6}{2}, & 6 < x < 8 \\ \dfrac{10-x}{2}, & 8 \leqslant x < 10 \\ 0, & x = 10 \end{cases} ; \quad y_3(x) = \begin{cases} 0, & x \leqslant 8 \\ \dfrac{x-8}{2}, & 8 < x < 10 \\ 1, & x = 10 \end{cases} \quad (4\text{-}5)$$

以科技项目 T_1 为例，通过专家打分，T_1 的 21 个指标的平均得分见表 4-2，根据式(4-5)，

可计算出科技项目 T_1 的 21 个指标的单属性测度值。

表 4-2　21 个三级指标的测量平均值[39]

项目	指标				
	T_1	T_2	T_3	T_4	T_5
I_1	7.0	7.1	6.5	9.3	8.2
I_2	7.2	8.1	7.0	9.9	8.8
I_3	6.7	7.2	8.0	9.2	8.3
I_4	8.0	7.5	7.0	7.8	7.5
I_5	7.5	7.4	6.0	10	8.0
I_6	7.2	8.0	7.3	9.6	7.6
I_7	7.2	8.2	6.5	10	8.2
I_8	7.5	8.3	7.2	9.2	8.5
I_9	7.0	8.0	8.3	9.5	8.0
I_{10}	8.0	8.5	9.3	9.5	7.2
I_{11}	8.2	7.8	8.7	9.6	7.5
I_{12}	8.5	8.6	7.0	7.5	7.2
I_{13}	8.2	8.2	9.6	7.6	7.0
I_{14}	8.8	8.2	9.6	9.6	8.2
I_{15}	7.5	7.2	9.8	9.0	8.0
I_{16}	8.2	8.5	9.4	9.4	7.5
I_{17}	8.2	7.1	7.8	7.6	8.3
I_{18}	8.0	8.0	8.3	9.5	8.0
I_{19}	7.2	8.3	9.4	9.0	7.6
I_{20}	7.2	7.6	7.4	9.6	7.5
I_{21}	7.1	7.8	7.5	8.8	8.1

3. 计算多指标综合属性测度值

求出科技项目 T_1 的 21 个指标的单指标属性测度值后，可根据式(4-2)计算出项目 T_1 的综合属性测度值 u_{11}=0.2644，u_{12}=0.6872，u_{13}=0.0484。其他四个科技项目的多指标综合属性测度值可依照同样的方法和步骤计算而得，计算值见表 4-3。

表 4-3　五个科技项目的综合属性测度值及属性判定[40]

项目	u_{11}	u_{12}	u_{13}	科技项目类别判别结果
T_1	0.2644	0.6872	0.0484	新技术科技项目
T_2	0.1190	0.8157	0.0653	新技术科技项目
T_3	0.3497	0.5305	0.1998	新技术科技项目
T_4	0.0248	0.2669	0.7083	具有战略性新兴产业属性的科技项目
T_5	0.1029	0.7627	0.1344	新技术科技项目

4. 判定五个项目的类别

通过置信度准则来识别评价项目的属性类别。取置信度 $\lambda=0.7$（置信度一般取 $0.6\sim0.7$），利用式(4-3)，根据五个科技项目的综合属性测度值对其项目属性进行判定。判定结果为：T_1、T_2、T_3 和 T_5 属于新技术科技项目；T_4 呈现出具有战略性新兴产业的属性特征，五个项目均不属于一般性科技项目(表 4-3)。

5. 判定五个项目的属性强弱

在应用得分评价准则时，由于 $C_1 > C_2 > C_3$，根据式(4-4)，计算得到的各个科技项目的属性得分见表 4-4。

表 4-4　五个科技项目的属性得分

项目	T_1	T_2	T_3	T_4	T_5
属性得分	4.216	4.057	4.470	3.317	3.969

五个科技项目的属性得分从小到大的排列顺序是：$T_4 < T_5 < T_2 < T_1 < T_3$，按公式的原理，得分越高，项目的发展潜能就越弱，反之越大，因此，五个项目发展潜能程度排列顺序为：$T_4 > T_5 > T_2 > T_1 > T_3$。其中，项目 T_4 属于具有战略性新兴产业属性的科技项目，T_1、T_2、T_3 和 T_5 均属于新技术科技项目，从属性强弱可判定：T_5 与战略性新兴产业属性最为接近，T_1、T_2 次之，而 T_3 相对不具备这类属性。

本章参考文献

[1] Day G S，Schoemaker P J H，Gunther R E. Wharton on Managing Emerging Technologies[M]. New York：John Wiley & Sons，Inc.，2000.

[2] 卢泰宏，贺和平. 营销在中国[M]. 北京：企业管理出版社，2003.

[3]戴，休梅克. 沃顿论新兴技术管理[M]. 石莹，等译. 北京：华夏出版社，2002.

[4] Iansiti M，West J. Technology integration：Turning great research into great products[J]. Harvard Business Review，1997(5/6)：69-79.

[5] 谭杨，王晓明，李仕明. 基于实物期权的"小灵通"的投资价值分析方法[J]. 管理学报，2009，6(2)：259-163.

[6] 傅家骥，姜彦福，雷家骕. 技术创新——中国企业发展之路[M]. 北京：企业管理出版社，1992.

[7] 周寄中，薛刚. 技术创新风险管理的分类与识别[J]. 科学学研究，2002，20(2)：221-224.

[8] Day G. Estimated these probabilities based on numerous studies of acquisitions，joint ventures，and new product failure rates[J]. Harvard Business Review，1999(5)：89-101.

[9] 吴涛. 技术创新风险的分类研究及矩阵分析法[J]. 科研管理，1999，20(2)：40-45.

[10] 朱启超，陈英武，匡兴华. 现代技术项目风险管理研究的理论热点与展望[J]. 科学管理研究，2005，23(2)：41-46.

[11] 黄定轩，韩建军. 客户群体划分机理及其识别技术研究[J]. 科技进步与对策，2004，21(1)：81-83.

[12] 陈春花，徐慧琴. 企业家经营能力评价的层次分析与模糊决策[J]. 科技进步与对策，2004，21(7)：83-85.

[13] 井润田，刘萍，傅长乐. 新兴技术辨识的组织理论解释[J]. 研究与发展管理，2006，18(5)：82-88.

[14] Bierly P E，Hamalainen T. Organizational learning and strategy[J]. Scand Management，1995，11(3)：209-224.

[15] Child D. Motivation and the dynamic calculus—A teacher's view[J]. Multivariate Behavioral Research，1984，19(2/3)：288.

[16] Yeung A K，Ulrich D O，Nasonand S W，et al. Organizational Learning Capacity：Generating Ideas with Impact[M]. Oxford：Oxford University Press，1999.

[17] Levitt B，March J G. Organizational learning[J]. Annual Review of Sociology，1988，14(1)：319-340.

[18] 张峰，杨建君，黄丽宁. 战略性新兴产业研究现状评述：一个新的研究框架[J]. 科技管理研究，2012，32(5)：18-29.

[19] 贺正楚，吴艳. 战略性新兴产业的评价与选择[J]. 科学学研究，2011，29(5)：679-683.

[20] 黄鲁成，黄晓梅，苗红，等. 战略性新兴产业效益评价指标及标准[J]. 科技进步与对策，2012，29(24)：1-4.

[21] 高峻峰. 政府政策对新兴技术演化的影响以我国 TD-SCDMA 移动通讯技术的演化为例[J]. 中国软科学，2010(2)：25-32.

[22] 方荣贵，银路，王敏. 新兴技术向战略性新兴产业演化中政府政策分析[J]. 技术经济，2010，29(12)：1-6.

[23] Freeman C，Perez C. Structural Crisis of Adjustment，Business Cycles and Investment Behavior[M]//Dosi G，Freeman C，Nelson R，et al. Technical Change and Economic Theory. London：Pinter，1988.

[24] 宋艳. 新兴技术的形成路径及其影响因素研究——基于中国企业实际运作调查[D]. 成都：电子科技大学，2011.

[25] 王敏，银路. 新兴技术演化模式及其管理启示[J]. 技术经济，2009，28(11)：13-16.

[26] Chan F T S；Chan M H，Tang N K H. Evaluation methodologies for technology selection[J]. Journal of Materials Processing Technology，2000，107(3)：330-337.

[27] Sohn S Y，Moon T H. Structural equation model for predicting technology commercialization success index(TCSI)[J]. Technological Forecasting and Social Change，2003，70 (9)：885-899.

[28] 陈劲，戴凌燕，李良德. 突破性创新及其识别[J]. 科技管理研究，2002，22(5)：22-28.

[29] 魏国平. 新兴技术管理策略研究——基于新兴技术特征的分类分析[D]. 杭州：浙江大学，2006.

[30] 宋艳，银路. 新兴技术风险识别与三维分析——基于动态评估过程的视角[J]. 中国软科学，2007(10)：136-142.

[31] 银路，李天柱. 情景规划在新兴技术动态评估中的应用[J]. 科研管理，2008，29 (4)：12-18.

[32] 宋艳. 新兴技术的动态评估与小灵通的成功之道[J]. 管理学报，2005，2(3)：337-339.

[33] 银路，王敏，等. 新兴技术管理导论[M]. 北京：科学出版社，2012.

[34] 黄鲁成，卢文光. 基于属性综合评价系统的新兴技术识别研究[J]. 科研管理，2009，30(4)：190-194.

[35] Chubin D E，Haekett E J. Peerless Science：Peer review and U.S. Science Policy[M]. New York：State University of NewYork Press，1990.

[36] 鲍玉昆，张金隆，孙福全，等. 基于 SMART 准则的科技项目评价指标体系结构模型设计[J]. 科学学与科学技术管理，2003，24(2)：46-48.

[37] 谈毅. 韩国国家科技计划评估模式分析与借鉴[J]. 外国经济与管理，2004，26(4)：46-49.

[38] 胡景荣. 科技计划项目管理系统构建的研究分析[J]. 科技管理研究，2010，30(4)：8，18-19.

[39] 蒋冲宇. 基于战略性新兴产业视角的科技项目评审方法研究[D]. 成都：电子科技大学，2012

[40] Christopher P B. The sources o f innovations-looking beyond technological opportunities[J]. Economics of Innovation and New Technology，2004，13(2)：183-197.

[41] Maria J U，Marisa F. The impact of technological opportunities and innovative capabilities on firm's output innovation[J]. Creativity and Innovation Management，2003，12(3)：37-144.

[42] Holmen M，Magnusson M，McKinney M. What are innovative opportunities?[J]. Industry and Innovation，2007，14(1)：27-45.

[43] Nelson R R，Winter S G. Simulation of schumpeterian competition[J]. American Economic Review，1977，67(1)：271-276.

[44] Klevorick A K，Levin R C，Nelson R R，et al. On the sources and significance of inter-industry differences in technological opportunities[J]. Research Policy，1995，24(2)：185-205.

[45] Possas M L，Salles-Filho S，da Silveira J M. An evolutionary approach to technological innovation in agriculture：Some preliminary remarks[J]. Research Policy，1996，25(6)：933- 945.

[46] 张妍，李兆友. 演化理论视阈中的技术机会[J]. 科学技术与辩证法，2008，25(4)：63-66.

[47] 姜黎辉，张朋柱，龚毅. 不连续技术机会窗口的进入时机抉择[J]. 科研管理，2009，30(12)：131-138.

[48] 程乾生. 属性识别理论模型及其应用[J]. 北京大学学报(自然科学版)，1997，33(1)：12-19.

第5章 企业对新兴技术形成路径选择的实证研究

5.1 实证模型与基本假设

5.1.1 新兴技术形成路径测度

新兴技术形成路径是本书新提出的概念，它是一个动态过程，不太容易直接测度。通过对企业实际运作的观察和调研，我们可以通过企业在新兴技术发展过程中对某一技术的努力方向，观测出路径的形成方式：①如果企业更愿意选择提高这一技术的性能，且着重在原有市场上努力开发其应用，新兴技术路径表现为路径一（技术突破）；②如果企业更愿意选择在原有市场应用开发中，使这一技术给顾客带来更新或更大的价值，而与其他技术结合，新兴技术路径表现为路径二（技术植入）；③如果企业将某一技术引入一个新的市场中，使技术和市场都得到发展，新兴技术路径表现为路径三（技术应用）；④如果企业更愿意在新的市场中，使多种技术相结合，开发出更新的技术和市场，新兴技术路径表现为路径四（技术融合）。无论是哪一种路径，只要企业沿着这条路径有较高的创新绩效，企业就会追加投入，而且还会吸引更多的企业进入，进而单个企业的创新行为就会转变为众多企业的参与，最终实现新兴技术的创造性毁灭。因此，新兴技术形成路径的结果可以用企业创新绩效来体现。而创新绩效是技术创新活动产出的、能客观测度和感知的一些成果，创新绩效的研究已相对成熟[1,2]，其衡量指标主要包括创新产生的直接经济效益（如新产品销售增长率、新产品利润率等）和间接经济效益产出（如技术诀窍、专利等）。本书考虑到企业数据提供的可行性，用企业因采用某一项高技术而带来的年均销售收入增长率（5年以内）作为新兴技术形成路径的绩效测度指标，用 XZ 来表征。

$$销售收入增长率(XZ) = \frac{新的销售收入金额 - 原销售收入金额}{原销售收入金额} \times 100\%$$

通常销售收入增长率越高，代表公司产品销售量增加，市场不断扩大，未来成长也越乐观。目前业界普遍认为如果一个企业某项高科技产品连续几年的销售收入平均增长率超过 30%，那它就有可能创造或进入一个新兴行业。

5.1.2 影响因素测度

前面分析得到的三个维度上的影响因素按主层因素、亚层因素列出，并用相应的字母表示，具体见表 5-1。

表 5-1　影响因素的分层

主层因素	亚层因素
技术自身(J)	性能进步(JX)
	应用扩展(JY)
技术环境(H)	微观环境(WG)
	宏观环境(HG)
企业组织(Q)	显性能力(QX)
	隐性能力(QY)

　　技术自身维度与技术环境维度代表技术的成长空间；技术自身维度与企业组织维度决定了企业组织与技术的匹配性；技术环境维度与企业组织维度决定了企业组织与环境的适应性；技术自身、技术环境和企业组织三个维度的共同作用，决定了技术机会的大小，即一项高技术成长为新兴技术的可能性。

　　其中，技术性能进步、技术微观环境和企业显性能力的组合，是一项技术发展成为新兴技术的基础因素系统，是企业评估决策必须首先考虑的因素，也是相对容易把握的因素；而技术应用扩展、技术宏观环境、企业隐性能力的组合构成新兴技术的成长因素系统，其内容和涉及范围在扩展，不确定性增加，对企业的动态评估能力提出了更高的要求。

5.1.3　模型构建

　　据此，可以构建以企业销售收入增长率为代表性的创新绩效与新兴技术形成路径及其影响因素之间关系的理论模型，如图 5-1 所示。

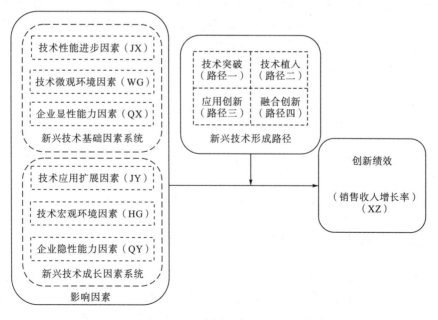

图 5-1　新兴技术形成路径与影响因素关系的理论模型

根据以往的研究和实际的企业运作,企业创新实践中影响因素与销售收入增长率一定存在某种相关性,可表述为

$$XZ = F(JX,\ JY,\ HG,\ WG,\ QX,\ QY) \qquad (5\text{-}1)$$

且大部分研究倾向它们之间是一种线性关系[3,4]。虽然新兴技术有别于传统技术,对其管理特点从强调均衡性、持续性(可预知性)、合理性和最优化向重视不连续、非均衡方面转移,但从前面的研究可看出,它仍然是多组间断与均衡的结果。每一种路径的起源表现出"间断"的特点,但每一种路径的形成一定包含渐进增长的成分,具有均衡特质,因此,企业在新兴技术管理活动中各种因素对销售增长率的影响应该通过特定的路径反映出来,并且将这种影响视为一种线性关系。

5.1.4　基本假设

根据前面的理论推演和图 5-1 的理论模型,提出以下基本假设。

H1:新兴技术形成路径对影响因素与企业销售增长率的关系起调节作用。

H1a:在不分路径的情况下,影响因素与企业销售增长率之间的线性关系不显著。

H1b:分路径讨论时,影响因素与企业销售增长率之间的线性关系显著。

H2:不同路径下,企业技术来源存在差异。

H3:不同路径下,企业销售收入增长率存在差异。

H4:中国企业发展新兴技术过程中,选择路径二、路径三的可能性高于路径一和路径四。

以上四个基本假设是基于第 2～4 章的理论研究提出的,实证的目的就是想用中国企业实际运作数据来验证这些理论推演。除此之外,本书还有一个重要的目标是通过企业实际运作数据,利用相应的数学统计方法来验证量表的合理性,进而找出企业路径选择与影响因素之间的关系,试图揭示企业类型与新兴技术路径的适配规律,以及需要重点关注的关键影响因素,一方面对我国已经进入新兴技术行业的先动企业的经验进行梳理总结,另一方面是为大多准备进入新一轮竞争的企业提供新兴技术管理的方法指导。

5.2　变量设计与研究方法

本章在模型构建前已对新兴技术形成路径与企业销售收入增长率测度做了说明,因此,本节主要就影响因素测度变量(自变量)的确定做出解释。自变量均采用李科特 5 级量表进行测量,对应的问卷中以"不重要"到"很重要"五个回答等级,对应分值为 1～5 分。

5.2.1　技术自身因素的测度指标

技术自身因素是新兴技术具备商业价值的本质决定者,取决于一定领域的知识累积和有效组合,它集成了技术研发人员、市场推广人员和技术服务人员的知识及应用创造。对于这一创造活动的分析,Nelson 和 Winter、Dosi、Park 和 Lee 有经典论著,有一些量表可

借鉴，但一般研究都将与技术本身直接相关的决定因素统称为技术因素。根据 4.2.1 节对技术自身因素的分析，我们提出将技术自身因素分为技术性能和技术应用两个亚层，借鉴已有的研究对两个亚层分别确定测度指标。在本书的研究过程中，我们与许多企业中高层管理者、资深技术人员和市场人员进行了深度访谈，同时结合笔者从事技术管理和市场开发实践工作的经验与体会，初步归纳出了 20 个反映技术自身特征的测度指标。从这 20 个可观测指标出发，设计的相应问题题项见表 5-2。

表 5-2　技术自身因素测度指标及调查问卷题项设计

因素 (主层)	因素 (亚层)	测度指标(自变量)	调查问卷题项设计
技术自身	技术性能	技术受保护性(JX_1)	该技术具有专利权
		技术的复杂性(JX_2)	该技术有较高的知识含量及复杂程度
		技术的成熟性(JX_3)	该技术成熟
		技术进步的累积性(JX_4)	该技术依赖原有的知识和经验积累
		技术的相容性(JX_5)	该技术能与其他技术相容
		技术的稳定性(JX_6)	该技术批量化性能稳定
		技术的标准性(JX_7)	该技术已形成标准
		技术的预见性(JX_8)	该技术未来发展趋势可预见
		技术的替代性(JX_9)	该技术不易被其他技术替代
		技术的社会责任性(JX_{10})	该技术及产品不违背社会伦理和道德
	技术应用	应用领域的确定性(JY_1)	该技术有明确的应用领域
		应用领域的扩展性(JY_2)	该技术应用领域容易得到扩展
		应用定位的确定性(JY_3)	该技术的市场和产品定位明确
		技术的性能优越性(JY_4)	该技术相对于其他技术性能更优越
		技术的成本优越性(JY_5)	该技术相对于其他技术具有成本优势
		规模生产稳定性(JY_6)	该技术具备稳定规模量产条件
		技术的独占性(JY_7)	该技术难以被竞争对手模仿
		性能改进难易性(JY_8)	该技术性能改进容易找到新的途径与办法
		创新与市场变化的适应性（JY_9)	该技术的革新能够紧随市场需求的变化
		技术性价比增长性(JY_{10})	该技术具有较高的性价比改善空间

5.2.2　技术环境因素的测度指标

技术环境因素是新兴技术形成及发展的条件制约，决定了技术经济一体化活动的社会经济商业化环境条件。通常的研究将市场和环境列为不同的两类因素，但本书提出将市场要素纳入技术环境的一个因素来考虑，是因为市场总是存在于一定的社会经济环境中，而在新兴技术形成初期，明确的市场往往是不存在的，企业需要在各种条件作用下创造市场。尤其在新兴技术席卷世界经济社会的浪潮中，政府的宏观政策环境、区域的商业经济微观环境、产业链环境及用户特征都会催生新的市场。例如，2010 年中国政府发布的有关未来我国战略性新兴产业的界定，包括新能源、新材料、电子信息、生物医药、生物育种、节能环保、现代装备制造及航空、航天产业。政府将为这些产业领域的新兴技术创造良好的宏观环境，必将促进市场的成长和产业的发展。

同样，在 4.2.2 节对技术环境因素的分析基础上，参照菲利普•科特勒等对分析营销机会时采用的方法和部分量表[5]，以及与企业决策层人员的深度交流，初步归纳出了 22 个反映技术环境特征的测度指标，设计的相应问卷题项见表 5-3。

表 5-3   技术环境要素观测指标调查问卷题项设计表

因素 （主层）	因素 （亚层）	测度指标 （自变量）	调查问卷 题项设计
技术环境	微观环境	用户的兴趣（WG_1）	用户对该技术关注并感兴趣
		用户的偏好（WG_2）	用户对该技术(产品)有某种偏好
		用户对价格敏感度（WG_3）	用户对该技术(产品)价格敏感
		用户风险承担能力（WG_4）	关注该技术的用户愿意并能够承担风险
		用户规模（WG_5）	愿意购买该技术(产品)的用户数量较多
		技术与企业战略一致性（WG_6）	该技术与企业战略一致
		补充资源获得性（WG_7）	该技术比较容易从外部获得补充性资源(如互补性技术、渠道、服务、客户、供应商等)
		供应商兴趣（WG_8）	该技术(产品)的原材料供应商有兴趣
		产业同行关注度（WG_9）	关注和采用该技术的同行不多
		替代危机性（WG_{10}）	该技术的替代技术短期内不会出现
		竞争规范性（WG_{11}）	竞争者之间具有遵守竞争规则的习惯
		研究机构关注（WG_{12}）	科研机构对该技术跟踪积极
		金融机构关注（WG_{13}）	金融机构对该技术关注
		金融市场发达程度（WG_{14}）	金融市场比较发达
	宏观环境	政府政策支持性（HG_1）	政府在政策层面给予支持
		政府资金支持性（HG_2）	政府在资金方面给予支持
		政府介入行为（HG_3）	政府直接参与决策和管理
		经济发展程度（HG_4）	区域经济发达
		科技发展程度（HG_5）	区域科技发展水平较高
		法律制度完备性（HG_6）	法律、法规、制度健全完备
		文化相容性（HG_7）	该技术与当地社会文化、习俗相容
		文明程度（HG_8）	人们比较遵守当前社会伦理道德标准

5.2.3 企业组织因素的测度指标

从逻辑上讲，企业因素应该是技术微观环境因素的直接构成，但由于企业是创新的主体，它对新兴技术产生与发展有着极强的能动性(第 4 章的研究就有力地证明了这一点)，因此，将企业组织能力因素单列出来与技术自身因素、技术环境因素一起构成新兴技术的技术系统是合理的。而新兴技术的形成与发展将导致企业管理思维、业务流程、经营模式等的变革，更加考验企业对新兴技术、新兴技术产品、新兴市场、新兴技术行业、新兴技术产业的认识和把握及与之相适应的一系列调整[6]。因此，企业战略、市场开拓、投融资决策、组织结构变革、人力资本激励、知识管理等方面的能力都对新兴技术的成长产生重大影响。

4.2.3 节对此已做了一定讨论，同样借鉴新兴技术管理的企业组织管理创新研究的成果，结合对企业决策层、管理层和基层员工的深度访谈，初步归纳出了 37 个反映企业组织能力特征的测度指标，设计的相应的问卷题项见表 5-4。

表 5-4　企业组织要素观测指标调查问卷题项设计表

因素 （主层）	因素 （亚层）	测度指标 （自变量）	调查问卷 题项设计
企业组织	显性层面	企业财力（QX_1）	企业有较强的资金实力
		研究发展投入（QX_2）	企业研究发展投入比例较高
		研究发展组织（QX_3）	企业研究发展组织体系健全
		新产品成功率（QX_4）	企业新产品成功率较高
		技术专利权（QX_5）	企业拥有该项技术专利权
		企业生产能力（QX_6）	企业具有一定规模的生产能力
		生产制造水平（QX_7）	企业的制造水平较高
		研发人员比例（QX_8）	企业的研发人员比例较高
		技术市场人才（QX_9）	企业拥有既懂技术又擅长市场运作的人才
		企业品牌（QX_{10}）	企业具有一定的品牌价值
		产品与服务（QX_{11}）	客户对企业的产品和服务满意
		客户稳定性（QX_{12}）	企业拥有稳定的客户群
		市场份额（QX_{13}）	企业较同行具有较高的市场占有率
		管理制度（QX_{14}）	企业管理制度完善
		员工激励（QX_{15}）	企业建立有对核心员工的股权激励制度
	隐性层面	企业家创新意识（QY_1）	企业家有较强的创新意识和价值目标
		企业家包容能力（QY_2）	企业家善于接纳不同意见和人员
		企业家机会识别能力（QY_3）	企业家善于识别和把握机会
		企业家风险承担能力（QY_4）	企业家敢于承担风险
		企业家决策能力（QY_5）	企业家敢于在不确定性条件下果断决策
		高层团队价值观（QY_6）	企业高层团队价值观趋同
		高层团队结构性（QY_7）	企业高层团队知识结构合理
		高层团队协调性（QY_8）	企业高层团队性格协调
		核心成员合作性（QY_9）	企业核心成员意识和行为与企业家协调
		企业新技术机会识别能力（QY_{10}）	企业具有技术跟踪监测能力，对科技动态具有较高敏感性和把握能力，并能及时跟进
		企业自主创新能力（QY_{11}）	企业善于开展自主研发和创造技术知识（标准、专利和技术诀窍）

因素 (主层)	因素 (亚层)	测度指标 (自变量)	调查问卷 题项设计
企业 组织	隐性 层面	企业技术吸收能力(QY_{12})	企业善于鉴别、吸收、消化知识和技术
		企业环境预测能力(QY_{13})	企业能及时、准确地预测外部环境变化
		企业公关关系能力(QY_{14})	企业比较注重建立和维护与外部组织之间的 联系
		企业环境适应能力(QY_{15})	企业能在不确定环境中灵活调整和适应
		企业对客户了解程度(QY_{16})	企业往往能够理解客户对技术的偏好
		企业与客户互动性(QY_{17})	企业愿意激发客户参与技术(产品)研发
		企业与客户的联系(QY_{18})	企业各层次人员都能够与客户建立和保持联系
		企业学习能力(QY_{19})	企业内部具有较好的学习、信息共享的沟通氛围
		企业内部的创新文化(QY_{20})	企业内部形成了鼓励创新、允许失败的氛围
		企业内部竞争性(QY_{21})	企业营造内部竞争氛围
		员工认同感(QY_{22})	企业注重员工的认同

5.2.4　研究方法——线性回归分析

基于线性相关关系的自变量对因变量贡献的分析,常用的数学分析方法是线性回归分析,即以线性回归系数比较自变量对因变量的贡献,从而区分自变量所代表的影响因素的重要程度。在涉及多变量的多元回归分析中,由于变量间存在因果关系导致分析结果通常与变量进入回归方程的顺序有显著关联,因此应该采用层次回归分析。

由问卷选择形成的测度指标一般不能直接引用为回归分析的变量(除非是成熟量表),必须经过测量一致性检验(信度检验)和变量独立性检验(效度检验)。

1. 多元线性回归分析与层次回归分析

1) 多元线性回归分析

函数 $y=f(x)$ 是两变量关联的最一般表达式,表明 y 值可能从 x 的变异中找到解释。回归分析就是确立 y 和 x 之间函数的具体形式的方法,最简单和最常用的是线性回归(linear regression)。

(1)一元线性回归。

一元线性回归是要在涉及二维空间的数据离散点图,求出贴近这些数据点的直线函数,一元线性回归方程表述为

$$y = a + bx \tag{5-2}$$

回归方程描述两变量的定量关系。而相关系数 r^2 为

$$r^2 = \frac{\left(\sum (x_i - \bar{x}) \times (y_i - \bar{y})\right)^2}{\sum (x_i - \bar{x})^2 \times \sum (y_i - \bar{y})^2} \tag{5-3}$$

表示 x 与 y 关联的强度并借以判断关联的统计显著性。其中,$\bar{x}$、$\bar{y}$ 为变量平均值;x_i、y_i 为变量观测值。

(2) 多元线性回归。

多元线性回归讨论一个因变量与两个或更多自变量呈线性关联的回归分析。多元线性回归方程的一般表述为

$$y = a + b_1 x_1 + b_2 x_2 + \cdots + b_n x_n \tag{5-4}$$

式中，a 为随机误差；b_i 为回归系数，描述 x_i 每变化一个单位引起的 y 的变化量。为了评判各自变量 x_i 的相对重要性，回归系数 b_i 应该标准化。经标准化后的回归系数转换成为标准化回归系数 β_i（取值为-1～1），它描述在解释因变量 y 的变化中多个自变量的相对重要性。

一个多元回归方程对于因变量总偏差的解释程度，用复相关系数 R 和决定系数 R^2 表示。R^2 等于因变量中可以由各自变量共同变化来解释的偏差平方和除以总偏差的平方和。R^2 越大，y 与 $x_i (i=1, 2, \cdots, n)$ 的线性关联越强，如 $R^2=0.77$，则 $R=0.877$ 表示总偏差中 77%可由自变量 $x_i (i=1, 2, \cdots, n)$ 的变异来解释。

本书假设式(5-1)的具体函数形式为线性函数，即新兴技术创新绩效评价指标 XZ 与新兴技术影响因素指标 JX_i、JY_i、HG_i、WG_i、QX_i、$QY_i (i=1, 2, \cdots, n$，为自变量指标序数)呈线性相关。回归方程具体表述为

$$\begin{aligned} XZ = a &+ \sum b_{jxi} \times JX_i + \sum b_{jyj} \times JY_i + \sum b_{hji} \times HG_i \\ &+ \sum b_{wgi} \times WG_i + \sum b_{qxi} \times QX_i + \sum b_{qyi} \times QY_i \end{aligned} \tag{5-5}$$

式中，b_{jxi}、b_{jyi}、b_{hji}、b_{wgi}、b_{qxi}、b_{qyi} 为对应自变量(影响因素)的系数，表明对因变量(状态指标)的影响大小。

2) 层次回归分析

Cohen 指出，一般的多元回归分析方法是用一组变量组成一个回归方程，然后一起进行回归分析和总结发现。但是，对研究者来说，现实世界很少如此简单，一个方程无法提取这些变量的相互关系中所蕴含的丰富信息。如果不存在严格的因果关系优先等级，独立变量(组)进入回归方程通常就没有唯一的层次顺序，在此情况下，回归结果也许对所研究的问题并没有差异，如果的确存在差异，就必须承认结果的模糊性。当独立变量进入回归方程的次序可以完全确定，即因果关系模型可以设定，层次回归顺序就成为估计每个因果关系的工具，此时，它也称为层次因果模型(hierarchical causal model)。应该注意的是，即使没有完全设定的模型，层次回归顺序对获得数据所包含的尽可能多的因果推断也是有用的。

层次回归分析的原理是，任何变量对 R 的贡献关键取决于其他变量已进入了方程。在一个方程中对所有 K 个变量同时进行分析的方法，对很多目的来说是不完善的。而对变量进行层次分析通常会使研究者对所研究的现象获得更多的理解，因为在决定独立变量进入方程的次序，以及对这个次序假设的有效性进行连续检验时，研究者需要进行深入的思考。

应用多元层次回归分析方法的关键是确定独立变量(组)进入回归方程的顺序，以保证后进入回归方程的独立变量(组)不是已进入方程的独立变量(组)的前提原因，这样就可通过累积的 R，清楚地看到每个(组)独立变量对因变量 Y 的方差贡献。

本书根据问卷中的企业基本属性,结合第 3 章的研究结果,对样本按照新兴技术形成路径分类［①技术突破(路径一);②技术植入(路径二);③应用创新(路径三);④融合创新(路径四)］分成四组样本子空间,按照三维分析模型对影响因素及其重要程度开展分类分析,进而采用层次回归对全部影响因素及其重要程度进行分析。

2. 信度检验——Cronbach 一致性系数(α 系数)分析

信度是指测量数据(资料)与结论的可靠性程度,即测量工具能否稳定地测量到要测量的对象的程度,也就是说,信度衡量工具的可信赖性、稳定性、一致性和精确性。同一批受测对象针对同一指标的多次测量所获得的测量值要有一致性,表现在利用上述问卷进行调查,只有调查对象的答案相同或相近,其度量才是可靠的。信度检验,是针对本书中主要观测项目进行的内部一致性(internal consistency)检验。在对问卷进行数据分析前,我们必须考察其信度,以确保测量的质量。

内部一致性系数最适合同质性检验,检验每一个因素中各个项目是否测量相同或相似的特性。信度越高,代表同一量表内不同测度指标所测量到的分数受到误差的影响越小,因而使量表测度指标的分数在不同受访者的回答之间有一致的变动方式并能够反映真实状态。本书采用在企业研究中普遍使用的 Cronbach 一致性系数分析,检验本项实证研究问卷的信度。当量表的 Cronbach 的 α 系数值高于 0.70 时,说明该量表具有相当程度的信度[7-9]。

3. 效度检验——主成分分析法提取独立因子(自变量)

效度就是正确程度,即测量工具能测出其所要测量的特质的程度。也就是说,效度是指衡量工具是否能真正衡量到研究者想要衡量的问题。效度可分为若干类,其中构思效度是最重要的效度指标。对构思效度进行评定,首先必须对项目的结构、测量的总体及项目之间的关系做出说明,然后运用因子分析等方法从若干数据中离析出基本构思,以此来对测量的构思效度进行分析。

本书因子分析(factor analysis)采用了主成分分析法(principal components)来提取公共因子,并通过方差最大旋转法(varimax)获得各因子的负载值,据此来识别新兴技术路径形成的关键影响因素。

5.3　研究实施与数据采集

5.3.1　问卷设计

根据第 4 章的模型构建,我们将采用实证的方法对其进行验证并探寻统计规律,问卷设计成为首要任务。首先对本书的目的、意义及对企业和问卷回答者的特殊要求做出说明,形成问卷的第一部分内容;问卷第二部分内容由企业信息和填表人信息构成;问卷第三部分内容是想获取企业最初采用和发展某项高新技术的状态信息,由技术名称、来源、是否有专利权、竞争状态、路径选择、与原有技术和市场的相关度、销售收入增长率等信息组成。因路径选择和销售收入增长率是本书的关键指标,现将它们对应的题项设计说明如下。

对于新兴技术形成路径,我们试图通过了解企业在新兴技术发展过程中对某一技术的努力方向来观测,我们设计的题项是:①贵企业在发展该项技术过程中,在技术方面的努力方向——着力提高该技术性能;与其他技术相结合,以增强性能。②贵企业在发展该项技术过程中,在市场应用方面的努力方向——着力在原有市场领域开发市场;开发新市场(市场领域包括地域或行业的改变)。通过答题者的选择可得到企业技术发展的路径信息(表 5-5)。

表 5-5　企业新兴技术形成路径判断

市场努力方向	技术努力方向	
	着力提高该技术性能	结合其他技术增强性能
着力原有市场领域拓展	技术突破 (路径一)	技术植入 (路径二)
开发新市场(地域或行业)	应用创新 (路径三)	融合创新 (路径四)

销售收入增长率题项直接设计为开放式,请答问卷者直接填写企业因采用该项技术带来的 5 年内年均销售收入增长率数据。

问卷第四部分内容是影响企业新兴技术形成和发展的因素的题项设计,此内容在表 5-2~表 5-4 中已做详细说明。考虑到新兴技术的动态发展属性,期望获得企业在未来新技术决策时认识上的变化,问卷中设计了两种情形下的选择:企业针对该项技术决策时对这些影响因素的考虑;今后采用新技术时可能对这些因素的考虑。同样基于这样的初衷问卷还设计了第五部分内容,期望获得企业再进行新技术决策时对问卷第三部分所有问题做出的选择。

通过上述问卷设计,希望获得如下信息:①当企业在选择一项新技术时,该技术的初始状态信息和围绕该技术的决策因素考虑;②如果企业再选择新的技术,该技术的初始状态信息和围绕该技术的决策因素考虑;③已经启动的新技术的决策考虑因素与未来选择新技术的决策考虑因素的比较信息。

初始状态信息决定了企业新兴技术发展的路径;决策因素信息反映了哪些因素的影响决定了企业技术路径的选择及相关技术决策。把初始信息与决策因素信息结合起来,找出规律,能够反映企业决策的缘由,也是对已经在新兴技术发展之路上获得先动优势企业的经验总结;把已经发生的决策与未来将要进行的决策进行比较,可以反映企业在技术决策上的变化,体现新兴技术评估的动态特征。总之,我们希望通过这样的问卷设计和信息采集,分析出企业技术创新决策的一般规律和决策思考的关键因素,以及不同类型的企业决策思考不同路径来发展新兴技术时的关键因素。

5.3.2　样本选择与数据采集

1. 企业样本

限于条件，同时要紧扣本书研究主题，我们选择的样本对象仅限于中国企业，并且是属于国家确定的战略性新兴产业，即新能源、新材料、电子信息、生物医药、生物育种、节能环保、现代装备制造及航空、航天等产业中发展势头良好的企业。样本涉及长江三角洲、珠江三角洲、西部等区域，包括国有企业、民营企业和合资企业，有一定的覆盖性和代表性。

2. 问卷填写者样本

本书研究涉及的内容与企业决策信息高度相关，因此要求问卷填写人最好是企业决策团队的成员，或是技术决策的中高层管理人员，辅以部分的专业人员和业务经理。

为了得到调查对象的积极配合，以获取真实、有效的数据，我们重点强调了：①本调查目的是学术研究，被调查企业所提供的信息不会用于任何商业目的；②研究结果可以向问卷填写人反馈，以分享其他人的管理经验；③对填写人提出要求，设置了填卷人信息栏。一方面确保问卷填写人属于企业决策团队成员，或是技术决策的中高层管理人员，或是专业人员和业务经理范畴；另一方面便于对回答不清楚、不完整的问题，进行信息补充和确认，提高数据的有效性；更重要的是建立今后做企业研究的调研基础。

3. 问卷发放与回收

问卷发放通过企业调研、重点访谈、委托调查相结合的方式，历时五个月。首先选择电子科技大学 09 EMBA（executive master of business administration，高级管理人员工商管理硕士）班在校行课期间，在班主任的帮助下筛选出 21 位学生及符合样本要求的企业，与他们进行沟通后请其协助填写问卷，再针对他们填写过程中遇到的问题和不理解的题项进行修正，最后形成正式问卷，放大样本进行调查。

问卷发放途径有四种：①委托成都市科技评估中心；②电子科技大学经管学院 EMBA、MBA（master of business administration，工商管理硕士）学生资源；③个人多年企业工作和 MBA 授课的人脉积累；④电子科技大学其他学院的合作企业。首先对企业进行筛选，再对问卷填写人进行选择。共发出问卷 260 份，实际回收 189 份，有效问卷 159 份。

4. 样本基本信息

企业样本基本信息统计数据见表 5-6。

表 5-6　企业样本基本信息统计表

企业信息		数量	比例/%	企业信息		数量	比例/%	企业信息		数量	比例/%
产权性质	国有	32	20.1	产权性质	其他	17	10.7	所属产业	信息	83	52.2
	民营	87	54.7		合计	159	100		生物医药	28	17.6
	合资	17	10.7	所属产业	新能源	11	6.9		育种	0	0
	外资	6	3.8		新材料	8	5.0		节能环保	5	3.1

续表

企业信息		数量	比例/%	企业信息		数量	比例/%	企业信息		数量	比例/%
所属产业	装备制造	10	6.3	员工规模	501~1000	36	22.6	经营时间/年	8~10	16	10.1
	航空航天	3	1.9		1001~5000	19	11.9		10~15	19	11.9
	其他	11	6.9		>5000	7	4.4		>15	18	11.3
	合计	159	100		合计	159	100		合计	159	100
业务属性	研发	45	28.3	销售规模/10^3万元	<5	38	23.9	销售增长率/%	<10	1	0.6
	生产	34	21.4		5~20	49	30.8		10~20	13	8.2
	服务	24	15.1		20~50	20	12.6		20~50	104	68.6
	研发/生产	22	13.8		50~100	32	20.1		50~100	31	16.4
	研发/服务	17	10.7		>100	20	12.6		100~200	8	5
	研发/生产/服务	17	10.7		合计	159	100		>200	2	1.2
	合计	159	100	经营时间/年	<3	37	23.3		合计	159	100
员工规模/人	<100	42	26.4		3~5	31	19.5				
	101~500	55	34.6		5~8	38	23.9				

问卷填写人的基本信息统计见表 5-7。

表 5-7　填表人统计信息表　　　　　　　　（单位：人）

业务	职位				
	董事长/总经理	副总经理(副总师)	部门负责人	技术/业务经理	合计
决策	26	9	19	3	57
技术		8	15	9	32
生产		5	11	6	22
市场		6	16	16	38
财务		5	2	4	11
合计	26	33	63	38	160

从表 5-6 和表 5-7 的统计数据可以看出，企业样本和填写人样本符合本书的研究要求，且具备一定的覆盖性和代表性。

5.4　数据处理及假设验证

在进行回归分析以获得新兴技术形成路径的关键影响因素结果之前，必须对样本数据进行预分析和处理，包括：①进行测度指标数据的描述性统计分析，确保数据满足要求；②进行测度指标数据的测量一致性分析，确保通过信度检验；③进行测度指标数据效度检验，获得独立因子(自变量)。在此基础上，验证 5.1 节提出的相关模型和基本假设。本项研究的数据处理，采用统计分析软件 SPSS17.0 进行计算分析[10]。

5.4.1　数据预分析处理

1. 测度指标数据描述性统计分析

我们对样本问卷中的测度指标数据进行均值、标准差、最大值、最小值统计，所有数据均在可接受范围。

2. 信度检验

信度分析是变量测量有效性的必要条件，样本通过多项目测量的变量数据的可靠性系数计算结果见表 5-8。

表 5-8　多项目测度指标可靠性系数

坐标维度	变量	测度指标数	Cronbach's α
技术自身维度	技术性能(JX)	10	0.818
	技术应用(JY)	10	0.858
技术环境维度	微观环境(WG)	14	0.898
	宏观环境(HG)	8	0.864
企业组织维度	企业显性(QX)	15	0.940
	企业隐性(QY)	22	0.971

注：详细的变量、测度指标、问卷题项、可靠性系数对应表可见参考文献[11]的附录。

虽然可接受的可靠性水平取决于研究的目的，对可靠性系数 α 的大小并没有统一的要求。但通常认为，被测变量的可靠性系数为 0.60～0.85 可以接受，而为 0.7～0.8 时就到达相当好的可接受水平。Moore 和 Benbasat 在评价新技术特征变量测度指标时，就是将可靠性系数的可接受水平设定在 0.7～0.8。

由表 5-8 可见，本书中用多项目测度指标的可靠性系数都达到可接受的水平，而且超过通常期望的 0.8 的标准。

3. 效度检验——主成分分析法提取特征因子(独立变量)

本书采用主成分分析法，按照三维六层分组对所有测度指标进行效度检验，并抽取出独立变量，作为最终的影响因素分析变量。

首先，对测度指标按三维六层分组进行 KMO 和 Bartlett 球形检验，结果见表 5-9～表 5-14。

表 5-9　技术性能测度指标的 KMO 和 Bartlett 球形检验结果

样本充分性测度(KMO 值)	0.828
Bartlett 球形检验 χ^2	409.603
Df	45
Sig.	0.000

表 5-10　技术应用测度指标的 KMO 和 Bartlett 球形检验结果

样本充分性测度(KMO 值)	0.856
Bartlett 球形检验 χ^2	556.745
Df	45
Sig.	0.000

表 5-11　宏观环境测度指标的 KMO 和 Bartlett 球形检验结果

样本充分性测度(KMO 值)	0.797
Bartlett 球形检验 χ^2	630.033
Df	28
Sig.	0.000

表 5-12　微观环境测度指标的 KMO 和 Bartlett 球形检验结果

样本充分性测度(KMO 值)	0.849
Bartlett 球形检验 χ^2	1030.624
Df	91
Sig.	0.000

表 5-13　企业显性测度指标的 KMO 和 Bartlett 球形检验结果

样本充分性测度(KMO 值)	0.913
Bartlett 球形检验 χ^2	1547.821
Df	105
Sig.	0.000

表 5-14　企业隐性测度指标的 KMO 和 Bartlett 球形检验结果

样本充分性测度(KMO 值)	0.955
Bartlett 球形检验 χ^2	3199.092
Df	231
Sig.	0.000

由表 5-9~表 5-14 可知，Bartlett 球形检验都通过($p<0.001$)，说明它们的相关矩阵不是一个单位阵，故可以考虑进行因子分析。而 KMO>0.700，说明样本适合作因子分析。

在确定了各个指标均可以做因子分析之后，我们对测度指标分组进行因子分析，取特征值大于 1 的主成分作为因子。为分组测度指标的独立因子(自变量)抽取(转置)分析结果，表明用独立因子变量取代测度指标是有效的。

1) 技术性能变量独立因子提取

根据样本数据，技术性能测度指标可以归纳为如下两个独立因子。

技术性能因子 I：技术的相容性(JX_5)、技术的稳定性(JX_6)、技术的标准性(JX_7)、技术的预见性(JX_8)、技术的社会责任性(JX_{10})五个测度指标。特征值为 3.859，可解释方差比例为 38.59%。将这一类因子统称为技术的独特性。

技术性能因子 II：技术受保护性(JX_1)、技术的复杂性(JX_2)、技术的成熟性(JX_3)、技术进步的累积性(JX_4)、技术的替代性(JX_9)五个测度指标。特征值为 1.184，可解释方差比例为 11.84%。将这一类因子统称为技术的知识性。

二者共同解释了总体方差的 50.43%。

2) 技术应用变量独立因子提取

同理，技术应用测度指标可以归纳为如下两个独立因子。

技术应用因子 I：应用领域的确定性(JY_1)、应用领域的扩展性(JY_2)、应用定位的确定性(JY_3)、性能改进难易性(JY_8)和创新与市场变化的适应性(JY_9)五个测度指标。特征值为 4.489，可解释方差比例为 48.89%。将这一类因子统称为技术的活跃性。

技术应用因子 II：技术的性能优越性(JY_4)、技术的成本优越性(JY_5)、规模生产稳定性(JY_6)、技术的独占性(JY_7)和技术性价比增长性(JY_{10})五个测度指标。特征值为 1.281，可解释方差比例为 12.81%。将这一类因子统称为技术的竞争性。

二者共同解释了总体方差的 61.70%。

3) 宏观环境变量独立因子提取

同理，宏观环境测度指标可以归纳为如下两个独立因子。

宏观环境因子 I：经济发展程度(HG_4)、科技发展程度(HG_5)、法律制度完备性(HG_6)、文化相容性(HG_7)、文明程度(HG_8)五个测度指标。特征值为 4.185，可解释方差比例为 52.31%。将这一类因子统称为社会进步程度。

宏观环境因子 II：政府政策支持性(HG_1)、政府资金支持性(HG_2)和政府介入行为(HG_3)三个测度指标。特征值为 1.235，可解释方差比例为 15.43%。将这一类因子统称为政府支持程度。

二者共同解释了总体方差的 67.74%。

4) 微观环境测度变量独立因子提取

同理，微观环境测度指标可以归纳为如下三个独立因子。

微观环境因子 I：用户的兴趣(WG_1)、用户的偏好(WG_2)、用户对价格敏感度(WG_3)、用户风险承担能力(WG_4)、用户规模(WG_5)五个测度指标。特征值为 6.104，可解释方差比例为 43.16%；将这一类因子统称为用户关注程度。

微观环境因子 II：技术与企业战略一致性(WG_6)、补充资源获得性(WG_7)、供应商兴趣(WG_8)、金融市场发达程度(WG_{14})四个测度指标。特征值为 1.500，可解释方差比例为 10.71%。将这一类因子统称为资源支持程度。

微观环境因子 III：产业同行关注度(WG_9)、替代危机性(WG_{10})、竞争规范性(WG_{11})、研究机构关注(WG_{12})、金融机构关注(WG_{13})五个测度指标。特征值为 1.062，可解释方差比例为 7.33%。将这一类因子统称为产业环境支持程度。

三者共同解释了总体方差的 61.20%。

5) 企业显性变量独立因子提取

同理，企业显性测度指标可以归纳为如下两个独立因子。

企业显性因子Ⅰ：企业财力(QX_1)、研究发展投入(QX_2)、研究发展组织(QX_3)、新产品成功率(QX_4)、技术专利权(QX_5)、研发人员比例(QX_8)、企业品牌(QX_{10})、管理制度(QX_{14})和员工激励(QX_{15})九个测度指标。特征值为 8.266，可解释方差比例为 55.11%。将这一类因子统称为技术与经济实力。

企业显性因子Ⅱ：企业生产能力(QX_6)、生产制造水平(QX_7)、技术市场人才(QX_9)、产品与服务(QX_{11})、客户稳定性(QX_{12})和市场份额(QX_{13})六个测度指标。特征值为 1.162，可解释方差比例为 7.75%。将这一类因子统称为生产与营销实力。

二者共同解释了总体方差的 62.86%。

6) 企业隐性变量独立因子提取

同理，企业隐性测度指标可以归纳为如下两个独立因子。

企业隐性因子Ⅰ：企业家创新意识(QY_1)、企业家包容能力(QY_2)、企业家机会识别能力(QY_3)、企业家风险承担能力(QY_4)、企业家决策能力(QY_5)、高层团队价值观(QY_6)、高层团队结构性(QY_7)、高层团队协调性(QY_8)、核心成员合作性(QY_9)九个测度指标。特征值为 13.683，可解释方差比例为 62.20%。将这一类因子统称为高层团队素质与能力。

企业隐性因子Ⅱ：企业新技术机会识别能力(QY_{10})、企业自主创新能力(QY_{11})、企业技术吸收能力(QY_{12})、企业环境预测能力(QY_{13})、企业公关关系能力(QY_{14})、企业环境适应能力(QY_{15})、企业对客户了解程度(QY_{16})、企业与客户互动性(QY_{17})、企业与客户的联系(QY_{18})、企业学习能力(QY_{19})、企业内部的创新文化(QY_{20})、企业内部竞争性(QY_{21})和员工认同感(QY_{22})共 13 个测度指标。特征值为 1.367，可解释方差比例为 6.20%。将这一类因子统称为企业内外环境驾驭能力。

二者共同解释了总体方差的 68.40%。

根据上述测度指标的因子分析结果，构造的适合式(5-4)进行回归分析的独立因子表见表 5-15。

表 5-15　独立因子(自变量)与测度指标对应表

自变量	独立因子	特征值	包含的测度指标
技术性能(JX)	技术的独特性(JXⅠ)	3.859	技术的相容性(JX_5)、技术的稳定性(JX_6)、技术的标准性(JX_7)、技术的预见性(JX_8)、技术的社会责任性(JX_{10})
	技术的知识性(JXⅡ)	1.184	技术受保护性(JX_1)、技术的复杂性(JX_2)、技术的成熟性(JX_3)、技术进步的积累性(JX_4)、技术的替代性(JX_9)
技术应用(JY)	技术的活跃性(JYⅠ)	4.489	应用领域的确定性(JY_1)、应用领域的扩展性(JY_2)、应用定位的确定性(JY_3)、性能改进难易性(JY_8)、创新与市场变化的适应性(JY_9)
	技术的竞争性(JYⅡ)	1.281	技术的性能优越性(JY_4)、技术的成本优越性(JY_5)、规模生产稳定性(JY_6)、技术的独占性(JY_7)、技术性价比增长性(JY_{10})

自变量	独立因子	特征值	包含的测度指标
宏观环境(HG)	社会进步程度(HG I)	4.185	经济发展程度(HG_4)、科技发展程度(HG_5)、法律制度完备性(HG_6)、文化相容性(HG_7)、文明程度(HG_8)
	政府支持程度(HG II)	1.235	政府政策支持性(HG_1)、政府资金支持性(HG_2)、政府介入行为(HG_3)
微观环境(WG)	用户关注程度(WG I)	6.104	用户的兴趣(WG_1)、用户的偏好(WG_2)、用户对价格敏感度(WG_3)、用户风险承担能力(WG_4)、用户规模(WG_5)
	资源支持程度(WG II)	1.500	技术与企业战略一致性(WG_6)、补充资源获得性(WG_7)、供应商兴趣(WG_8)、金融市场发达程度(WG_{14})
	产业环境支持程度(WG III)	1.062	产业同行关注度(WG_9)、替代危机性(WG_{10})、竞争规范性(WG_{11})、研究机构关注(WG_{12})、金融机构关注(WG_{13})
企业显性(QX)	技术与经济实力(QX I)	8.266	企业财力(QX_1)、研究发展投入(QX_2)、研究发展组织(QX_3)、新产品成功率(QX_4)、技术专利权(QX_5)、研发人员比例(QX_8)、企业品牌(QX_{10})、管理制度(QX_{14})和员工激励(QX_{15})
	生产与营销实力(QX II)	1.162	企业生产能力(QX_6)、生产制造水平(QX_7)、技术市场人才(QX_9)、产品与服务(QX_{11})、客户稳定性(QX_{12})和市场份额(QX_{13})
企业隐性(QY)	高层团队素质与能力(QY I)	13.683	企业家创新意识(QY_1)、企业家包容能力(QY_2)、企业家机会识别能力(QY_3)、企业家风险承担能力(QY_4)、企业家决策能力(QY_5)、高层团队价值观(QY_6)、高层团队结构性(QY_7)、高层团队协调性(QY_8)、核心成员合作性(QY_9)
	内外环境驾驭能力(QY II)	1.367	企业新技术机会识别能力(QY_{10})、企业自主创新能力(QY_{11})、企业技术吸收能力(QY_{12})、企业环境预测能力(QY_{13})、企业公关关系能力(QY_{14})、企业环境适应能力(QY_{15})、企业对客户了解程度(QY_{16})、企业对客户互动性(QY_{17})、企业与客户的联系(QY_{18})、企业学习能力(QY_{19})、企业内部的创新文化(QY_{20})、企业内部竞争性(QY_{21})和员工认同感(QY_{22})

　　测度指标与独立因子(item-total)的相关系数可参见本章文献[11]的附录6-1、6-2、6-3。本书用因子值作为独立因子(自变量)的取值进行回归分析。

5.4.2　模型与假设验证

　　前面构建了销售收入增长率为因变量与自变量(独立变量,由测度指标抽取获得)的线性相关模型假设,即式(5-1)存在线性关系,具体由式(5-5)表示。

1. 全样本的线性相关模型验证

　　将全部 159 个抽样样本的销售收入增长率(因变量)与独立因子(自变量)进行线性相关验证,绘制的散点图如图 5-2 所示。其中,横坐标是独立因子回归标准化以后的取值。

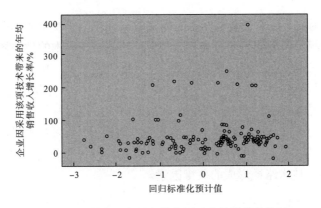

图 5-2　全样本因变量与独立因子变量的分布情况

从图 5-2 可以看出，全部样本的因变量与自变量相关关系并不具备良好的线性特征，因此，采用式(5-5)的线性假设进行回归分析所获得的结果会令人怀疑。

事实上，这与新兴技术的极度复杂性特点是相吻合的，因此全样本的分析结果也将无助于认识路径与影响因素的关系。

2. 按路径分类样本的线性相关模型验证

依据表 5-5 对路径的判断分类，将所获得的 159 个有效企业样本归类，结果见表 5-16。

表 5-16　企业新兴技术形成路径分类统计

路径类型	样本数量/个	占总样本的比例/%
技术突破(路径一)	38	23.9
技术植入(路径二)	39	24.5
应用创新(路径三)	34	21.4
融合创新(路径四)	48	30.2

将上述分类样本的销售收入增长率与独立因子变量进行线性相关验证，作出技术突破型路径样本销售收入增长与独立因子变量的散点图(图 5-3)。其中，横坐标是独立因子变量回归标准化以后的取值。

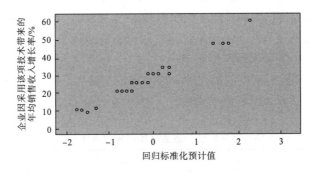

图 5-3　技术突破路径样本因变量与独立因子变量的分布情况

从图 5-3 可以看出,技术突破型样本的因变量与独立因子变量的相关关系具备良好的线性特征,即线性相关模型假设对分类样本成立。其他路径样本的散点图也表现出良好的因变量与独立因子变量之间的线性相关关系(因为散点图太多,不再一一列出)。因此,采用式(5-5)的线性假设进行回归分析所获得的结果是有意义的。同时,分类样本具备线性特征,其回归分析结果将有助于认识路径与影响因素的关系。

综上分析,我们得出结论:5.1.4 节提出的基本假设 H1 新兴技术形成路径对影响因素与企业销售增长率的关系起调节作用获得验证。此后,将按照分类样本进行回归分析,深入探讨影响各种新兴技术路径形成的关键因素。

3. 假设 H2～假设 H4 的验证

(1)假设 H2:不同路径下,企业技术来源存在差异。我们可以将技术来源与企业是否拥有该技术的专利权数据与路径判断统计见表 5-17。

表 5-17　路径分类样本与技术来源相关信息(%)

		技术突破	技术植入	应用创新	融合创新
技术来源	自主研发	54.5	53.8	8.9	34.0
	合作研发	5.3	23.1	41.9	20.8
	购买专利	12.3	5.6	5.9	18.5
	国外引进	5.1	12.4	22.8	14.6
	母公司收购其他企业	22.8	5.1	20.5	12.1
专利	有	62.3	65.4	51.2	46.7
	无	37.7	34.6	48.8	53.3

从表 5-17 可以看出,所有企业都重视拥有自主技术,但其来源各不相同,假设 H2 得到验证。具体而言:①选择技术突破路径的企业有 22.8%是通过母公司收购其他企业而获得的技术,自主开发占 54.5%,购买专利占 12.3%,其他形式约占 10%,说明自主研发和企业收购是这类路径重要的技术来源,比较重视技术专利;②选择技术植入路径的企业,主要靠自主研发和合作研发获取技术(约占 77%),其他来源形式约占 23%,也包含技术并购,专利所属特征较为突出;③选择应用创新路径的企业,靠合作研发和国外引进获取技术占 64.7%,通过母公司购买其他企业获取技术占 20.5%,说明技术并购也是这类路径重要的技术来源,专利所属特征不突出;④走融合创新路径的企业,技术来源呈多样性,自主研发稍显突出,专利所属特征不突出。

(2)假设 H3:不同路径下企业销售收入增长率存在差异,从实际获得的全部有效样本按照路径分类进行销售收入增长率平均统计,可得表 5-18。

表 5-18　不同路径下企业平均销售收入增长率(%)

项目	技术突破	技术植入	应用创新	融合创新
企业销售收入增长率 (5 年内年平均)	29	48	84	56

假设 H3 得到验证。其中，技术突破路径的企业年均销售收入增长率低于其他路径的企业，而应用创新路径的企业最高，其他两类居中。但总体上看，这些企业都呈现快速发展态势，最低值都远远超过普通行业内的年均销售收入增长速度(不超过 15%)，而接近业界普遍认为极具发展潜力的标志：年均销售收入增长率超过 30%。这说明选择的样本企业发展的技术是具有新兴技术特点的。

技术突破路径的企业此项数据较低，是因为这条路径下，企业主要是在原有市场中着力提高技术的性能，市场的增速不会很快；而应用创新路径的企业主要是选择一项相对成熟的技术在扩大新市场上努力，销售收入必然会呈现快速增长态势；技术植入路径的企业，在原有技术基础上植入了新的技术，增强了原有客户能感知到的效用或价值，销售收入增长速度会较之技术突破路径的企业高；融合创新路径的企业，开始了系统创新，沿着多种方向探寻更新的发展机会，不确定性逐渐增加，销售增长率较之应用创新路径的企业有所回落。

(3)假设 H4：中国企业发展新兴技术过程中，选择路径二、路径三的可能性高于路径一和路径四，但根据表 5-17 的统计，此假设没有得到很好的验证，其原因可以解释如下。

前面理论推演中所列举的新兴技术事例，是从回溯的视角对已经呈现出创造性毁灭特征的技术进行的分析，它的影响范围已经波及全球(至少是国家)，而且是站在不同路径下的主导企业角度提出的假设；但每一条路径下不仅有主导企业，还有众多企业的共同参与，而目前调查的企业虽然也在新兴技术行业之列，但对于单个企业而言，可能是每一条路径下的参与者，但谁又能否认，它没有可能成为未来这条路径下的主导者呢？这就是新兴技术给后来者带来技术赶超和技术跨越的机会，也是新兴技术不确定性的体现。因此，假设H4 应该得到修正，不存在显著概率问题，主要看企业发现机会的能力和为这个机会配置资源，以及在动态发展过程对新兴技术形成之路做出正确决策的能力。

5.5　影响新兴技术形成路径的关键因素
——基于实证分析的结果

本书研究针对中国初创型科技企业进行问卷设计、样本选择、问卷调查、数据获取与统计，共发出问卷 260 份，实际回收 189 份，有效问卷 159 份。采用统计分析软件 SPSS17.0进行数据处理和分析，有效样本数据通过信度、效度检验。采用主成分分析法提取了 13个独立因子变量，以确保自变量间的相对独立。通过数据处理结果对模型和假设进行了验证与解释：说明只有分路径讨论时，影响因素的独立因子变量与企业销售增长率呈线性关系；不同路径下，企业技术来源存在差异，总体比较重视拥有自主技术，企业技术并购成为技术突破路径和技术应用创新路径企业重要的技术来源；不同路径企业年均销售收入增长率存在差异，技术突破路径的企业偏低，应用创新路径的企业最高，但增速都接近和超过 30%；而路径选择不存在明显的概率问题，关键是看企业发现机会和为这个机会配置资源的能力，以及在动态发展过程中对新兴技术形成之路做出正确决策的能力。

5.5.1　技术突破路径形成的影响因素分析

1. 描述性统计分析

为了进一步探索企业特征与新兴技术形成路径之间的关系,并找出影响各种路径形成的关键因素,还需针对不同路径的企业样本数据进行统计与回归分析(本章的数据检验和处理已使数据满足回归的要求)。

实证调查获得满足技术突破路径的企业样本共计 38 个,样本基本信息统计见表 5-19。

表 5-19　技术突破路径企业基本信息统计表

企业信息		数量	比例/%	企业信息		数量	比例/%	企业信息		数量	比例/%
产权性质	国有	9	23.7	业务属性	生产	10	26.3	销售规模/10^3万元	合计	38	100
	民营	21	55.3		服务	3	7.9	经营时间/年	<3	12	31.6
	合资	4	10.5		研发/生产	7	18.4		3~5	20	52.6
	外资	0	0		研发/服务	0	0		5~8	6	15.8
	其他	4	10.5		研发/生产/服务	3	7.9		8~10	0	0
	合计	38	100		合计	38	100		10~15	0	0
所属产业	新能源	0	0	员工规模/人	<100	11	28.9		>15	0	0
	新材料	5	13.2		101~500	20	52.6		合计	38	100
	信息	17	44.8		501~1000	6	15.8	销售增长率/%	<10	1	2.6
	生物医药	13	34.2		1001~5000	1	2.6		10~20	9	23.7
	育种	0	0		>5000	0	0		20~50	27	71.1
	节能环保	0	0		合计	38	100		50~100	1	2.6
	装备制造	1	2.6	销售规模/10^3万元	<5	16	42.1		100~200	0	0
	航空航天	1	2.6		5~20	13	34.2		>200	0	0
	其他	1	2.6		20~50	7	18.4		合计	38	100
	合计	38	100		50~100	2	5.3				
业务属性	研发	15	39.5		>100	0	0				

样本企业销售收入增长率最小值为 8%,最大值为 60%,平均值为 29.55%,分布如图 5-4 所示。

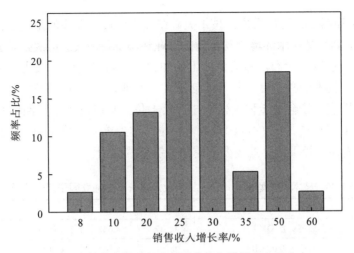

图 5-4　技术突破路径企业销售收入增长率占比分布

由表 5-19 和图 5-4 可以看出：技术突破路径企业以民营和国有企业(多为事业部或者子公司)为主，集中在信息、生物医药和新材料技术领域，以研发型企业居多，企业规模普遍较小，经营年限不超过 8 年，平均销售收入增长率接近 30%，具有高科技初创企业的特点。

2. 回归分析

回归分析的目的是要找出影响路径形成的关键因素，涉及技术自身因素、技术环境因素和企业组织因素三维六层，共计 13 个独立因子变量。

新兴技术形成和发展过程中，是企业作为创新主体，将技术和应用视为客体，在具体的社会经济环境中沿着特定路径而追求创新绩效的管理活动。而创新绩效是企业组织、技术自身和技术环境构成的技术系统中各因素共同作用的结果。我们选择企业组织因素、技术自身因素和技术环境因素的进入顺序进行层次回归分析，以凸显主体作用于客体并适应环境的逻辑性[12]。

将各独立因子的回归系数值用较直观的柱状图显示，如图 5-5 所示。

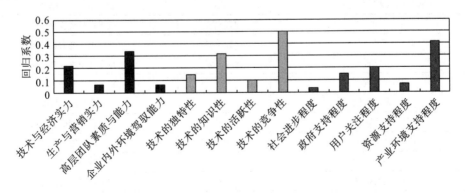

图 5-5　技术突破路径企业影响因素回归结果

从表 5-20 和图 5-5 可以看出，技术突破路径企业最为关注的是技术自身扩散层面的技术的竞争性，其次是技术环境微观层面的产业环境支持程度，再次是企业组织能力隐性层面的高层团队素质与能力，然后是技术的知识性、技术与经济实力、用户关注程度；政府支持程度、技术的独特性、技术的活跃性、企业内外环境驾驭能力、生产与营销实力、资源支持程度、社会进步程度依次排在后七位。将影响因素按回归系数从高到低列于表 5-21，将 13 个独立因子中回归系数前三位的称为重要，第 4～6 位的视为比较重要，这些因素可视为该路径下的企业需要考虑的关键影响因素。

表 5-20　技术突破型路径：企业销售收入增长率与独立因子回归分析结果

模型		β	t	Sig	VIF	调整 R^2
企业显性	技术与经济实力（QX I）	0.227	4.627	0.007	4.621	0.776
	生产与营销实力（QX II）	0.061	5.144	0.005	6.283	
企业隐性	高层团队素质与能力（QY I）	0.353	6.870	0.013	5.831	
	企业内外环境驾驭能力（QY II）	0.065	4.154	0.070	5.831	
技术性能	技术的独特性（JX I）	0.138	7.450	0.007	3.311	0.839
	技术的知识性（JX II）	0.307	8.024	0.010	3.178	
技术应用	技术的活跃性（JY I）	0.099	6.423	0.006	3.918	
	技术的竞争性（JY II）	0.483	5.366	0.085	4.433	
宏观环境	社会进步程度（HG I）	0.026	7.073	0.042	4.588	0.897
	政府支持程度（HG II）	0.142	6.458	0.011	3.385	
微观环境	用户关注程度（WG I）	0.201	6.528	0.002	5.135	
	资源支持程度（WG II）	0.061	7.214	0.000	2.899	
	产业环境支持程度（WG III）	0.414	8.057	0.030	5.425	

表 5-21　技术突破路径的关键影响因素

影响因素(独立因子变量)	重要度	所属技术维度、层次
技术的竞争性	重要	技术自身维度应用层
产业环境支持程度	重要	技术环境维度微观层
高层团队素质与能力	重要	企业组织能力隐性层
技术的知识性	比较重要	技术自身维度性能层
技术与经济实力	比较重要	企业组织能力显性层
用户关注程度	比较重要	技术环境维度微观层
政府支持程度	一般	技术环境维度宏观层
技术的独特性	一般	技术自身维度性能层
技术的活跃性	一般	技术自身维度应用层
企业内外环境驾驭能力	一般	企业组织能力隐性层
生产与营销实力	一般	企业组织能力显性层
资源支持程度	一般	技术环境维度微观层
社会进步程度	一般	技术环境维度宏观层

从影响因素重要度排序可看出,技术突破路径企业并没有显示出传统观念中认为它们对技术的关注度远高于其他因素,而关键因素显示它们之所以获得先动优势,的确是在技术、环境、企业构成的技术系统中各要素共同作用的结果,进一步验证了本书三维分析的合理性。这一结果可为今后要选择技术突破路径的企业提供关键影响因素参考借鉴。

5.5.2　技术植入路径形成的影响因素分析

1. 描述性统计分析

实证调查获得满足技术植入路径的企业样本共计 39 个,样本基本信息统计见表 5-22。

表 5-22　技术植入路径企业基本信息统计表

企业信息		数量	比例/%	企业信息		数量	比例/%	企业信息		数量	比例/%
产权性质	国有	5	12.8	业务属性	生产	9	23.1	销售规模/10^3万元	合计	39	100
	民营	21	53.8		服务	4	10.3	经营时间/年	<3	5	12.8
	合资	6	15.4		研发/生产	10	25.6		3~5	11	28.2
	外资	2	5.1		研发/服务	2	5.1		5~8	12	30.8
	其他	5	12.8		研发/生产/服务	3	7.7		8~10	7	17.9
	合计	39	100		合计	39	100		10~15	4	10.3
所属产业	新能源	5	12.8	员工规模/人	<100	14	35.9		>15	0	0
	新材料	1	2.6		101~500	16	41.0		合计	39	100
	信息	18	43.6		501~1000	5	12.8	销售增长率/%	<10	0	0
	生物医药	6	15.4		1001~5000	2	5.1		10~20	1	2.6
	育种	0	0		>5000	2	5.1		20~50	25	74.3
	节能环保	1	2.6		合计	39	100		50~100	8	20.5
	装备制造	4	10.3	销售规模/10^3万元	<5	10	25.6		100~200	1	2.6
	航空航天	0	0		5~20	15	38.5		>200	0	0
	其他	4	10.3		20~50	7	17.9		合计	39	100
	合计	39	100		50~100	2	5.1				
业务属性	研发	11	28.2		>100	5	12.8				

样本企业销售收入增长率最小值为 15%,最大值为 120%,平均值为 47.56%,分布如图 5-6 所示。

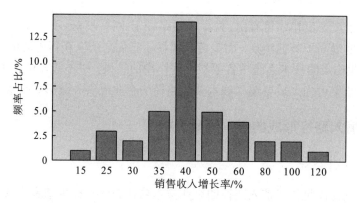

图 5-6　技术植入路径企业销售收入增长率占比分布

　　根据表 5-22 和图 5-6 可以看出：技术植入路径企业以民营为主，集中在信息、新能源、生物医药和装备制造技术领域，主要从事研发和生产型业务，规模和经营年限较技术突破路径企业普遍有所增加，平均销售收入增长率约 48%，显示出成长中的创新企业特点。

　　2. 回归分析

　　按照技术突破路径回归分析的相同原理和方法，对该路径下的企业样本进行回归分析，结果见表 5-23。

表 5-23　技术植入路径：企业销售收入增长率与独立因子回归分析结果

	模型	β	t	Sig	VIF	调整 R^2
企业显性	技术与经济实力（QX I ）	0.460	5.600	0.122	3.040	0.678
	生产与营销实力（QX II ）	0.153	5.842	0.010	3.340	
企业隐性	高层团队素质与能力（QY I ）	0.332	7.141	0.189	4.881	
	企业内外环境驾驭能力（QY II ）	0.079	6.335	0.004	2.062	
技术性能	技术的独特性（JX I ）	0.181	7.541	0.193	4.128	0.743
	技术的知识性（JX II ）	0.333	4.990	0.022	4.014	
技术应用	技术的活跃性（JY I ）	0.466	7.674	0.005	2.850	
	技术的竞争性（JY II ）	0.087	6.380	0.007	3.940	
宏观环境	社会进步程度（HG I ）	0.235	5.951	0.000	2.237	0.828
	政府支持程度（HG II ）	0.100	7.010	0.001	2.780	
微观环境	用户关注程度（WG I ）	0.503	6.645	0.112	3.440	
	资源支持程度（WG II ）	0.295	4.867	0.294	4.265	
	产业环境支持程度（WG III ）	0.071	6.232	0.218	3.394	

　　将各独立因子的回归系数值用较直观的柱状图显示，如图 5-7 所示。

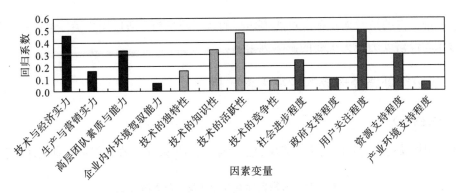

图 5-7　技术植入路径企业样本影响因素回归结果

从表 5-23 和图 5-7 可以看出，技术植入路径企业最为关注的是技术环境维度微观层面的用户关注程度，其次是技术自身维度性能层面的技术的活跃性，再次是企业组织能力显性层的技术与经济实力，然后是技术的知识性、高层团队素质与能力、资源支持程度；技术的独特性、社会进步程度、生产与营销实力、政府支持程度、技术的竞争性、企业内外环境驾驭能力、产业环境支持程度依次排在后 7 位。将影响因素按回归系数从高到低列于表 5-24，将 13 个独立因子中回归系数前三位的称为重要，第 4～6 位的视为比较重要，这些因素可视为该路径下企业需要考虑的关键影响因素。

表 5-24　技术植入路径的关键影响因素

影响因素(独立因子变量)	重要度	所属技术维度、层次
用户关注程度	重要	技术环境维度微观层
技术的活跃性	重要	技术自身维度应用层
技术与经济实力	重要	企业组织能力显性层
技术的知识性	比较重要	技术自身维度性能层
高层团队素质与能力	比较重要	企业组织能力隐性层
资源支持程度	比较重要	技术环境维度微观层
技术的独特性	一般	技术自身维度性能层
社会进步程度	一般	技术环境维度宏观层
生产与营销实力	一般	企业组织能力显性层
政府支持程度	一般	技术环境维度宏观层
技术的竞争性	一般	技术自身维度应用层
企业内外环境驾驭能力	一般	企业组织能力隐性层
产业环境支持程度	一般	技术环境维度微观层

表 5-24 中的关键影响因素同样可体现出技术植入路径企业之所以获得良好创新绩效，依然是技术、环境、企业构成的技术系统中各要素共同作用的结果，但关键因素与技术突破路径企业有所不同，因为路径特点是要通过在原有技术系统中引入其他技术来提高性能

或增加功能，目的是增强原有客户能感知到的效用或价值，所以用户关注度、技术的活跃性和技术与经济实力成为重要的影响因素。

5.5.3　应用创新路径形成的影响因素分析

1. 描述性分析

实证调查获得满足应用创新型路径的企业样本共计 34 个，样本基本信息统计见表 5-25。

表 5-25　应用创新路径企业基本信息统计表

企业信息		数量	比例/%	企业信息		数量	比例/%	企业信息		数量	比例/%
产权性质	国有	8	23.6	业务属性	生产	11	32.4	销售规模/10³万元	合计	34	100
	民营	22	64.7		服务	6	17.6	经营时间/年	<3	6	17.6
	合资	0	0		研发/生产	5	14.7		3~5	5	14.7
	外资	1	2.9		研发/服务	1	2.9		5~8	9	26.5
	其他	3	8.8		研发/生产/服务	6	17.7		8~10	5	14.7
	合计	34	100		合计	34	100		10~15	3	8.8
所属产业	新能源	2	5.9	员工规模/人	<100	14	41.2		>15	6	17.6
	新材料	2	5.9		101~500	11	32.4		合计	34	100
	信息	19	55.9		501~1000	3	8.8	销售增长率/%	<10	0	0
	生物医药	3	8.8		1001~5000	5	14.7		10~20	0	0
	育种	0	0		>5000	1	2.9		20~50	13	38.2
	节能环保	1	2.9		合计	34	100		50~100	15	44.2
	装备制造	4	11.8	销售规模/10³万元	<5	9	26.5		100~200	5	14.7
	航空航天	0	0		5~20	17	50		>200	1	2.9
	其他	3	8.8		20~50	3	8.8		合计	34	100
	合计	34	100		50~100	1	2.9				
业务属性	研发	5	14.7		>100	4	11.8				

样本企业销售收入增长率最小值为 25%，最大值为 250%，平均值为 84.26%，分布如图 5-8 所示。

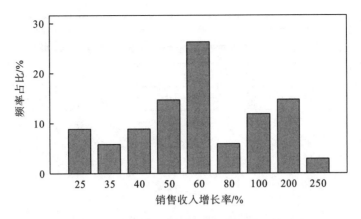

图 5-8　应用创新型企业销售收入增长率占比分布

　　根据表 5-25 和图 5-8 可以看出：技术应用创新路径的企业以民营和国有企业为主，主要集中在信息技术领域，部分在新能源、生物医药和装备制造技术领域，以生产服务型企业居多，具备一定规模，平均销售收入增长率约为 84%，具有快速扩张的创新企业特点。

　　2. 回归分析

　　同理，对该路径下的企业样本进行回归分析，结果见表 5-26。

表 5-26　应用创新路径：企业销售收入增长率与独立因子回归分析结果

	模型	β	t	Sig	VIF	调整 R^2
企业 显性	技术与经济实力（QXⅠ）	0.002	5.005	0.016	4.452	0.618
	生产与营销实力（QXⅡ）	0.459	6.342	0.195	4.287	
企业 隐性	高层团队素质与能力（QYⅠ）	0.015	7.043	0.166	4.641	
	企业内外环境驾驭能力（QYⅡ）	0.331	4.477	0.029	8.641	
技术 性能	技术的独特性（JXⅠ）	0.538	6.470	0.157	4.910	0.723
	技术的知识性（JXⅡ）	0.168	5.307	0.005	2.908	
技术 应用	技术的活跃性（JYⅠ）	0.279	5.935	0.021	3.256	
	技术的竞争性（JYⅡ）	0.378	4.959	0.049	5.696	
宏观 环境	社会进步程度（HGⅠ）	0.220	6.695	0.015	3.961	0.768
	政府支持程度（HGⅡ）	0.228	7.297	0.069	6.012	
微观 环境	用户关注程度（WGⅠ）	0.669	5.944	0.166	4.343	
	资源支持程度（WGⅡ）	0.337	6.076	0.295	3.607	
	产业环境支持程度（WGⅢ）	0.165	5.763	0.454	3.712	

　　将各独立因子的回归系数值用较直观的柱状图显示，如图 5-9 所示。

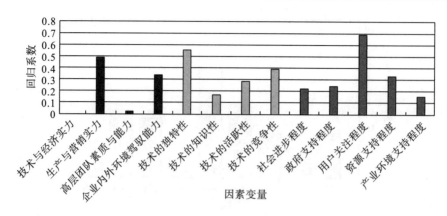

图 5-9　应用创新路径企业影响因素回归结果

从表 5-26 和图 5-9 可以看出，对应用创新路径企业影响最大的是技术微观环境中的用户关注程度，其次是技术自身维度性能层的技术的独特性，再次是企业组织能力显性层的生产与营销实力，然后是技术的竞争性和资源支持程度，企业内外环境驾驭能力；产业环境支持程度、技术的活跃性、政府支持程度、社会进步程度、技术的知识性、高层团队素质与能力、技术与经济实力依次排在后 7 位。将影响因素按回归系数从高到低列于表 5-27，将 13 个独立因子中回归系数前三位的称为重要，第 4～6 位的视为比较重要，这些因素可视为该路径下的企业需要考虑的关键影响因素。

表 5-27　应用创新路径的关键影响因素

影响因素(独立因子变量)	重要度	所属技术维度、层次
用户关注程度	重要	技术环境维度微观层
技术的独特性	重要	技术自身维度性能层
生产与营销实力	重要	企业组织能力显性层
技术的竞争性	比较重要	技术自身维度应用层
资源支持程度	比较重要	技术环境维度微观层
企业内外环境驾驭能力	比较重要	企业组织能力隐性层
产业环境支持程度	一般	技术环境维度微观层
技术的活跃性	一般	技术自身维度应用层
政府支持程度	一般	技术环境维度宏观层
社会进步程度	一般	技术环境维度宏观层
技术的知识性	一般	技术自身维度性能层
高层团队素质与能力	一般	企业组织能力隐性层
技术与经济实力	一般	企业组织能力显性层

应用创新路径的企业通过创造或发现技术新的应用领域，着力进行市场开发。一般选择的技术较为成熟，市场一旦接受该技术产品的独特价值，市场需求必然会出现爆发式增长，企业销售收入增长率也会随之快速提高。本书研究的应用创新路径样本企业该项指标平均值在四种路径中位列最高，也显示了这些企业良好的市场拓展能力(用户关注程度排第一)。但同样，这类企业也不是仅靠关注客户需求获得市场发展，它也是通过技术环境、技术自身、企业能力构成的技术系统中各要素共同作用的结果，但各影响因素的重要度与前两种路径的企业有显著差异。

5.5.4 融合创新路径形成的影响因素分析

1. 描述性分析

实证调查获得满足融合创新路径的企业样本共计 48 个，样本基本信息统计见表 5-28。

表 5-28 融合创新路径企业基本信息统计表

企业信息		数量	比例/%	企业信息		数量	比例/%	企业信息		数量	比例/%
产权性质	国有	10	20.8	业务属性	生产	4	8.3	销售规模/10³万元	合计	48	100
	民营	24	50.0		服务	11	22.9	经营时间/年	<3	6	8.3
	合资	5	10.4		研发/生产	7	14.6		3~5	3	6.3
	外资	4	8.4		研发/服务	7	14.6		5~8	11	22.9
	其他	5	10.4		研发/生产/服务	5	10.4		8~10	4	12.5
	合计	48	100		合计	48	100		10~15	12	25.0
所属产业	新能源	2	4.2	员工规模/人	<100	3	6.3		>15	12	25.0
	新材料	2	4.2		101~500	8	16.7		合计	48	100
	信息	32	66.7		501~1000	22	45.8	销售增长率/%	<10	0	0
	生物医药	6	12.5		1001~5000	11	22.9		10~20	3	6.3
	育种	0	0		>5000	4	8.3		20~50	35	72.8
	节能环保	1	2.0		合计	48	100		50~100	7	14.6
	装备制造	2	4.2	销售规模/10³万元	<5	3	6.3		100~200	2	4.2
	航空航天	2	4.2		5~20	4	8.2		>200	1	2.1
	其他	1	2.0		20~50	3	6.3		合计	48	100
	合计	48	100		50~100	27	56.3				
业务属性	研发	14	29.2		>100	11	22.9				

样本企业销售收入增长率最小值为 10%，最大值为 400%，平均值为 55.83%，分布如图 5-10 所示。

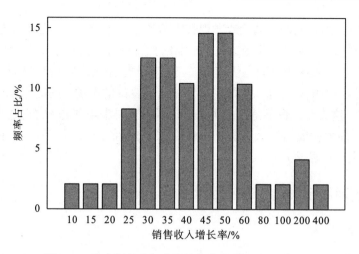

图 5-10　融合创新路径企业销售收入增长率占比分布

根据表 5-28 和图 5-10 可以看出：融合创新路径企业以民营、国有和合资企业为主，主要集中在信息和生物医药领域，主要从事研发和服务业务，规模和经营年限较前三类企业有所增加，平均销售收入增长率约为 56%，具有成熟稳定企业的特点。

2. 回归分析

同理，对该路径下的企业样本进行回归分析，结果见表 5-29。

表 5-29　融合创新路径：企业销售收入增长率与独立因子回归分析结果

	模型	β	t	Sig	VIF	调整 R^2
企业显性	技术与经济实力(QXⅠ)	0.429	4.277	0.012	5.391	0.596
	生产与营销实力(QXⅡ)	0.444	4.978	0.005	2.987	
企业隐性	高层团队素质与能力(QYⅠ)	0.403	5.276	0.056	4.773	
	企业内外环境驾驭能力(QYⅡ)	0.378	4.488	0.049	3.420	
技术性能	技术的独特性(JXⅠ)	0.464	5.778	0.035	6.261	0.623
	技术的知识性(JXⅡ)	0.334	5.820	0.076	4.896	
技术应用	技术的活跃性(JYⅠ)	0.183	6.209	0.115	4.025	
	技术的竞争性(JYⅡ)	0.276	3.310	0.099	3.128	
宏观环境	社会进步程度(HGⅠ)	0.214	5.015	0.048	5.768	0.668
	政府支持程度(HGⅡ)	0.195	4.369	0.135	3.992	
微观环境	用户关注程度(WGⅠ)	0.277	6.134	0.012	6.847	
	资源支持程度(WGⅡ)	0.282	4.950	0.060	4.256	
	产业环境支持程度(WGⅢ)	0.481	4.255	0.008	3.157	

将各独立因子的回归系数值用较直观的柱状图显示，如图 5-11 所示。

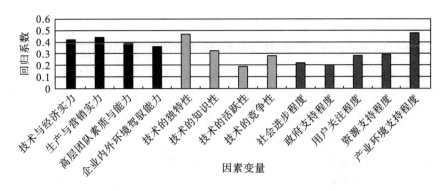

图 5-11 融合创新路径企业影响因素回归结果

从表 5-29 和图 5-11 可以看出，融合创新路径企业对各影响因素的关注度差异不像前三类企业那么显著。原因是该路径的企业要通过多种技术的融合集成，创造出更新更大的市场机会，对企业把握技术、环境与资源匹配的能力提出了更高的要求，因此各影响因子回归系数均显示出较高水平。表明这种路径下各种机会都存在，关键是看企业发现机会并为这个机会配置资源的能力，也是考察企业对技术环境、技术自身、企业能力构成的技术系统中各要素动态管理的能力。

将影响因素按回归系数从高到低列于表 5-30，前 6 位视为重要影响因素，后 7 位视为比较重要因素。

表 5-30 融合创新路径的关键影响因素

影响因素(独立因子变量)	重要度	所属技术维度、层次
产业环境支持程度	重要	技术环境维度微观层
技术的独特性	重要	技术自身维度性能层
生产与营销实力	重要	企业组织能力显性层
技术与经济实力	重要	企业组织能力显性层
高层团队素质与能力	重要	企业组织能力隐性层
企业内外环境驾驭能力	重要	企业组织能力隐性层
技术的知识性	比较重要	技术自身维度性能层
资源支持程度	比较重要	技术环境维度微观层
用户关注程度	比较重要	技术环境维度微观层
技术的竞争性	比较重要	技术自身维度应用层
社会进步程度	比较重要	技术环境维度宏观层
政府支持程度	比较重要	技术环境维度宏观层
技术的活跃性	比较重要	技术自身维度应用层

5.6　企业对新兴技术形成路径选择的建议

众多中国企业在推动新兴技术的发展过程中，表现出路径差异。大体上，技术突破路径的企业规模偏小、经营年限短，以研发型企业居多，呈现出初创型高科技企业的特点；技术植入路径的企业，规模经营年限有所增加，以研发、生产型企业为主，显示出成长型创新企业的特点；应用创新型路径的企业以生产服务型企业居多，具备一定规模，销售收入增长率最高，具有快速扩张的创新企业特点；融合创新路径的企业普遍规模较大，呈现出成熟稳定型企业的特点。

回归计算结果表明，13个独立因子(影响因素)对企业创新绩效的影响程度(各因子的回归系数大小)因路径不同而呈现出差异，由此比较得出的针对每一种路径的关键影响因素见表5-31。重要的是每一种路径下的关键因素都呈现出显著的三维特点，只是独立变量(影响因素)各不相同而已。这说明被调查的企业之所以在新兴行业里获得先动优势，的确是因为适合它们自身的技术、环境、企业构成的技术系统中各要素共同作用的结果，验证了本书提出的三维分析的合理性。

表 5-31　四种新兴技术形成路径的关键影响因素重要程度

模型因素			技术突破 (路径一)	技术植入 (路径二)	应用创新 (路径三)	融合创新 (路径四)
技术自身	技术性能	技术的独特性	一般	一般	重要	重要
		技术的知识性	较重要	较重要	一般	较重要
	技术应用	技术的活跃性	一般	重要	一般	较重要
		技术的竞争性	重要	一般	较重要	较重要
技术环境	宏观环境	社会进步程度	一般	一般	一般	较重要
		政府支持程度	一般	一般	一般	较重要
	微观环境	用户关注程度	较重要	重要	重要	较重要
		资源支持程度	一般	较重要	较重要	较重要
		产业环境支持程度	重要	一般	一般	重要
企业组织	企业显性	技术与经济实力	较重要	重要	一般	重要
		生产与营销实力	一般	一般	重要	重要
	企业隐性	高层团队素质与能力	重要	较重要	一般	重要
		企业内外环境驾驭能力	一般	一般	较重要	重要

本章参考文献

[1] Gupta A K，Raj S P，Wilemon D. The R&D marketing interface in high-technology firms[J]. Journal of Product Innovation Management，1985，2(1)：12-24.

[2] Henderson R，Cockburn L. Measuring competence? Exploring firm effects in pharmacy nautical research，special issue[J].Strategic

Management Journal，1994，15（S1）：63-84.

[3] 陈劲，邱嘉铭，沈海华. 技术学习对企业创新绩效的影响因素分析[J]. 科学学研究，2007，25（6）：1224-1232.

[4] 周雯琦. 技术多元化对企业创新绩效的影响因素分析[D]. 杭州：浙江大学，2007.

[5] 科特勒，凯勒. 营销管理[M]. 第 13 版. 王永贵，等译. 上海：格致出版社，2009.

[6] 李仕明，肖磊，萧延高. 新兴技术管理研究综述[J]. 管理科学学报，2007，10（6）：76-85.

[7] Nunnally J C. Psychometric theory[J]. American Educational Research Journal，1978，5（3）：83.

[8] Peterson R A. A meta-analysis of Cronbach's coefficient alpha[J]. Journal of Consumer Research，1994，21（2）：381-391.

[9] 李怀祖. 管理研究方法论[M]. 西安：西安交通大学出版社，2004.

[10] 马庆国. 管理统计：数据获取、统计原理、SPSS 工具与应用研究[M]. 北京：科学出版社，2002.

[11] 宋艳. 新兴技术的形成路径及其影响因素研究——基于中国企业实际运作调查[D]. 成都：电子科技大学，2011

[12] 李艾. 电子商务技术扩散影响因素实证研究[D]. 杭州：浙江大学，2005.

下篇　新兴技术的"峡谷"与跨越

第6章 新兴技术"峡谷"

新兴技术作为一种特殊的高技术[1,2]，以其高度不确定性[3]和对行业的创造性毁灭[4,5]特征，日趋引起人们的关注，如不断蓬勃发展的互联网技术、正在我国兴起的5G技术以及虚拟存储和人工智能技术等[6,7]。在新兴技术管理成为技术创新领域研究热点的同时[2,8]，新兴技术商业化自然成为其中的研究重点。当今社会新兴技术层出不穷，但商业化不尽如人意，一个关键问题是新兴技术遭遇"峡谷"效应，制约了自身的发展。尤其是学术界和产业界对此认识研究不够充分，目前国内外学者针对这一问题的研究成果还不多见，产业界亟须指导，以推动新兴技术及新兴产业的发展。本章将以技术生命周期中的技术"峡谷"理论为基础，结合新兴技术的独特性提出新兴技术"峡谷"的概念及研究空间。

6.1 技术生命周期理论与技术"峡谷"

2.3 节述及以生物演化的方式探讨新兴技术类比物种进化的研究。复杂性科学先驱、著名经济学家阿瑟（Arthur）在《技术的本质》[9]一书中，以现象、组合和递归为要点，构建了一个完整的技术理论。基于这一理论，他探讨了技术的进化，认为技术的进化和生物的进化存在相似之处。从概念上看，生物具有技术属性。从实际上看，技术则正成为生物学，具有生物属性。凯利在《科技想要什么》[10]中指出：技术是一种生命体。那么，就具体的技术而言应当是有生命周期的。

而赋予技术以生命力的是人，是企业和消费者的技术经济行为。众多的技术集合在一起并获得应用，创造了一种我们称为"经济"的东西。经济从它的技术中浮现，不断从它的技术中创造自己，并且决定哪种新技术将会进入其中。每一个以新技术形式体现的解决方案，都会带来新的问题，这些问题又迫切需要得到解决。经济是技术的一种表达，并随着这些技术的进化而进化。技术进化引发经济进化。其本质表现为技术及其产品以商业化为目的的开发和应用，形式表现为技术扩散和技术商业化。

6.1.1 技术、高技术和新兴技术

1. 新兴技术与新技术和高技术的关系

技术是人类在为自身生存和社会发展所进行的实践活动中，为了达到预期目的而根据客观规律对自然社会进行调节、控制、改造的知识、技能、手段和规划方法的集合。技术具有科学性、经济性、创新性、实用性、革新性和物质性等特征[11]。

按技术的先进程度划分，技术可分为高技术和传统技术。高技术相对于传统技术而言具有更高的科学输入和知识含量。我国学者认为高技术是建立在现代科学理论和最新工艺

技术基础上的、知识密集、技术密集、能够为当代社会带来巨大经济效益与社会效益的技术[12-14]。也有观点认为高技术是指对于一个国家的军事、经济有重大影响，具有较大的社会意义或能够形成产业的新技术或尖端技术。高技术具有创新性、智力性、战略性、增值性、渗透性、驱动性、时效性、风险性等特征。

新技术主要是从时间上对技术的一种界定。新技术是一种时序排列的概念，它指出现时间相对较短或相对于传统技术具有新的特征的技术。另外，新技术是一个动态的概念，新技术随着时间的推移，可能会成为成熟技术或者旧技术。新技术与高技术的区别主要是新技术是从出现的时间上来划分的，而与它所依据的最新科学发展理论和包含的知识密集程度无直接关系；高技术则与这两个因素有着直接和密切的关系。新技术与高技术这两个概念有交叉之处。

新兴技术是一个有特定含义的术语，关于新兴技术的含义学术界目前还在不断地解读中。目前比较全面且接受度比较高的一种定义是：新兴技术是一种特殊的高技术，它是建立在信息技术、生物技术和其他学科基础上，具有潜在发展前景，其发展、需求和管理具有高度不确定性，正在涌现并可能使产业、企业、竞争及管理思维、业务流程、组织结构、经营模式产生巨大变革的技术[2,15,16]。

从对新兴技术的定义可以看出，新兴技术是新近出现的高科技中的一部分，但是这部分技术却会对整个社会的经济结构产生深远影响，所以，对这部分技术的研究就显得非常重要且有意义。如图 6-1 所示，我们可以清晰地了解新兴技术、新技术与高技术之间的关系。

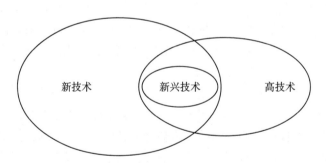

图 6-1　新兴技术、新技术与高技术之间的关系示意图

在明确了新兴技术的定义之后，我们还需要了解新兴技术的主要特征。银路认为新兴技术的本质是变革，而变革则会带来不确定性和创造性毁灭。从这个角度看，新兴技术的本质特征就是不确定性和创造性毁灭[12]。新兴技术的不确定性主要表现在四个方面：市场的高度不确定性、技术的高度不确定性、环境的高度不确定性、管理的高度不确定性[12]。对于新兴技术的这种不确定性包括动态性、多维性和未知性[2,17]。新兴技术的创造性毁灭是指新兴技术所具有的创造新行业、毁灭老行业的潜力[18,19]，在这一过程中，现有的行业结构被打破重组，企业所面临的环境也会发生翻天覆地的变化[20-23]。

2. 新兴技术产品

新兴技术产品是在新兴技术市场领域内流通的,可以满足人们某一项需求的产品。新兴技术产品是新兴技术的载体,它是随着新兴技术的发展而发展的。这决定了新兴技术产品往往具有两个显著的特点:一是破坏性,新兴技术的创造性毁灭决定了新兴技术产品对现有市场的破坏性[24];二是不可预见性,新兴技术产品的前景常常具有一定的不可预见性。这是由于新兴技术产品代表的是新的体系结构和标准,是一种革新,新的结构正在形成,客户的需求在快速变化,此时新兴技术产品的前景往往是未知的[25]。同传统产品相比,新兴技术产品还具有更新换代速度较快、知识密集度更高、技术含量更高、面临的风险更高等特点。

新兴技术产品是随着技术和市场的发展而不断发展完善、更新换代的,这说明新兴技术产品是动态发展变化的。根据新兴技术产品动态发展的情况,新兴技术产品的表现也呈现出不同的形式。有学者认为产品的层次可分为核心产品、一般产品、期望产品、扩大产品和潜在产品[26]。现代营销学奠基人之一的莱维特认为产品的内涵包括核心产品、有形产品、附加产品和心理产品四个层次[27]。在总结了有关产品内涵的相关研究后,本书认为产品形式包括三个层次,即核心产品、有形产品和附加产品。其中,核心产品是指顾客通过购买行为获得的实体产品,是为满足顾客购买产品的最基本的需求。有形产品是核心产品的外在表现形式,主要是产品的外观设计、型号、规格、形状、款式、品牌、包装等[28]。附加产品往往配备了很多附加的产品和服务,如产品使用咨询服务、免费送货服务、安装调试、售前售中售后服务等。附加产品往往能最大限度地实现消费者的购买目标。以计算机为例,此时的附加产品可能附加了各种各样的辅助性产品,如各种实用软件、打印机及一系列的配套服务,以及客户热线、培训课程和方便快捷的客户服务中心等。核心产品、有形产品和附加产品共同构成了整体产品。新兴技术动态发展的过程就是从核心产品向整体产品发展的过程。

在任何一种新产品初次进入市场的时候,各个企业的营销一般都是围绕核心产品而发起的,激烈竞争的中心就是产品本身。但是随着市场的逐步发展,当向主流大众市场迈进时,核心产品开始变得越来越相似,同质化程度越来越高,各企业营销大战的重心也就逐渐转向了外围产品和服务,即整体产品概念中的有形产品和附加产品。

6.1.2 新兴技术商业化

新兴技术的商业化是一个技术实现商业价值的过程。这一过程非常复杂并且涉及诸多因素,这一过程中每个因素的变化都可能会影响最终结果,这使得新兴技术的商业化进程存在高度不确定性,人们很难断定一项新兴技术是否能够成功实现商业化。虽然新兴技术的潜力很大,但其成功商业化的比例却不高。

广义上,新兴技术商业化是指产品概念形成到产品大规模生产之前的阶段;狭义上的新兴技术商业化是指产品扩散并创造利润的过程[29]。新兴技术商业化一般是指从产品的基础知识理论研究开始到产品产业化生产之前的这一过程[30]。国内外学者根据对新兴技术商业化的认识和理解，分别从新兴技术的商业化过程、商业化途径、市场开发及商业化影响因素等方面进行了比较深入的研究。

1. 新兴技术商业化过程研究

新兴技术的商业化过程被国内外学者根据研究需要划分成了不同的阶段。睦振南通过对科研成果商业化过程的研究，认为这一过程可划分为实验室阶段、产品化阶段和商品化阶段[31]；陈通和田红波结合我国高新技术商业化的特点，将技术商业化过程分解为技术转移、技术再创新和技术扩散三个阶段[32]；聂祖荣认为理论研究与试验、产品雏形与中试、试点生产和产业化(规模化生产)是技术商业化过程中的四个主要阶段[33]；Jolly 则提出了阶段门的概念，认为技术商业化一般包含九个相互衔接的子过程(图 6-2)，每个子过程都是新兴技术的增值过程[34]。

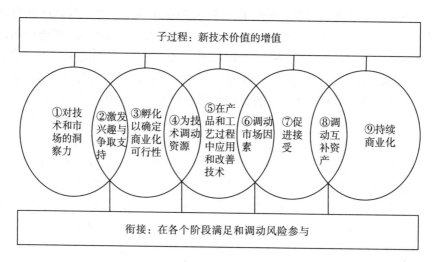

图 6-2　技术商业化过程

2. 新兴技术商业化途径研究

不同技术的商业化途径不尽相同，对于这一问题，一些学者进行了一定的研究。Andrew 和 Sirkin 研究总结了三种主要的技术商业化途径，分别是一体化商业化、整合商业化及许可经营授权[35](表 6-1)。从技术商业化过程中参与者的角度出发，其实现途径主要有两种：一是由政府驱动、政府主导，主要用于实现政策目标；二是由企业驱动，主要满足商业利益，这也是技术商业化的主导途径[36]。

表 6-1　三种技术商业化途径的含义

技术商业化途径	含义
一体商业化	一个行为主体承担了从创意到获利这一转变过程的所有步骤
整合商业化	行为主体只专注于商业化过程的某些部分，其余部分则依靠合作伙伴
许可经营授权	指技术成果拥有方将创新成果出售给另一个组织，或者通过授权方式让后者参与商业化过程中的其余部分

3. 新兴技术市场开发研究

Lynn 等认为新兴技术所面对的市场是一个刚刚出现甚至还未成型的市场，而管理领域一些传统的关于市场规划方面的方法在面对这种全新的市场时，往往并不适用，不能起到相应的作用[37]。因此，在面对新兴技术时，企业需要重点提升学习、吸收能力[38]。银路等则认为新兴技术市场一部分呈爆炸性，一部分呈团簇性，并提出了三个市场开发和拓展的战略，分别是控制单一缝隙市场、融合缝隙市场和创造一个新的技术层[1]。

4. 新兴技术商业化影响因素研究

新兴技术商业化是一个复杂的系统问题，受到诸多因素的影响。Olayan 从市场、技术、法律、经济与竞争技术五个方面对新兴技术商业化进行了研究[39]。Hatch 和 Mckay认为技术需求、技术能力、技术价值、技术可行性四个方面是新兴技术商业化的重要影响因素[40]。Munir 和 Philiips 认为顾客对新技术产品性能和服务质量的担忧是阻碍他们采用新产品或新服务的重要原因[41]。宋逢明和陈涛涛从技术因素、市场因素、产品因素、获利性四个维度出发建立了新兴技术商业化影响因素的评估指标体系[42]。黄鲁成和王冀通过对新兴技术商业化过程中的外部环境进行实证分析，认为新兴技术本身及政治因素对新兴技术商业化的成功具有关键作用[43]。

6.1.3　技术创新扩散

技术创新扩散的概念可以追溯至熊彼特在 1912 年创立的创新理论，他认为技术创新扩散实质上是一种模仿行为[44]，后续也有非常多的学者从不同方面对技术创新扩散进行了深入的研究。

扩散模型一直是学术界研究的焦点之一，相关研究成果颇多。Bass 在 1969 年提出了关于技术创新扩散的 Bass 模型。该模型假定创新扩散是由外部因素和个体间相互影响共同决定的，该模型在技术创新扩散的研究中占据着非常特殊而重要的地位，它为以后技术扩散的研究指明了方向[45]。虽然该模型在产品市场扩散的应用中起到了很大的作用，但是其自身的假设条件过多，随着研究的不断深入，学者开始对 Bass 模型进行改进和拓展，如 Bass 等将价格和广告等市场变量引入 Bass 模型[46]；Krishnan 等将竞争因素引入 Bass模型，研究发现新品牌的进入对同种类品牌市场扩散的影响有两种情况：一种情况是，新品牌的进入增加了同种类产品的市场潜量；另一种情况则是由于新品牌加入竞争，现有品牌的扩散被减慢[47]；Bucklin 和 Sengupta 通过对产品条形码和扫描器这两种共生性补充性产品扩散的研究，发现两者共同扩散且作用于彼此的影响力呈现非对称的状态，即其中一个产品对另一个产品的扩散有更大的影响[48]；Gupta 等研究了共生性补充性产品(数字程序)对数字电视扩散的影响，研究结果表明软件特性影响了数字电视的消费需求[49]；最初的 Bass 模型只考虑每个采用者购买一单位产品的情况，改进后的 Bass 模型则允许多次购买和多件购买的情况[50]；Dodson 和 Muller 虽然延续了 Bass 模型的基本思想，但是考虑了市场上不同类型主体之间的交流与相互影响[51]；Kalish 认识到了不同的人对信息的不同理解，因此推翻了 Bass 模型中有关潜在采用者同质性的假设，并构建了新的扩散模型[52]。

Mahajan 和 Muller 则在前人研究的基础上，进一步对 Bass 模型技术采用者分类进行了研究，并对各类采用者之间的差异进行了研究归纳[53]。

但是以 Bass 模型为代表的扩散模型大多数是从总体的角度来研究技术在整个人群的扩散模式，其重点关注的是扩散过程中的宏观现象，这类模型研究的是整个群体的市场反应，即没有明确地考虑消费者的异质性。然而创新扩散的过程正是个体对创新接受和拒绝的过程，所以创新扩散过程开始从个体特征出发进行相关研究。Abrahamson 和 Rosenkopf 定量解释了创新扩散具有从众效应的原因[54]；Ellison 等研究了口碑效应和学习过程的一般性扩散模型[55,56]。

还有一些学者将消费者的异质性和前瞻性引入扩散模型中。Oren 和 Schwartz 从消费者对风险偏好的不同，说明了消费者的异质性[57]，但是这一研究的重点是对潜在消费者异质性的识别，而没有重点探讨企业在面对消费者的异质性时该如何做出管理决策。除了消费者风险偏好的异质性，Roberts 和 Urban 则从消费者品牌偏好的异质性入手研究了其对销售量的影响[58]。在考虑消费者异质性的基础上，消费者的前瞻性也会影响创新扩散。Winer 将消费者的价格期望及对期望的不确定性引入了扩散模型，实证研究表明消费者的采用决策确实受到该期望的影响[59,60]。Holak 等研究了消费者对未来价格和质量的期望，研究结果表明消费者对质量提高的期望与购买意愿有正相关关系[61]。Melnikov 的研究表明消费者在产生新产品的过程中具有前瞻性行为[62]。Song 研究表明消费者异质性结构或前瞻性行为都对新产品的扩散曲线构成影响，且这两个因素的交互作用会加剧对扩散曲线的影响[63]。

技术创新扩散领域另一个非常重要的模型是阈值模型。该模型最早由 Granovette 提出，Granovette 利用该模型解释了技术创新是如何由早期少数的采用者逐步扩散到所有采用者的[64]。阈值指的是个体采用创新的最小值，当个体对创新的评价超过阈值时，就会采用创新，反之则不采用。之后，更多的学者开始采用阈值模型对社会动态问题进行研究[65-67]；Abrahamson 和 Rosenkopf 在 1997 年将社会网络结构加入阈值模型，该研究认为阈值是由采用者个体对技术的评价和流行性压力共同构成的，并强调了社会网络结构对扩散程度的影响[68]。1999 年，Abrahamson 和 Rosenkopf 对其提出的阈值模型进行了扩展，加入了已采用者声誉和经验等信息对流行程度的影响[69]。

技术创新扩散是一个复杂的过程，其中有一系列的因素会影响技术扩散的速度和范围。Rogers 认为创新、流动渠道、时间及社会系统是技术创新扩散过程中的四个关键要素[70]。陈劲等基于技术自身特性对创新扩散的影响进行了研究[71-74]。Wejnert 等的研究认为对创新的熟悉程度、采用者地位、认知偏好等因素都会影响创新扩散[75,76]。von Hippel 等提出用户参与设计及意见领袖的参与对新技术产品的研发和扩散有重要影响[77]。

6.1.4 技术生命周期与技术"峡谷"

1957 年，艾奥瓦州立大学为分析玉米种子的收购行为，提出某一项新技术或产品被推入市场时，市场中用户的接受并采用的过程存在着类似生命周期的规律性，即技术采用生命周期[78]。1962 年，Rogers 的《创新的扩散》中提出技术采用生命周期变化规律可用钟形曲线进行描述，并将技术扩散过程中不同时间进行技术采用的市场用户分为创新者、早期采用者、早/晚期大众及落后者[79]（图 6-3）。

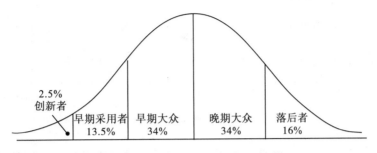

图 6-3　技术采用生命周期曲线

　　Brown 着重对技术采用生命周期中五个阶段的采用者的数量进行了研究，研究结果表明创新者的数量占总用户数的 2.5%，早期采用者的累计比例为 2.5%~16%，其中，创新者和早期采用者共同构成了早期市场；一项技术在经过早期市场阶段之后，技术采用生命周期就进入了以早期大多数采用者为代表用户的阶段，技术再往后发展就会进入以晚期大多数采用者为主要采用者的阶段，而早期大多数采用者和晚期大多数采用者共同组成了大众市场，大众市场的用户累计比例在 16%~84%迅速增加，如图 6-4 所示。

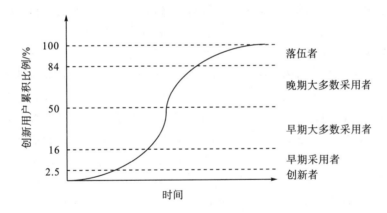

图 6-4　技术扩散 S 曲线和采用者类别

　　1990 年，Moore 基于潜在客户对风险的担心和需求强烈程度，将 Rogers 的技术采用生命周期的钟形曲线进行了重新划分，提出该曲线所代表的采用者分为早期市场（创新者与有远见者）、大众市场（实用主义者与保守主义者）与小众市场（落后者）三类市场。同时，Moore 于 1991 年发表的《跨越峡谷》一书中，为解释高科技企业为何迷失与消退在新兴技术采用生命周期中，对不同技术采用者的心理、行为差异进行了系统的深层次研究，提出有远见者和实用主义者的心理与行为差异阻碍了技术扩散，形成了大众市场与早期市场的"峡谷"，因此，钟形曲线是不连续、非平滑的[80]。据此修正技术生命周期模型，如图 6-5 所示。

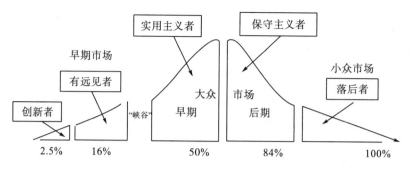

图 6-5　技术采用生命周期的模型修正及"峡谷"概念

Moore 提出了一个非常重要的观点,他认为产品在扩散的过程中遇到了非常大的阻力,这是因为消费者在采用新产品时的心理特征和消费行为存在根本性差异,这些差异导致了新产品从一个阶段扩散到另一个阶段的过程会非常艰难,这种表现就是在每一类消费者之间都存在一条裂缝,隔断了产品的扩散,而有远见者和实用主义者之间的裂缝最为明显,也最不容易跨越。站在市场的角度,Moore 根据潜在客户对风险的担心和需求强烈程度,将技术采用者分为创新者、有远见者、实用主义者、保守主义者和落后者五个阶段类型,提出了高科技产品的技术采用生命周期理论[29,78,80-86]。但进一步研究发现,这一扩散过程并非平滑和连续的,各个阶段存在不同程度的差异,会出现四条明显的裂缝,其中有远见者和实用主义者之间的裂缝最大也最隐蔽,Moore 将两者间的裂缝定义为"峡谷",并提出了相应的概念(图 6-5)。高新技术的产品首次进入市场时,最初会在一个由创新者和有远见者组成的早期市场中受到热烈欢迎,但在推向大众市场时,由于该市场的用户与前两类用户有着完全不同的选择标准,此时销售必然会遇到困难,增长速度直线下降,由此导致产品在早期市场和大众市场之间出现的裂缝最为明显,即技术"峡谷"。产品如果能够顺利地通过这一"峡谷",将很快进入由实用主义者和保守主义者占主导地位的大众市场,使市场获得爆发式增长[87,88];如果不能成功跨越"峡谷",企业就只能继续开发有远见者市场,但有远见者对产品都有自己的特殊要求,这就会导致企业的研发部门不堪重负。一旦有更新的技术出现,有远见者将会很快抛弃原先的技术产品而转向更新的技术产品,企业的经营状况会因此不断恶化,更无法获得竞争优势,甚至成为这一"峡谷"的牺牲者。

Moore 在对"峡谷"两岸消费者心理进行研究后认为,企业之所以很难从有远见者阶段过渡到实用主义者阶段,主要是因为这两个群体尽管相隔很近,但他们的内在性格、偏好相差甚远[87]。

分析两类消费者的心理特点可以发现,有远见者受变革推动,愿意承担风险,注重长远考虑,而实用主义者受目前问题驱使,不愿承担风险,注重效率改进。结果,尽管有远见者能够发现未来蕴藏的巨大机会,但实用主义者在购买产品时不会急于参考有远见者的意见,市场因此停滞不前,"峡谷"就必然出现。

6.2 新兴技术 "峡谷" 概念的提出

新兴技术最显著的特征之一是不确定性,包含了市场的高度不确定性、技术的高度不确定性、环境的高度不确定性、管理的高度不确定性[8]。由此也决定了新兴技术产品应用前景的不可预见性。这是由于新兴技术产品代表的是新的体系结构和标准,是一种革新,新的结构正在形成,客户的需求在快速变化,此时新兴技术产品的前景往往是未知的。同传统产品相比,新兴技术产品还具有更新换代速度较快、知识密集度更高、技术含量更高、面临的风险更高等特点。正是因为这种高度不确定性,使得新兴技术在演化和发展中面临显著的 "峡谷" 挑战,即许多具有创新意义的高新技术在由早期市场向大众市场转化的过程中,遭遇市场沉默期[89]。如果不能顺利跨越这个 "峡谷",势必沦落为早熟技术[90]而夭折,从而与新兴技术无缘。因此,深入研究新兴技术 "峡谷" 的成因及影响对新兴技术成长发展极为重要。

6.2.1 新兴技术 "峡谷" 的内涵及市场特征

"峡谷" 的概念是指当高科技技术产品或服务在最初进入市场时,开始会受到创新者和有远见者的热烈欢迎,此时新技术采用速度会缓慢增加,之后就陷入 "峡谷",销售量止步不前,采用者增长速度明显下降。此时如果企业能够采取正确有效的措施使得产品顺利地跨越这一 "峡谷",它将很快地进入由实用主义者和保守主义者占主导地位的大众市场[87-91]。反之,如果不能跨越 "峡谷",企业就无法顺利过渡到大众市场,无法真正实现市场的爆发性增长,更无法获得遥遥领先于其他竞争者的边际利润率,甚至会成为这一 "峡谷" 的牺牲者[92]。如图 6-6 所示,"峡谷" 出现在有远见者和实用主义者之间,"峡谷" 左侧是由创新者和有远见者组成的早期市场,"峡谷" 右侧则是由实用主义者组成的早期大众市场。

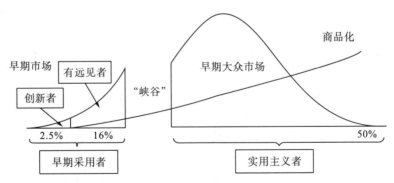

图 6-6 新兴技术采用生命周期中的峡谷的位置

我们将新兴技术产品进入市场过程中可能经历产品市场增长停滞及下滑的现象称为新兴技术的 "峡谷" 问题。新兴技术 "峡谷" 阶段是新兴技术生命周期中至关重要的一环,如果新兴技术产品一直不能被实用主义者接受,那么企业的利润只能来自早期采用者(包括创新者和有远见者），而这两类用户在技术采用生命周期中的数量远不及实用主义者，长此以往，企业的利润会支撑不起企业的发展。而从乐观来看，如果新兴技术产品能够快速得到实用主义者的青睐，那么新兴技术产品就能快速地扩散到早期大众市场，这一市场的份额非常可观，足以为企业提供丰富的利润来源。

结合前面对新兴技术采用生命周期的界定和技术扩散 S 曲线中各阶段采用者数量的累计占比，我们认为新兴技术"峡谷"应该出现在新兴技术采用生命周期中的早期采用者和实用主义者之间，各阶段累计采用者数量的占比数据如图 6-6 所示。

在本书的研究中，我们更多的是关注在科学研究揭示出一种技术可能性之后，一直到该技术商品化并进入大众市场之间的阶段。因此，基于技术采用生命周期理论，本书将新兴技术采用生命周期界定为：从新兴技术可行性应用出现开始(起点)，到技术转化成的产品进入大众市场为止(终点)。进一步，我们认为在新兴技术采用生命周期的起点和终点之间存在创新者、有远见者和实用主义者三个阶段。在创新者阶段之前，新兴技术还处于实验室研发阶段，此时可行性应用尚未出现，市场概念尚未形成，不纳入新兴技术采用生命周期中；而在早期大众市场阶段之后，大众市场已普遍接受和采用新兴技术产品，也暂不纳入本书的研究内容中。因此本书将研究内容聚焦在创新者阶段、有远见者阶段和实用主义者阶段。其中，早期采用者包括创新者和有远见者，早期采用者组成了早期市场，实用主义者则构成了早期大众市场(图 6-7)。

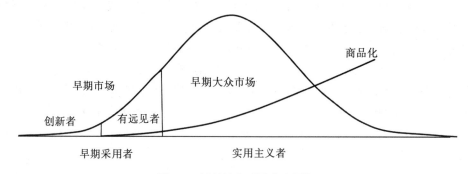

图 6-7　新兴技术采用生命周期

6.2.2　异质采用者心理特质分析

新兴技术采用生命周期中的两类采用者是异质的，其采用创新的概率和时间也不一致。已有研究表明，对于高新技术产品而言，其潜在采用者有非常显著的风险偏好差异[90]。而且创新产品的技术导向性越强，消费者的异质性会越显著[91]。新兴技术产品作为一种特殊的高技术产品，其技术导向性相对于一般技术是很强的，因此其潜在采用者的异质性也会非常显著。因此，如果不加区分地将潜在采用者看作同的，忽视了采用者个体在心理和行为上的差异，就很难准确地对"峡谷"特征和成因进行研究。基于此，我们将从消费者的异质性出发来分析两类采用者的特征。

1. 早期采用者特征探讨

早期采用者是新技术推向市场后最先采用的一批用户。他们往往有着非凡的洞察力和良好的战略眼光，他们可以预见到新兴技术所能带来的改变，并能从行动上很好地把握住这一发展机遇。他们具有很高的积极性，对变革充满热情，他们敢于冒险，并且有承担风险的魄力。风险对于早期采用者来说代表的是难得的机遇。他们渴望通过这些新技术的运用来取得一种根本性的改变。这些说明了早期采用者采用新兴技术的动力往往是追求根本性的突破，而不只是一点一滴的改善。早期采用者往往能够洞察到自己所关心的一些技术所具有的巨大潜力，他们的关注点是技术的潜力，这也决定了他们是所有技术采用群体中对价格最不敏感的一个群体。早期采用者的预算一般是充足的，因此，他们往往能够为自己的项目和计划投入大量的资源。早期采用者作为新兴技术发展重要的资本来源之一，他们的重要性对新兴技术企业而言是不容忽视的。早期采用者除了能够为新兴技术发展提供资金支持外，还能够提醒企业团体及时发现一些相关的技术进步。早期采用者的交流方式是水平的，他们经常会跨越行业的界限并在各个行业寻找志同道合的人。早期采用者往往能够影响新技术的早期发展情况，如果企业能够吸引他们的注意力，并得到他们的支持，那么企业在经济上就可以获得可观的收入，然而仅仅依靠早期采用者购买，还不足以支撑企业的长期发展。

2. 实用主义者特征探讨

实用主义者数量庞大，对于一项新技术而言，这一群体往往代表了一份庞大的市场份额。早期采用者在新技术发展的早期阶段起到了非常重要的作用，但是如果企业仅仅得到早期采用者的支持，而没有后续的实用主义者的支持，那么企业的处境往往会非常危险，因为它们难以获得更大的市场份额和更多的利润来支撑自己的发展。实际上，实用主义者这一群体往往是企业庞大利润的来源。实用主义者通常并不愿意成为第一个吃螃蟹的人，他们非常小心谨慎地对待改变。他们不愿意成为技术发展过程中的实验品。早期采用者追求的是根本性的突破，而实用主义者则更乐于接受逐步的、可以衡量的，并且可以预见的进步。实用主义者的另外一个特点是规避风险，风险这个词在他们看来是非常可怕的，代表的是可能会让他们陷入浪费时间和金钱的重大危机。实用主义者的目光是垂直的，他们更愿意和相似的人进行交流。这种交流方式也决定了这个群体非常注重参考意见。实用主义者在购买产品的时候，他们会考虑非常多的因素，他们不仅关心产品的质量，还会关心售后服务、补充性产品是否易于获取等。另外，他们愿意购买拥有一定市场领先地位的企业的产品，他们认为市场领先者的产品更加有保障。最后，实用主义者非常重视产品的性价比。总之，实用主义者愿意在新技术的优点已经充分显现，而且风险已经达到了可以接受的程度时采取新技术。

3. 两类采用者的特征差异

根据前面对早期采用者和实用主义者的描述，我们发现这两类采用者在心理特征方面存在如下几个方面的显著差异(表 6-2)。

表 6-2　两类采用者特征差异

特征	早期采用者	实用主义者
风险偏好	风险追求型	风险规避型
创新精神	欢迎创新	慎重对待
决策意志	独立做出决定	重视参考意见
购买目的	追求根本性的突破	喜欢逐步的改善
价格敏感	敏感度低	敏感度高
前瞻行为	早期市场采用	早期大众市场采用

(1)风险偏好。早期采用者是风险追求型的，而实用主义者则是风险回避型的。早期采用者有着敢于冒险的精神，他们认为风险就是一种不确定性，同时也是机会的象征，风险越大，相应的机会也就越大。他们相信自己的直觉，坚持自己的判断。与其说他们追求风险不如说他们是在追逐机会，是对未来的一种赌注。而实用主义者的性格则是因循守旧的，他们认为风险是混乱和失败的前兆，对风险的恐惧和规避，使得他们往往不能看到风险背后的机遇，或者说他们不愿意冒险抓一个存在很多不确定性的机遇。他们往往会趋利避害地选择规避风险。相对于冒险向未来下赌注，他们更偏好于在现有的环境中获得安全保障。

(2)创新精神。Rogers 认为采用者的创新精神是指在同一社会体系中，某个人比其他成员相对早的采用新产品、新思想或新服务的程度。Rogers 根据采用者创新精神的不同，对采用者进行了类型划分。具体到本书研究的两类采用者，我们可以看到早期采用者比实用主义者更早采用新兴技术产品，早期采用者相对实用主义者更具有创新精神。早期采用者对创新所持的态度是欢迎，而实用主义者对待创新则持慎重的态度。

(3)决策意志。在做决策时，早期采用者往往是根据自己的意志独立做出是否购买的决策，而实用主义者则很重视他人的意见。一般而言，早期采用者往往是技术发展过程中最早发现新技术具有巨大潜力的人。他们具有良好的洞察力，而且非常聪明。他们也非常自信，这使得他们往往能够坚持自己的判断。这些特点决定了早期采用者在做决策时往往不会与他人商量，而是会凭自己的判断独立做出决策。而实用主义者则恰恰相反，他们非常看重其他人的经验和意见。在实用主义者购买产品时，他们非常希望得到别人的参考意见，越广泛越好。通过他人给出的参考意见，他们会对产品有更进一步的认知。同时别人对产品的好评会增强实用主义者的购买信心。

(4)购买目的。早期采用者追求的是根本性突破，而实用主义者则更希望看到渐进性的改善。早期采用者是一类支持变革的采用者，他们很乐于看到技术对生活和工作带来的改变，并且这种改变往往是突破性的。他们追求机遇，对风险跃跃欲试。而实用主义者相对于支持变革，他们更加支持演变。他们不喜欢颠覆性的事物，因为这往往意味着他们要彻底地改变一些他们现在的生活或工作方式，他们不喜欢这种彻底的改变，他们愿意在现有的环境中追求一点点的、逐步的、可以预见的进步。

(5)价格敏感。早期采用者是最早采用新兴技术产品的一类用户，而他们采用新兴技术所看重的往往是新兴技术所具有的巨大潜力。当他们决定采用新兴技术时,他们认为这会给他们带来根本性突破,这才是他们最想要的,而价格因素对他们购买决策的影响非常小。早期采用者是创新采用者中对价格最不敏感的一个群体。而实用主义者追求的则是自身效用的最大化,他们往往希望付出最小的代价得到最大的效用。相比早期采用者,实用主义者对价格的敏感程度更高。但这并不是说实用主义者不愿意高价购买产品或服务,他们想要的是性价比最高。如果企业能够为他们提供高质量的产品,他们愿意付出与之相匹配的价格。

(6)前瞻行为。对于创新产品尤其是新兴技术产品来说,其所处的市场环境是快速变化的,而为了适应快速变化的市场环境,新兴技术产品更新换代的速度往往非常快。而新兴技术产品更新换代的规律往往是产品质量越来越高、产品价格逐步降低等。而潜在采用者根据现实生活中的历史经验,会对未来产品的发展有一个预期。而这种对未来的预期会影响采用者现在的购买决策。此时我们就说采用者在采用新兴技术产品的过程中出现了前瞻性行为。前瞻性采用者会根据对未来产品特性的预期对当前采取购买行为与未来采取购买行为所获效用进行衡量,衡量之后他们会选择能达到自身效用最大化的时间采取购买行为[84]。早期采用者一旦看到新兴技术的潜力,他们会在早期市场阶段就采取购买行为,因为时间上的优势有可能让他们获得非常大的竞争优势。他们认为在早期市场阶段采用可以获得比在早期大众市场阶段采用更大的效用。而实用主义者预期到新兴技术产品在之后的发展过程中质量会提升和价格会下降,认为在早期大众市场采用的效用会大于在早期市场采用的效用,所以他们会在早期市场阶段持观望和等待的态度,直到新兴技术产品的各种特征发展到他们可接受的程度。

6.3　新兴技术"峡谷"相关研究

大多数情况下,在新兴技术从第一次被用户采用到真正被大众市场接受(获得商业化成功)的过程中,首先会经历市场成长,然后是市场停滞甚至下滑,最后到市场爆发式增长,如传统的 35mm 照相机、圆珠笔、录像机、电子计算机、个人计算机、电话答录机等[93],正在经历市场爆发式增长的互联网技术、平板电脑技术及可能进入市场快速成长的LED 照明技术、电动汽车技术、3D 打印技术等。学术界从不同角度对这种现象进行了研究,以 Moore 为代表的西方学者于 1990 年提出了技术"峡谷"的概念,随后建立了高科技产品技术采用生命周期理论;从"峡谷"两岸采用者心理特征的差异出发,探讨了"峡谷"的成因、特征和跨越的方法[94,95];技术创新领域的学者从市场沉默期,以及企业如何通过模仿创新为主导创新战略打破这一沉默期获取商业化成功的角度展开了系列研究[89];新兴技术管理领域从早熟技术,以及早熟技术如何演化为新兴技术的角度也对这种现象进行了研究[1,6,7];创新生态系统领域则有学者认为新技术的发展是一个复杂、动态、非线性的过程,是多种因素相互作用的结果[96],在新技术前期的技术研发固然重要,然而建立起可靠的技术标准和有效的市场应用更为重要,构建起整个新技术创新生态系统,进而达到新技术成功商业化的目的[97-101]。这些研究都表明大部分创新产品,特别是高科技产品在进入市场的过程中都要经历一个被用户逐步认识和接受的过程,这一过程即技术采用生命周期。然而技术采用生命周期中存在的技术"峡谷"问题极大地阻碍了新兴技术的扩散,无论多么先进的技术,只有成功跨越技术"峡谷",才能实现其商业化价值,否则就会成为"峡谷"的牺牲者,沦为早熟技术或被束之高阁。事实上,技术"峡谷"阶段是新兴技术生命周期中的特殊发展阶段,企业要想成功跨越"峡谷",关键在于"峡谷"右端市场的开发。然后,新兴技术才能撬动大众市场,实现爆发式增长。宋艳等则在此基础上对"峡谷"问题进行实证研究,认为整体产品、企业市场地位和特定细分市场中同类型人的行为是跨越"峡谷"的关键影响因素[92,102,103]。

Moore 提出的"峡谷"是一个市场维度的概念,它是指新兴技术产品在进入市场的过程中,最初会受到一部分消费者的喜爱而被采用,这一部分消费者主要以创新者和有远见者为代表。之后,则会遭到冷落,产品的销售变得不顺畅,新兴技术产品被早期大众市场拒之门外。Moore 认为"峡谷"产生的原因是两类采用者在心理和行为上存在非常显著的差异。这就导致了受创新者和有远见者欢迎的新兴技术产品,在实用主义者这里吃了闭门羹。而这种先是受欢迎而后又遭遇闭门羹的现象就是"峡谷"现象。但是仅从两类采用者在心理和消费行为方面的不同之处去考虑,或许会有所缺失,市场因素、技术因素、产品因素在其中是否起了作用?又起了怎样的作用?这些问题值得我们进一步探索。

本章参考文献

[1] 银路,王敏,萧延高,等. 新兴技术管理的若干新思维[J]. 管理学报,2005,2(3):277-280.

[2] 李仕明,肖磊,萧延高. 新兴技术管理研究综述[J]. 管理科学学报,2007,10(6):76-85.

[3] Courtney H. 20/20 Foresight:Craft Strategy in an Uncertain World[M]. Boston:Harvard Business School,2001.

[4] Schumpeter J A. Business Cycles:A Theoretical,Historical,and Statistical Analysis of the Capitalist Process[M]. Philadelphia:Porcup Press,1982.

[5] Tripsas M. Unraveling the process of creative destruction:Complementary assets and incumbent survival in thetypesetter industry[J]. Strategic Management Journal,1997,18(S1):119-142.

[6] 宋艳,银路. 基于不连续创新的新兴技术形成路径研究[J]. 研究与发展管理,2007,19(4):31-35,49.

[7] 赵振元,银路,成红. 新兴技术对传统管理的挑战和特殊市场开拓的思路[J]. 中国软科学,2004(7):72-77.

[8] Day G S,Schoemaker P J H,Gunther R E. Wharton on Managing Emerging Technologies[M]. New York:JohnWiley & Sons Inc.,2000.

[9] 阿瑟. 技术的本质[M]. 曹东溟,王健,译. 杭州:浙江人民出版社,2014.

[10] 凯利. 科技想要什么[M]. 熊祥,译. 北京:中信出版社,2011.

[11] 银路. 新兴技术管理导论[M]. 北京:科学出版社,2010.

[12] Souder W E,Song X M. Analyses of U.S. and Japanese management processes associated with new product success and failure in high and low familiarity markets[J]. Journal of Product Innovation Management,2003,15(3):208-223.

[13] 陈益升. 高技术:涵义、管理、体制[J]. 科研管理,1997(6):67-70.

[14] 顾朝林. 中国高技术产业与园区[M]. 北京:中信出版社,1998.

[15] 李仕明,李平,肖磊. 新兴技术变革及其战略资源观[J]. 管理学报,2005,2(3):304-306.

[16] Hoch S J，Kunreuther H C. Wharton on Managing Emerging Technologies[M]. New York：John Wiley & Sons Inc.，2004.

[17] 考特尼，等. 不确定性管理[M]. 北京新华信商业风险管理有限责任公司，译. 北京：中国人民大学出版社，2000.

[18] Artz K W，Norman P M，Hatfield D E，et al. A longitudinal study of the impact of R&D, patents, and product innovation on firm performance[J]. Journal of Product Innovation Management，2010，27(5)：725-740.

[19] Tripsas M. Unraveling the process of creative destruction：Complementary assets and incumbent survival in the typesetter industry[J]. Strategic Management Journal，1997，18(S1)：119-142.

[20] Brown，Shona L，Eisenhardt，et al. Competing on the edge: Strategy as structured Chaos[J]. Long Range Planning，1998，31(2)：786-789.

[21] Schoemaker P J H. Scenario planning：A tool for strategic thinking[J]. Sloan Management Review Winter，1995，36(2)：25-40.

[22] Christensen C M. The innovator's dilemma：When new technologies cause great firms to fail[J]. Social Science Electronic Publishing，1997，8(97)：661-662.

[23] Pasternack B A，Viscio A J. The Centerless Corporation：A New Model for Transforming Your Organization for Growth and Prosperity[M]. New York：Simon & Schuster，1998.

[24] 迪克西特，平迪克. 不确定条件下的投资[M]. 朱勇，黄立虎，丁新娅，等译. 北京：中国人民大学出版社，2002.

[25] 鲁若愚，张红琪. 基于快变市场的新兴技术产品更新策略[J]. 管理学报，2005，2(3)：317-320.

[26] 科特勒. 营销管理：分析、计划、执行和控制[M]. 梅汝和，梅清豪，张桁，译. 上海：上海人民出版社，1999.

[27] 莱维特. 营销想象力[M]. 辛弘，译. 北京：机械工业出版社，2017.

[28] 郝旭光. 整体产品概念的新视角[J]. 管理世界，2001(3)：210-212.

[29] 杨壬飞，仝允桓. 新技术商业化及其评价的研究综述[J]. 科学学研究，2004，22(S1)：82-88.

[30] 刘峰. 新兴技术产品商业化过程中的"峡谷"跨越研究[D]. 成都：电子科技大学，2012.

[31] 眭振南. 科研成果转化评估[M]. 上海：上海财经大学出版社，1998.

[32] 陈通，田红波. 高新技术的企业化、市场化和产业化深化——高新技术产业化路径的实证研究[J]. 科技管理研究，2002，22(3)：2-4.

[33] 聂祖荣. 高校成果转化模式[J]. 中国高校科技，2002(11)：32-35.

[34] Jolly V K. 新技术的商业化——从创意到市场[M]. 张作义，周羽，王革华，等译. 北京：清华大学出版社，2001.

[35] Andrew J P，Sirkin H L. 从创新到创收[J]. 知识经济，2004(2)：65.

[36] 熊则见，杨敏，赵雯. 高技术产品研发关键成功因素的文献计量分析[J]. 科研管理，2011，32(10)：36-45.

[37] Lynn G S，Morone J G，Paulson A. Emerging technologies in emerging markets：Challenges for new product professionals[J]. Engineering Management Journal，2015，8(3)：23-29.

[38] Cohen W M，Levinthal D A. Absorptive capacity：A new perspective on learning and innovation[J]. Administrative Science Quarterly，1990，35(1)：128-152.

[39] Olayan H B. Technology transfer in developing nations[J]. Research Technology Management，1999，42(3)：43-48.

[40] Hatch J，McKay G. Assessing technology-driven firms[J]. Canadian Banker，1996，103(2)：14.

[41] Munir K A，Phillips N. The concept of industry and the case of radical technological change[J]. Journal of High Technology Management Research，2002，13(2)：279-297.

[42] 宋逢明，陈涛涛. 高科技投资项目评价指标体系的研究[J]. 中国软科学，1999(1)：90-94.

[43] 黄鲁成，王冀. 新兴技术商业化成功的环境影响因素实证研究[J]. 科技进步与对策，2011，28(1)：1-6.

[44] 熊彼特. 经济发展理论[M]. 郭武军，吕阳，译. 北京：华夏出版社，2015.

[45] Bass F M. A New Product Growth Model for Consumer Durables[M]//Funke U H. Mathematical Models in Marketing. Berlin: Springer, 1976.

[46] Bass F M, Krishnan T V, Jain D C. Why the bass model fits without decision variables[J]. Marketing Science, 1994, 13(3): 203-223.

[47] Krishnan T V, Bass F M, Kumar V. Impact of a late entrant on the diffusion of a new product/service[J]. Journal of Marketing Research, 2000, 37(2): 269-278.

[48] Bucklin L P, Sengupta S. The co-diffusion of complementary innovations: Supermarket scanners and UPC symbols[J]. Journal of Product Innovation Management, 1993, 10(2): 148-160.

[49] Gupta S, Jain D C, Sawhney M S. Modeling the evolution of markets with indirect network externalities: An application to digital television[J]. Marketing Science, 1999, 18(3): 396-416.

[50] Steffens P. A model of multiple ownership as a diffusion process[J]. Technological Forecasting and Social Change, 2003, 70(9): 901-917.

[51] Dodson J A, Muller E. Models of new product diffusion through advertising and word-of-mouth[J]. Management Science, 1978, 24(15): 1568-1578.

[52] Kalish S. A new product adoption model with price, advertising, and uncertainty[J]. Management Science, 1985, 31(12): 1569-1585.

[53] Mahajan V, Muller E. Innovation diffusion and new product growth models in marketing[J]. Journal of Marketing, 1979, 43(4): 55-68.

[54] Abrahamson E, Rosenkopf L. Institutional and competitive bandwagons: Using mathematical modeling as a tool to explore innovation diffusion[J]. Academy of Management Review, 1993, 18(3): 487-517.

[55] Ellison G, Fudenberg D. Rules of Thumb for Social Learning[J]. Journal of Political Economy, 1992, 101(4): 612-43.

[56] Fudenberg D. Word-of-mouth communication and social learning[J]. Quarterly Journal of Economics, 1995, 110(1): 93-125.

[57] Oren S, Schwartz R G. Diffusion of new products in risk-sensitive markets[J]. Journal of Forecasting, 1988, 7(4): 273-287.

[58] Roberts J H, Urban G L. Modeling multiattribute utility, risk, and belief dynamics for new consumer durable brand choice[J]. Management Science, 1988, 34(2): 167-185.

[59] Winer R S. A price veetor model of demand for consumer durables: Preliminary developments[J]. Marketing Seienee, 1985, 4(1): 74-90.

[60] Winer R S. The role of expectations in the adoption of innovative consumer durables: Some preliminary evidence[J]. Marketing Seienee, 1985, 4(1): 74-90.

[61] Holak S L. Lelliliann D R, Sultan F. The role of expatation in the adoption of inovative consumer durables: Some preliminary evidence[J]. Joumal of Retailing, 1987, 63(3): 243-59

[62] Melnikov O. Demand for differentiated durable products: The case of the U.S. computer printer market[J]. Economic Inquiry, 2013, 51(2): 1277-1298.

[63] Song I. Empirical analysis of dynamic consumer choice behavior: Micromodeling the new product adoption process with heterogeneous and forward-looking consumers[D]. Chicago: The University of Chicago, 2002.

[64] Granovetter M. Threshold models of collective behavior[J]. The American Journal of Sociology, 1978, 83(6): 1360-1380.

[65] Gilbert N, Conte R. Artificial Societies[M]. London: UCL Press, 1995.

[66] Bousquet F, Cambier C, Mullon C, et al. Simulating the interaction between a society and a renewable resource[J]. Journal of

Biological Systems，1993，1（2）：199-214.

[67] Gilbert N，Troitzsch K. Simulation for the Social Scientist[M]. Buckingham：Open University Press，1999.

[68] Abrahamson E，Rosenkopf L. Social network effects on the extent ofinnovation diffusion：A computer simulation[J]. Organization Science，1997，8（3）：289-209.

[69] Abrahamson E，Rosenkopf L. Modeling reputational and informational influences in threshold models of bandwagon innovation diffusion[J]. Computational & Mathematical Organization Theory，1999，5（4）：361-384.

[70] Rogers E M. Diffusion of Innovations[M]. New York：The Free Press，2003.

[71] 陈劲，魏诗洋，陈艺超. 创意产业中企业创意扩散的影响因素分析[J]. 技术经济，2008，27（3）：37-45.

[72] 赵新刚，闫耀民，郭树东. 企业产品创新的扩散与采纳者的行为决策模式研究[J]. 中国管理科学，2006，14（5）：98-103.

[73] 王开明，张琦. 技术创新扩散及其壁垒：微观层面的分析[J]. 科学学研究，2005，23（1）：139-143.

[74] Delre S A，Jager W，Bijmolt T H A，et al. Targeting and timing promotional activities：An agent-based model for the take off of new products[J]. Journal of Business Research，2007，60（8）：826-835.

[75] Wejnert B. Integrating models of diffusion of innovations：A conceptual framework[J]. Annual Review of Sociology，2008，28：297-326.

[76] 付晓蓉，赵冬阳，李永强，等. 消费者知识对我国信用卡创新扩散的影响研究[J]. 中国软科学，2011（2）：120-131.

[77] von Hippel E A，Ogawa S，de Jong J P J. The age of the consumer-innovator[J]. Mit Sloan Management Review，2013，53（1）：27-35.

[78] 戴，休梅克. 沃顿论新兴技术管理[M]. 石莹，等译. 北京：华夏出版社，2002.

[79] 罗杰斯. 创新的扩散[M]. 辛欣，译. 北京：中央编译出版社，2002.

[80] Moore G A. Crossing the Chasm：Marketing and Selling High-Tech Products to Mainstream Customers[M]. New York：HarperCollings Publishers，2002.

[81] Kit W. The effectiveness of software technology transfer and commercialization at NASA：An analysis and evaluation[D]. Washington D.C.：George Washington University，2002.

[82] Martino J P. A review of selected recent advances in technological forecasting[J]. Technological Forecastingand Social Change，2003，70（8）：719-733.

[83] Porter A. Technology futures analysis：Toward integration of the field and new metho[J]. Technological Forecasting and Social Change，2004，3（3）：287-303.

[84] 王吉武，黄鲁成，卢文光. 基于文献计量的新兴技术商业化潜力客观评价研究[J]. 现代管理科学，2008（5）：69-70.

[85] 蔡爽. 基于专利的新兴技术商业化潜力评价研究[D]. 北京：北京工业大学，2009.

[86] 金振辉，汪善荣，何一民. 浅析我国科技评价的理论、方法和实践[J]. 云南科技管理，2006，19（4）：20-23.

[87] 摩尔. 龙卷风暴[M]. 钱睿，译. 北京：机械工业出版社，2009.

[88] 黄海波. 跨越创新技术商业化过程中的峡谷[J]. 企业活力，2005（10）：56-57.

[89] 傅家骥. 技术创新学[M]. 北京：清华大学出版社，1998.

[90] Chatterjee B R，Eliashberg J. The innovation di usion process in a heterogeneous population：A micromodeling approach[J]. Management Seience，1990，36（9）：1057-1079.

[91] 官建成. 再论高技术扩散模型的研究[J]. 科学学与科学技术管理，1995（8）：30-35.

[92] 宋艳，刘峰，黄梦璇，等. 新兴技术产品商业化过程中的 "峡谷" 跨越研究：基于技术采用生命周期理论视角[J]. 研究与发展管理，2013，25（4）：76-86.

[93] Schnaars S P．Managing imitation strategies[J]. Business Book Review Library，1995，59(4)：83-103.

[94] Moore G A．Inside the tornado：Marketing strategies from Silicon Valley's cutting edge[J]. Journal of Marketing, 1995, 61(2)：93-99.

[95] Moore G A．Crossing the Chasm：Marketing and Selling High-Tech Products to Mainstream Customers[M]. New York：HarperCollings Publishers，2002：10-36.

[96] 李恒毅，宋娟．新技术创新生态系统资源整合及其演化关系的案例研究[J]. 中国软科学，2014(6)：129-141.

[97] Mads B，Nik B，Kornelia K，et al. The sociology of expectations in science and technology[J]. Technology Analysis and Strategic Management，2006，18(3-4)：285-298.

[98] Walz R．The role of regulation for sustainable infrastructure innovations：The case of wind energy[J]. International Journal of Public Policy，2007，2(1)：57-88.

[99] Kaplan S，Tripsas M．Thinking about technology：Applying a cognitive lens to technical change[J]. Research Policy，2008，37(5)：790-805.

[100] Nill J，Kemp R．Evolutionary approaches for sustainable innovation policies：From niche to paradigm[J]. Research Policy，2009，38(4)：668-680

[101] 切萨布鲁夫，范哈佛贝克，韦斯特. 开放创新的新范式[M]. 陈劲，李王芳，谢芳，等译. 北京：科学出版社，2010.

[102] 黄梦璇，宋艳. 基于技术扩散 S 曲线的 3G 技术市场推广策略研究[J]. 研究与发展管理，2011，23(4)：26-32.

[103] 刘峰，宋艳，黄梦璇，等. 新兴技术生命周期中的"峡谷"跨越——3G 技术的市场发展研究[J]. 科学学研究，2011，29(1)：64-71

第 7 章　新兴技术 "峡谷" 特征及成因

　　Moore 是最早提出技术 "峡谷" 概念的研究者，在他对技术 "峡谷" 特征和成因的研究中，所强调的是采用者的心理和行为特征。另外，在技术创新扩散的相关文献中，采用者也被视为新技术系统形成的重要影响力量[1,2]。因此，我们的研究框架中也将采用者作为核心变量。那么除了采用者的心理和行为特征外，还有哪些因素影响新兴技术 "峡谷" 的特征和成因呢？这一问题决定着我们研究的问题的边界。我们认为对于这一问题，并没有确定的答案，而是依据研究目标来确定。我们研究的目的是找出新兴技术 "峡谷" 的特征并探究其成因，从而为参与新兴技术商业化的企业提供管理决策支持和具有操作性的指导建议。因此，在识别影响因素时，我们会关注企业行为可能对其产生影响的一类要素，这样不仅可以避免研究结论太过于宿命论，还可以合理地降低研究的复杂程度。因此，我们认为仅从采用者的心理和行为特征研究新兴技术 "峡谷" 的形成可能会有所缺失，应该综合多方面的因素加以考虑。本章将基于理论推演提出合理的研究变量以构建研究框架，并选取数码相机和平板电脑两个案例，深入分析新兴技术 "峡谷" 的特征和成因。

7.1　研　究　设　计

7.1.1　研究概念及研究变量的提出

　　结合前面的研究，我们构建了一个包括采用者、市场、技术和产品四个维度的整体性研究框架。关于采用者的特征差异在 6.2.2 节已做讨论，在此不再赘述。下面着重就市场、技术、产品三个维度进行深入分析，通过文献推演证明提出这三个维度的合理性，并提出本章的研究变量。

1. 市场因素

　　企业技术创新中的一项重要内容就是发展新技术。而技术创新系统是一个开放的系统，它与外界环境紧密相连，外界环境的变化将对技术创新产生很大的影响，也是新兴技术 "峡谷" 形成过程中首先要考虑的因素。新兴技术高度不确定性的特点，使得新兴技术市场区别于一般的市场。新兴技术市场是一个快速变化的市场，是市场需求、竞争形态都会产生动态变化的一种市场，具有很高的不确定性和风险性。赵振元等认为新兴技术市场具有高度不确定性、团簇性和爆发性的特点[3]。市场是技术采用过程所赖以进行的场所，在新兴技术商业化和技术创新扩散的研究中，市场因素都被为一个重要的维度纳入研究中。在本章的研究中，也将市场因素作为一个重要的维度加以考虑。市场因素是一个大的研究维度，接下来，我们对市场因素这一维度下具体的影响因素进行识别与选取，选取原则遵循 "企业行为可对其产生影响"。

市场细分理论是美国营销学家史密斯于 1956 年首次提出的，之后这一理论广泛运用于市场营销领域。目前，已经有非常多的市场细分变量被提出作为市场细分的依据，在众多的市场细分变量中，为了了解目标市场的购买行为，根据购买者和购买目的，可把市场分成组织市场和个人消费者市场，其中组织市场包括由各种组织机构构成的对产品或服务的需求的总和，个人消费者市场包括所有为个人消费而购买或取得产品或服务的个人及家庭[4]。薛红志通过对激光视盘机产业的研究认为处在技术扩散的市场创造阶段的市场表现为商业市场或企业市场，之后会逐渐表现为普通消费者市场[5]。刘峰认为新兴技术"峡谷"两侧的市场表现方式有着巨大的差异，如果市场开拓策略不能根据市场表现进行灵活改变，则很可能在市场开拓的过程中遭遇巨大障碍[6]。

基于这些研究，我们进一步提出市场构成方式这一影响因素，并对市场构成方式的含义进行如下界定。在本书中，市场构成方式以购买者和购买目的为划分依据，包括组织市场和个人消费者市场两种。其中，组织市场是指由所有为组织消费而购买或取得产品或服务的各种组织机构(如企业、政府及其他一些组织)构成的市场；个人消费者市场是指由所有为个人消费而购买或取得产品或服务的个人及家庭构成的市场。

市场竞争因素对技术创新扩散的影响已有研究。在市场营销理论的波特五力模型中，竞争力量是产业环境中非常重要的一种力量，竞争力量将直接影响企业的营销能力和产品的市场拓展程度。Krishnan 等将竞争因素引入 Bass 模型，研究发现新品牌的进入对市场潜量和现有品牌的扩散有影响[7]；张诚和林晓对百度和谷歌在我国搜索引擎市场的竞争行为进行了实证研究，发现行业竞争显著影响了技术扩散[8]；Zhu 和 Kraemer 应用 TOE 研究框架研究发现竞争压力是电子商务技术扩散效果的决定因素之一[9]；何应龙引述了 Millson 和 Wilemon 的研究，认为市场环境因素包括市场动态度、市场竞争度和市场复杂度[10]；Gibbs 等研究认为市场竞争是推动创新技术扩散的重要因素[11-13]。

根据已有研究，不论是市场营销领域还是技术创新扩散领域的研究都强调了竞争因素的重要性，因此本书认为竞争形态也是影响新兴技术"峡谷"形成的重要因素之一，并对竞争形态这一因素的含义进行如下界定：竞争形态是指新兴技术所处的市场环境的竞争程度，可以通过市场占有率、企业数量、领导型企业是否出现等来衡量。

综上所述，本章在市场因素这一维度下识别和选取了市场构成方式与竞争形态这两个影响因素，并界定了二者的含义。

2. 技术因素

技术因素是影响新兴技术"峡谷"形成一个最基本也是最关键的因素。新兴技术作为新兴技术产品的基础、新兴技术市场的前提，有着举足轻重的影响。没有新兴技术也就不会有以新兴技术为基础的新兴技术产品，没有新兴技术再广阔的市场前景也只是海市蜃楼。在本章的研究中，技术因素是非常重要的一个研究维度。而技术因素维度下具体影响因素的识别与选取遵循"企业行为可对其产生影响"这一原则。

有关技术因素的研究中，罗杰斯认为技术因素是影响个人、企业或者某一产业创新采纳决策的主要因素[14]。赵振元等认为在新兴技术市场中，一个重要的市场开发途径是通过不断排除技术障碍，进而完善产品的特征组合[3]。Thatcher 等认为技术成熟度会显著影响技术采纳[15]。Oh 等研究发现，信息技术的成熟度会影响电子商务技术的采纳[16]。大多数学者认为新技术商业化项目评价技术状态因素有技术成熟度、技术安全性、技术性能指标、技术可靠性、技术先进性、技术提供者的能力、技术周期、专利、企业与技术匹配能力、技术可继承性等。Schilling 于 1995 年提出新兴技术必须吸收各种各样的资源来进行演化[17]。Christensen 和 Rosenbloom 指出一项新技术只有在适时的环境中才可能成长为新兴技术[18,19]。从已有的研究中可以看出，技术自身的因素是影响技术被采用的重要因素，而技术成熟度又会影响技术采纳。针对本章的研究对象——新兴技术，其往往不是作为一个独立的技术存在，而是由多项技术共同构成，是以技术系统的形式存在。为了更加清晰分明技术因素对"峡谷"形成的影响，本章首先借助技术生态系统和配套环境的研究对新兴技术体系进行细化。

在技术生态系统的观点中，Admoavicius 认为一组特定技术在特定的环境中组织了技术生态系统，即一个核心技术与其相关联的背景技术构成了一个系统，这一系统就称为技术生态系统。在技术生态系统中，技术可以被划分成三种类型，分别是部件技术、产品和应用技术、支撑和基础设施技术[20]。部件技术是指构成更复杂的技术系统的部件。由一系列部件技术组合构成，有特定的功能，以满足特定的需求的技术就称为产品和应用技术。简单来说产品和应用技术就是由一系列部件技术构成的更复杂的技术系统。支撑和基础技术则是指在技术系统中提供支撑作用的技术，这类技术要想发挥应有的作用必须与其他技术结合在一起[20]。这种技术系统的划分是根据各类技术在技术系统中承担的不同功能来划分的，很容易理解。但是具体到新兴技术，却不能体现出新兴技术的特殊性与重要性。于是，我们从新兴技术配套环境的角度出发进行分析，已有研究认为新兴技术体系包括新兴技术这一核心技术和其他一系列的补充性技术[21]。补充性技术不断加入新兴技术体系中，和新兴技术一起为用户提供产品应用功能。而支撑性技术则会影响新兴技术的扩散速度[21]。

综合技术生态系统和配套环境相关的研究，我们认为新兴技术体系应该包括核心技术、补充性技术和支撑性技术。进一步，我们提出核心技术成熟度、补充性技术和支撑性技术这三个影响"峡谷"特征和成因的因素，并对其含义进行如下界定：核心技术是构成新兴技术体系的根本，而核心技术成熟度则是对新兴技术体系中核心技术的成熟程度的度量；补充性技术则是指那些与核心技术一起为用户提供特定功能和应用的技术，是新兴技术体系的重要组成部分；支撑性技术是指那些在新兴技术体系中起到支撑作用的技术，其对新兴技术系统的功能性并不是必需的，但是支撑性技术的加入能提高新兴技术系统的附加值，加快新兴技术的扩散。

综上所述，本章在技术因素这一维度下识别和选取了核心技术成熟度、补充性技术和支撑性技术这三个影响因素，并对三者的含义进行了界定。

3. 产品因素

产品是技术的载体。任何一项新兴技术若想进入市场到消费者手中，都需要以产品的形式实现。技术为产品提供了价值，产品则作为技术的载体被消费者所接受与使用。如果一味地追求技术方面的创新而没有符合消费者需求的产品，也会导致最终的失败。因此，新兴技术在产品市场扩散时，只有新兴技术产品被潜在用户采用才能产生经济效益，此时，与产品相关的一些特性就将影响用户的采用。在本章的研究中，产品因素是非常重要的一个研究维度。接下来将对产品因素这一维度下具体的影响因素进行识别与选取。

在已有的研究中，产品成熟度的概念多用于工业和高新技术产业中，是指对产品在研发、生产、制造等方面所有影响要素的可控程度和实现程度[22-24]，这一概念的重点在产品前期的研发与制造方面。而本章研究更多的是产品投入市场，流通到用户手中时表现出的成熟程度。所以，本章对产品成熟度的讨论重点在于产品投入市场后是否成熟。新兴技术产品中一般会包含多个技术元素，如核心技术、补充性技术和支撑性技术，此外还包括产品设计、制造工艺等其他层面的因素，而且一个新兴技术产品的产品成熟度并不一定会因为个别技术元素的成熟而改变[25]。成熟的产品具有较高感知质量和品牌认知的特性[26]，因此更容易被用户所接受。

根据已有的研究，本书认为产品成熟度是影响"峡谷"形成的重要因素之一，并对产品成熟度这一因素的含义进行如下界定：产品成熟度是指对新兴技术产品功能完备程度和性能的稳定程度及可操作性的综合度量，可从产品功能和产品性能方面来衡量。

现代市场营销理论认为，产品形式包括三个层次，即核心产品、有形产品和附加产品，而整体产品则是指由核心产品、有形产品和附加产品三个层次组成的整体[27-29]。产品形式是在发展中动态变化的，而产品形式的层次性使企业的产品差异化有了更大的发展空间。由于消费者需求的多样性，产品形式的创新就显得非常重要。20世纪80年代，日本学者狩野纪昭（Noriaki Kano）提出了分析消费者需求的Kano模型，该模型定义了三个层次的顾客需求：基本型需求、期望型需求和兴奋型需求[30]。消费者需求也是一个动态发展的概念，具有高度的时空和情景依赖性[30]，随着市场的发展，消费者需求也在动态变化，其基本规律是从基本型需求向期望型需求转变，从期望型需求向兴奋型需求转变。产品形式的发展变化与消费者需求的发展变化存在着很强的互动关系。企业可以从产品形式的各个层次及其不同比例的组合出发，提供能够更加满足顾客需求的产品，从而获取竞争优势[27]。

根据已有的研究，本书认为产品形式是影响"峡谷"形成的重要因素之一，并对产品形式这一因素的含义进行如下界定：产品形式是一个动态的概念，它包含三个层次：核心产品、有形产品和附加产品，而当产品形式发展到包含三个层次时，此时即表现为整体产品。

价格是影响产品扩散最重要的因素之一，价格策略也是市场营销中的重要手段。在技术扩散的研究中，Robinson和Lakhani首次将价格因素加入Bass模型中，研究了产品价格对产品扩散速度的影响[31]，Palma等从理论上研究了价格对产品扩散的影响[32]，Bottomley和Robert研究指出降低价格可以刺激潜在采纳者的购买行为决策，促使未采纳者向采纳者转变，从而提高产品的扩散率[33]。在市场营销理论中，价格是用户购买产品或服务所需支付的成本，价格因素影响用户的购买能力和购买意愿。

本书认为产品价格是影响"峡谷"形成的重要因素之一，并对产品价格这一因素的含义进行如下界定：产品价格是指新兴技术产品的市场价格。

综上所述，本章在产品因素这一维度下识别和选取了产品成熟度、产品形式、产品价格三个影响因素，并对三者的含义进行了界定。

7.1.2　研究框架的构建

通过上述分析，本章从市场、技术、产品三个维度提出了八个影响因素。我们认为，提出的这八个影响因素在早期采用者阶段和实用主义者阶段的表现特征上存在的巨大差异，造成了"峡谷"两端的两个市场完全不同，而早期采用者和实用主义者有着完全不同的心理与行为，这决定了他们作为两种类型不同的采用者群体，会在不同的时机，即新兴技术发展过程中的不同阶段采取购买行为。而市场、技术和产品这三个维度的因素从早期采用者阶段向实用主义者阶段过渡是需要时间的，这就造成了在早期采用者采取了购买行为后，由于市场、技术和产品这三个维度所达到的条件并不足以让实用主义者采用，这中间就出现了断层，即表现为"峡谷"的特征。据此，本章构建了如图 7-1 所示的研究框架。

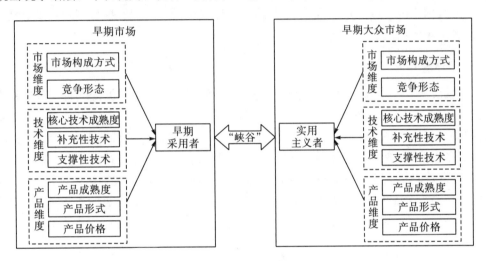

图 7-1　本章研究框架

1. 研究方法

本章旨在研究新兴技术商业化过程中"峡谷"的特征和成因。选择合适的研究方法是首先要考虑的问题。案例研究是一种经验性的研究方法，它非常适合对现实环境中的某一种现象进行观察、思考和总结。在《案例研究：设计与方法》一书中，作者认为，对于要回答为什么和怎么样的问题时，案例研究极为合适[34]，这种研究方法有助于研究者对某一特定现象进行深入的描述与分析，从而更好地理解某一特定现象背后的动态复杂机制[35]。另外，案例研究适合研究随时间变迁的现象[36]，如果能够用科学的方法研究，它可以很好地帮助研究者解释某一现象纵向演化过程中的因果关系。本章所研究的新兴技术商业化过程中"峡谷"的特征和成因，是随着时间纵向发展的事件，用案例研究的方法可以很好地把握这一动态变化过程。

基于此，本章采用双案例分析的研究方法，分别以数码相机和平板电脑这两个具有代表性的研究对象观察分析其商业化过程中的"峡谷"特征，并揭示新兴技术"峡谷"的成因。

2. 案例选取

数码相机 1996 年进入我国，发展到今天几乎取代了全部的胶卷相机。平板电脑技术在我国已进入大众市场，而且正在发展，如微软的 Surface 在市场上逐渐兴起。这两个技术的发展过程中都遇到过"峡谷"，而且都经历了"峡谷"阶段，从而为本章的研究提供了很好的研究背景。

3. 数据收集

数据收集工作是案例研究中的重要一步，案例研究的数据来源应该尽可能广泛[34]。本书通过多样化的资料收集渠道，尽可能获得翔实的信息。多个数据来源进行对比分析，保证研究结果的可靠性和深度。

主要数据来源有以下六个方面：①查阅文献；②搜索引擎；③新闻报道；④专利数据库；⑤各类年鉴；⑥杂志书刊。

4. 数据处理

(1)编码原则：本章采用内容分析法进行案例研究。在进行数据处理时，首先将收集到的资料进行汇总。汇总后对收集到的资料进行多级编码。在编码过程中时刻参照本章所提出的研究变量，并随时用表格的形式对编码结果进行总结，进而完成本章的编码过程。

(2)多级编码：在进行数码编码时，本章采用的是多级编码方式。首先，本章的一级编码是依据数码相机和平板电脑这两个案例的数据来源进行的，编码结果见表 7-1。在编码过程中，如果遇到同一个数据来源中有两条及以上相同或相近意思的表述时，只记录为一条条目。

表 7-1 一级编码

数码来源	编码
通过查阅文献获得的资料	S1
通过搜索引擎获得的资料	S2
通过新闻报道获得的资料	S3
通过专利数据库获得的资料	S4
通过各类年鉴获得的资料	S5
通过杂志书刊获得的资料	S6

其次，对已经得到的一级条目库，再按照数码相机技术和平板电脑技术的发展阶段(划分依据后面有详细的表述)：早期采用者阶段(早期市场)、"峡谷"阶段和实用主义者阶段(早期大众市场)进行二级编码，见表 7-2 和表 7-3。

表 7-2　数码相机技术的二级编码

阶段	早期市场	"峡谷"阶段	早期大众市场
时间分界点	1996~1998 年	1999~2001 年	2002 年及之后

表 7-3　平板电脑技术的二级编码

阶段	早期市场	"峡谷"阶段	早期大众市场
时间分界点	2004 年及之前	2005~2009 年	2010 年及之后

然后，对数码相机和平板电脑技术二级条目库中的二级条目按照市场因素、技术因素和产品因素进行三级编码，并将三级编码后的条目分配到三个概念条目库中，见表 7-4 和表 7-5。

表 7-4　数码相机技术三级编码表　　　　　　　　（单位：条）

	市场因素	技术因素	产品因素
结果（条目数）	176	113	208

表 7-5　平板电脑技术三级编码表　　　　　　　　（单位：条）

	市场因素	技术因素	产品因素
结果（条目数）	76	116	91

最后，对数码相机和平板电脑技术的案例数据进行三级编码，根据三级编码的结果，对三级条目库中的条目按照市场构成方式、竞争形态、核心技术成熟度、补充性技术、支撑性技术、产品成熟度、产品形式、产品价格这八个变量进行四级编码，并将四级编码后的条目分配到对应的四级条目库中，见表 7-6 和表 7-7。

表 7-6　数码相机技术四级编码表　　　　　　　　（单位：条）

构念	测量变量	数码相机技术阶段划分			合计
		早期市场	"峡谷"阶段	早期大众市场	
市场因素	市场构成方式	15	31	59	105
	竞争形态	16	20	61	97
技术因素	核心技术成熟度	26	18	20	64
	补充性技术	14	18	29	61
	支撑性技术	6	13	23	42
产品因素	产品成熟度	19	21	46	86
	产品形式	11	23	39	73
	产品价格	13	28	44	85

表 7-7　平板电脑技术四级编码表　　　　　　　　　（单位：条）

构念	测量变量	平板电脑技术阶段划分			合计
		早期市场	"峡谷"阶段	早期大众市场	
市场因素	市场构成方式	13	16	23	52
	竞争形态	15	9	29	53
技术因素	核心技术成熟度	14	11	20	45
	补充性技术	16	13	25	54
	支撑性技术	7	9	11	27
产品因素	产品成熟度	11	17	41	69
	产品形式	8	17	30	55
	产品价格	13	10	23	46

数据编码表的建立，有利于在案例分析过程中比较方便、快速、准确地找到相关的条目数据，并进行对应分析。

5. 数据检验

对于案例研究数据的检验是必不可少的一个环节，因为对案例数据的处理将直接关系到整个案例研究的质量，需要研究者在数据处理的过程中时刻保持科学严谨。本章采用以下三种检验方法进行数据检验。

(1)建构效度：指对所要研究的概念形成一套正确的、具有可操作性的研究指标体系。为了提高本章的研究效度，减少个人主观判断的影响，在数据收集阶段，首先，本章通过多种数据来源渠道(查阅文献、搜索引擎、新闻报道、专利数据库、各类年鉴、杂志书刊等)进行数据收集。在案例分析阶段，对于各个数据来源的数据进行交叉印证，提高准确度。

(2)外在效度：指建立一个范畴，把研究结果归纳于该类项下。外在效度是为了研究案例研究的结果是否具备可归纳性，是否可推广于其他案例研究中。本章在案例分析结束后的案例结果讨论中，从抽象性和概括性的角度出发，提炼出了能够复制、便于推广的结论。

(3)信度：考察当其他研究人员依据本案例的研究步骤，重复研究时，能否得出相同结论的检验方法。信度检验的目的是尽可能降低和减少研究中的错误与偏见。在本章的研究中，通过用数据编码的方法对收集的数据资料进行归纳，建立资料库，以此提高研究的信度。

7.2　案例研究 1——数码相机技术"峡谷"特征及成因

1. 案例背景介绍

数码相机，英文全称"digital still camera"（DSC），简称"digital camera"（DC），是一种利用电子传感器把光学影像转换成电子数据的产品。数码相机进入我国市场的时间为1996 年，然而其发展历史可追溯到 1969 年。下面简要介绍数码相机的发展史，以更好地帮助我们理解数码相机的发展背景。

从 1839 年法国物理学家达盖尔发明了银版摄影术，并创造了全世界第一台照相机，至今照相机已经有 181 年的历史。银版摄影术时期的照相机采用的材料是卤化银感光材料[37]。

1969 年 10 月 17 日，美国贝尔实验室的鲍尔和史密斯宣布发明了电荷耦合元件（charge coupled device，CCD），这种装置的特性就是它能沿着一片半导体的表面传递电荷，便尝试用来作为记忆装置。但他们随即发现光电效应能使此种元件表面产生电荷，从而可组成数位影像。

1973 年 11 月，索尼公司正式投入对 CCD 的研究。

1975 年，柯达实验室制造了一台拥有 100×100 分辨率的黑白数码相机，这台数码相机只是一个纯粹的实验品，不过这也正式宣告了数码相机的诞生。

1981 年，索尼在不断积累技术的基础上推出了全球第一台真正意义上的数码相机——Mavica，首次将光信号改为了电子信号传输。该相机使用了 10mm×12mm 的 CCD 薄片，分辨率为 570×490，约 28 万像素。

1984~1986 年，松下、科宝、富士、佳能、尼康等也相继开始了电子相机的研制工作，并相继推出了自己的原型电子相机。

1989 年，富士推出的 DS-1P 可以算是世界上首台使用闪存存储介质的相机，并且这一存储模式沿用至今。但是当时的 DS-1P 并非零售商品，所以绝大多数人都无缘购买。

1990 年，柯达推出了 DCS100，首次在世界上确立了数码相机的一般模式，从此之后，这一模式便成了业内标准。

1994 年，柯达推出了全球第一款商用数码相机 DC40。这款数码相机只有 756×504≈38 万像素，也只有内置的 4MB 闪存。但是相比之前各个公司研发的各类数码相机试制品，柯达 DC40 体积较小，且操作较为便捷，使用起来已然方便许多，而且 DC40 只要 4 节 AA 电池即可供电。这款数码相机当时售价为 699 美元。

1995 年 2 月，卡西欧公司发布了一款非常有代表性的数码相机 QV-10。这款相机具有 25 万像素，分辨率为 320×240，无内置闪光灯。这样的配置在当时已经是非常主流的了，然而其售价在当时却刷新了历史新低，仅以 6.5 万日元上市。同年佳能推出了首款单反数码相机 EOS DCS3C 及 EOS DCS1C，翻开了佳能单反数码相机史上的崭新一页。

1996 年柯达发布了 DC25 这台颇为普通的数码相机，不过这台相机却具备一个显著的特点，那就是使用了现在仍然在沿用的 CF 卡，这也是数码相机正式确立存储卡体系的一个标志。

1996 年是数码相机商业化过程中非常重要的一个里程碑。同时也是数码相机在中国市场发展的起始点，以柯达和卡西欧的进入为标志。

1998 年，经过三年的发展，我国数码相机市场已初具规模。但是与传统胶片相机产品市场份额相比，数码相机还处于市场发展初期。

1999~2001 年，国外数码相机品牌纷纷进入中国，并加快了布局中国市场的脚步。同时，本土数码相机品牌也纷纷加入数码相机市场的争夺战中。然而这一时期数码相机市场需求的增长速度和规模却并没有达到厂商的预期。中国数码相机市场发展缓慢。

从 2002 年开始，中国数码相机市场经过培育和发展，消费者认可度提高，此时的数码相机产品销量猛增，市场增长速度快速提高，中国数码相机市场呈现出欣欣向荣的发展态势。

2. 数码相机技术采用生命周期的界定

中国数码相机市场起步于 1996 年,以柯达和卡西欧的进入为标志。根据国务院发展研究中心市场经济研究所发布的数据(图 7-2),1997~2001 年,中国数码相机市场销量一直呈现逐年上升趋势,1997 年的销量为 1.95 万台,1998 年达到了 4.10 万台,且市场在1998 年以高达 110.26% 的速度快速增长。然而从 1999 年开始,数码相机的市场增速开始出现大幅度下降,1999 年数码相机市场增速从 1998 年的 110.26% 下降到了 75.61%。而且数码相机的市场增长速度连续三年都在 50%~70% 的水平徘徊。

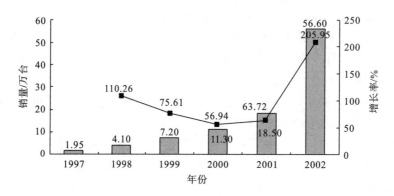

图 7-2   1997~2002 年我国数码相机市场销量

总体来看,数码相机进入我国市场后,凭借自身优势,掀起了一阵数码相机热潮,得到了一定的市场关注。这表现为 1997 年和 1998 年数码相机市场销量的快速增长。从 1999年开始,数码相机的市场增长速度开始下滑,在 2000 年降到了最低点 56.94%。2001 年的市场增长速度虽然有所增长,但涨幅不大,仅为 63.72%。

经过 1999~2001 年的市场低谷期,我国数码相机市场在 2002 年的销量呈现出爆发性增长的趋势。根据赛迪顾问发布的数据(图 7-3),2002 年中国数码相机市场销量为 56.60万台,环比增长率高达 205.95%。2002~2005 年,经过 2002 年数码相机销量的爆发性增长之后,数码相机销量都保持着高速增长的姿态,同时,由于中国数码相机市场基数增大,市场增长速度虽然有所下降,但是环比增长率也都达到了 70% 以上。

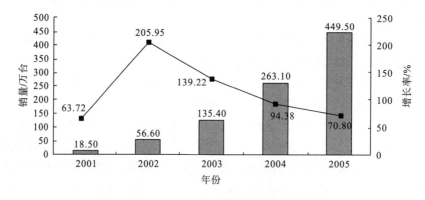

图 7-3   2001~2005 年我国数码相机市场销量

　　2002 年我国数码相机市场销量如图 7-4 所示，2002 年上半年，我国数码相机销量接近 23 万台，同比增长 120%以上。这一数据充分表明了在 2002 年，我国的数码相机市场增速幅度之大。

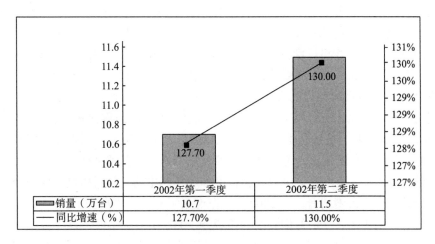

	2002年第一季度	2002年第二季度
▨ 销量（万台）	10.7	11.5
—— 同比增速（%）	127.70%	130.00%

图 7-4　2002 年我国数码相机市场销量

　　综上所述，1996～1998 年，我国数码相机市场采用者数量增加迅速，根据前面对新兴技术采用生命周期的研究及界定，我们认为这一时期即为数码相机技术采用生命周期中的早期市场(早期采用者阶段)。1999～2001 年，我国数码相机市场发展陷入了低谷，虽然市场销量在逐年增加，但是这一时期的市场增长率呈现逐年下滑的趋势。我们认为这一时期数码相机技术陷入了"峡谷"阶段。2002 年，我国数码相机市场销量猛增，环比增长率高达 205.95%，2003～2005 年，环比增长率也都达到了 70%以上。由此，我们认为从 2002 年开始，数码相机技术的发展已经度过了"峡谷"期，进入了早期大众市场(实用主义者阶段)。

3. 数码相机技术"峡谷"的特征分析

1)市场构成方式

　　相对于国际数码相机市场的发展，中国数码相机市场起步较晚，于 1996 年才开始形成。由于数码相机能够迅速且及时地传送世界各地的热点新闻照片，因此其一经引入就引起了专业领域新闻摄影师的极大兴趣。各大新闻机构为了能够抢到热点新闻，纷纷为摄影师配置价格昂贵的数码相机。例如，1994 年《深圳特区报》以非常大的魄力率先购买了一套数码影像系统[37]；1997 年新华社仅为报道好香港回归这一盛事，就投入百万元购置了若干台数码相机[37]。随后广告公司、商业摄影机构、保险公司、地产商、建筑商、公检法部门、博物馆、航空公司、科研领域以及出版印刷公司等也纷纷开始配备数码相机[38]。这些领域一般对图像质量要求较高，且需要能够实时传输，并且对价格不敏感。然而数码相机高昂的价格也直接限制了使用人群的范围，普通消费者面对价格不菲的数码相机往往是望而却步，数码相机市场一度局限在新闻机构、出版印刷公司、商业摄影公司、广告公司等企业应用领域。

　　1996～2000 年，各大厂商为了更好地满足专业领域对数码相机照片质量的高要求，竞相追求高像素和大存储容量。从 1996 年的 50 万像素，到 2000 年各大数码相机厂商已经纷纷在市场上投放 300 万像素以上的数码相机，300 万像素级别的相机主要还是定位于企业应用领域。然而专业领域的用户毕竟有限，从 2000 年年底开始，一些数码相机厂商开始意识到大众消费市场的重要性，开始从主攻专业领域慢慢向大众消费市场渗透。其中一个突出的特点是数码相机厂商开始对用户进行细分[39]，针对不同的用户市场推出不同层次的产品，不再是一味地追求高像素。个人消费者是数码相机最大的潜力市场，也是各家数码相机公司一直培育和期待的市场。而个人消费者不太可能购买价格非常昂贵的 300 万像素级别的数码相机，因此很多厂商甚至"捡起"了 100 万像素技术甚至 35 万像素技术，因为后者非常成熟的技术和生产工艺可以以较低的成本制造出质量和功能都比较出色的产品，在一定程度上满足了一部分个人消费者的需求。随着越来越多的厂商意识到个人消费者市场的潜力，市场上消费级数码相机产品越来越丰富，数码相机厂商纷纷推出低价位高性能产品争夺个人消费者。到 2002 年，在像素级别上，100 万～300 万像素的相机成为普通消费市场的主力，200 万像素的相机成为 2002 年最热销的产品。根据赛迪顾问的数据，2002 年个人和家庭用户是促进我国数码相机市场增长的主力军，个人和家庭用户购买的比例较 2001 年有明显的增加，个人消费者市场迅速增长，并逐步成为数码相机市场的主要用户[40]。根据计世资讯发布的数据（图 7-5），在 2002 年我国数码相机的个人和家庭用户以 51.9%的比例超过了商用用户的 48.1%[41]。

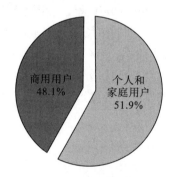

图 7-5　2002 年我国数码相机用户结构

　　综上所述，在数码相机技术发展过程中的早期市场，数码相机的主要应用领域是以新闻机构、商业摄影机构等为代表的商业领域，其市场构成方式表现为组织市场；到了早期大众市场，数码相机的主要应用领域是以个人和家庭为主的消费领域，其市场构成方式表现为个人消费者市场（表 7-8）。

表 7-8　市场构成方式

阶段	早期市场	早期大众市场
主要应用领域	新闻、广告公司、商业摄影机构、保险公司、地产商、建筑商、公检法部门、博物馆、航空公司、科研领域及出版印刷公司等商业领域	以个人和家庭为代表的个人消费者领域
市场构成方式	组织市场	个人消费者市场

2) 竞争形态

1996 年，日本卡西欧公司率先进入中国数码相机市场，美国柯达公司和德国爱克发公司随即进入。1997 年，更多的国外数码相机品牌开始进军中国市场，如奥林巴斯、索尼、三洋、富士、爱普生、佳能、飞利浦、松下等。同年，上海海鸥照相机厂进军数码相机领域，成为中国本土数码相机制造企业的先行者。由于中国数码相机市场的基数小，市场发展潜力大，在这样的大环境下，众多厂商争相加入。到 2001 年我国数码相机市场的国外品牌主要有柯达、奥林巴斯、索尼、富士、佳能、尼康、松下、卡西欧、理光、三星、惠普、三洋、东芝等，国产品牌主要有海鸥、赛德、东方电子、万胜、翰林汇、先科等。这一时期众多厂商纷纷争夺中国数码相机市场份额，市场竞争加剧。同时，由于数码相机市场的销量不大，各品牌的市场占有率较低。可以认为，在 2002 年之前，我国数码相机市场的集中程度不是很高，还没有形成具有市场领导性的品牌。

在 2002 年，随着国产数码相机品牌厂商发力，各大厂商纷纷通过降价争夺市场份额。一方面是因为我国加入世界贸易组织（World Trade Organization，WTO）后，数码相机产品的关税得以下调，另一方面，一些国外品牌也开始布局本土化生产。在这些因素的共同作用下，主流数码相机产品的价格一直呈现下降的趋势，数码相机销量呈现大幅度增长的同时，主流数码相机品牌的市场占有率开始逐渐提升。从我国 2002 年的数码相机市场份额来看，索尼以 20%的份额位列第一[42]，佳能则以 17%的份额位列第二，紧随其后的是奥林巴斯和富士，各占 15%（图 7-6）。由此可知，此时在中国的数码相机厂商中，索尼成为市场份额最大的领导者。索尼在数码相机领域的优势非常明显，在 CCD 传感器方面具有强大的竞争优势，然而索尼在光学领域的积累则不如佳能丰富。佳能在传统光学领域的积累为其提供了一定的竞争优势，在图像传感器 CCD 器件方面，佳能虽然不如索尼公司，但是在 CMOS（complementary metal oxide semiconductor，互补金属氧化物半导体）传感器方面的研发实力不容小觑。从综合实力看，佳能和索尼的实力不相上下。根据中关村调研中心的数据调查，2003 年第一季度，数码相机品牌用户关注度排名为索尼（31%）、佳能（18%）、奥林巴斯（13%）、尼康（11%）、富士（6%）。根据 IDC 发布的 2003 年数码相机市场调查报告，索尼以 18%的全球市场占有率领先，第二名佳能占比 16%，第三名奥林巴斯 13%。根据 ZDC（互联网消费调研中心）统计数据，到 2004 年 12 月我国数码相机品牌用户关注度佳能和索尼分别以 18.2%和 16.5%排名第一和第二。

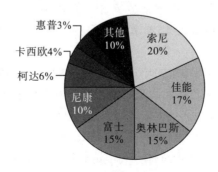

图 7-6　2002 年数码相机品牌市场占有率

综上所述，在数码相机技术发展过程中的早期市场竞争程度不高，此时尚未形成具有全面竞争优势的领导型企业；到了早期大众市场竞争程度加剧，并逐渐形成了以索尼、佳能等为首的领导型企业团。

3）核心技术成熟度

根据前面对新兴技术系统的定义，具体到数码相机技术，其核心技术即为图像传感器技术（CCD 和 CMOS）。下面讨论的核心技术成熟度，即图像传感器技术的成熟度。

图像传感器根据元件的不同分为 CCD 和 CMOS 两大类。20 世纪 60 年代末期，贝尔实验室首次发明了 CCD 元器件，自此以来，CCD 逐渐在图像传感、信号处理、数字存储等方面发展起来。而 CMOS 元器件则是在 70 年代初被开发出来的。当时 CMOS 元器件在分辨率、动态范围、噪声、功耗和成像质量等方面都与当时的 CCD 元器件相差甚远，因而未能获得充分发展，也没有得到实质性的应用。直到 90 年代末，CMOS 技术才开始应用于数码相机领域。为了了解数码相机核心技术在发展过程中的成熟度变化情况，本章将通过相关的专利数据来进行分析解读。

从图像传感器技术专利申请地域看，主要集中在国外，我国图像传感器方面的专利申请数量较少。这说明了数码相机技术的发展具有一定的区域性。从我国国内专利申请数量随时间变化的趋势来看，2003 年和 2004 年图像传感器总体专利申请数量呈现出了快速增加的态势，如图 7-7 所示。

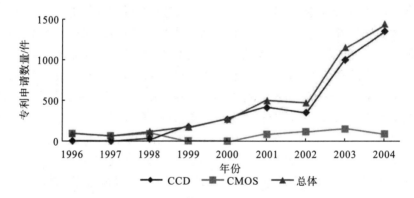

图 7-7　1996～2004 年我国图像传感器专利申请数量随时间分布图

从国外图像传感器技术专利的申请数量看，在 1996 年总体专利申请数量为 169 件，1999 年增加到了 481 件，到 2002 年则增加到了 894 件，总体专利申请数量增长迅速，如图 7-8 所示。

从国内和国外图像传感器技术的申请数量（图 7-9）看，1996～1998 年总体专利申请数量从 172 件增加到了 416 件，并且这三年总体专利申请数量增长迅速。1999～2000 年总体专利申请数量增速有所放缓，1999 年为 487 件，2000 年为 509 件，同比增长了 4%。2001年总体专利申请数量有一个较大幅度的提升，同比增长了 29.1%。之后一直保持平稳的增速发展。到 2004 年，图像传感器总体专利申请数量高达 1283 件。另外，CCD 技术的专利申请数量一直高于 CMOS 技术。CCD 技术的专利申请数量在 2000 年出现了小幅度下降，而 CMOS 技术则一直保持稳定增长。

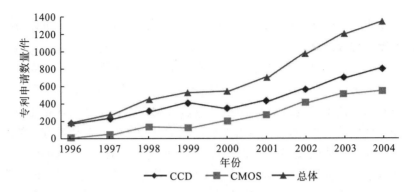

图 7-8　1996～2004 年国外图像传感器专利申请数量随时间分布图

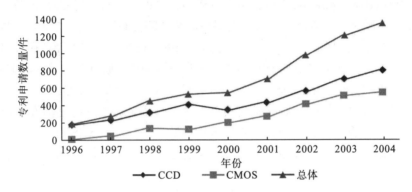

图 7-9　1996～2004 年全球图像传感器专利申请数量随时间分布图

从专利申请企业看，CCD 技术专利主要集中在索尼、富士、柯达、菲利普、松下、夏普这六个企业中。而且由于专利门槛和 CCD 复杂的生产工艺，CCD 在很长一段时间内只有上述六家企业可以批量生产，其中最主要的供应商是索尼。索尼公司是最早投入研究 CCD 技术的公司，且技术成果显著。以下是索尼公司在 CCD 传感器技术方面关键技术的发展脉络。

(1) 20 世纪 80 年代初期，HAD 感测器。索尼将 HAD 感测器率先使用在 INTERLINE 方式的可变速电子快门产品中，即使拍摄移动快速的物体也可获得清晰的图像。

(2) 20 世纪 90 年代，SUPER HAD CCD。在 CCD 的单位面积越来越小的情况下，CCD 的感亮度受到影响。针对这一技术障碍，索尼研发了 SUPER HAD CCD 技术，提升了光利用率。这一技术的改进使索尼 CCD 在感觉性能方面得到了提升。

(3) 1998 年，EXVIEW HAD CCD。该技术的成功研发将以前未能有效利用的近红外线光有效转换为映像资料，使得可视光范围扩充到红外线，让感亮度能大幅提高。利用 EXVIEW HAD CCD 组件，在黑暗的环境下也可得到高亮度的照片，并且影响画质的杂信息也会大幅降低。

(4) 2003 年，四色滤光技术。四色滤光技术将会更加接近人眼自然色彩识别标准，从而能够达到更为真实的色彩还原标准。四色滤光技术的采用，可以使数码相机在色彩还原上的错误降低至少一半，而数码相机在蓝绿、红色方面的还原生成效果也将同时得到加强。另外，索尼公司同步研发的图像处理模块配合四色滤光 CCD 模块形成了新的图像处理单元,这一设计可以节省至少30%的能耗。全新的图像处理单元的使用还可以有效提升数码相机的拍摄速度和回放速度。

从以上分析中可以明显看到CCD技术在逐渐的突破技术障碍,发展成熟。

图像传感器的另一重要分支——CMOS技术,主要掌握在佳能、尼康和索尼这三家企业手中。在数码相机技术发展的早期采用者阶段,CMOS与CCD技术相比具有低能耗、低成本、传输速度快的优势(随着技术的发展,CCD与CMOS在技术方面的差异在逐渐缩小),这为CMOS技术的发展赢得了一席之地。但是这一时期的CMOS技术在照度和噪点问题上遇到了很大的技术障碍,影响了CMOS传感器的成像性能。而在市场需求和企业研发投入的双重推动下,CMOS传感器技术发展快速,关键技术不断取得突破。2001年C3D(CMOS color captive device)技术研发成功。这种技术对上述CMOS图像传感器所存在的固定图形噪声、像素间的串扰以及暗电流等缺陷均有所改善,提了了CMOS传感器的性能,其中,包括使用大尺寸传感器提高开口率。在噪声控制方面,有公司将专门的噪声检测算法直接整合于CMOS图像传感器的控制逻辑中,通过这项技术,可以成功剔除固定噪声。所以,CMOS也在突破一个个技术障碍的同时逐渐发展成熟。

综上所述,数码相机的核心技术在突破一个个技术障碍的同时逐渐发展成熟。在数码相机技术发展过程的早期市场,核心技术的一些关键问题尚未得到解决,技术发展不成熟。到了早期大众市场,核心技术的技术难题逐个被突破,核心技术逐渐达到理想的成熟度。

4) 补充性技术

新兴技术的发展离不开补充性技术,补充性技术和核心技术一起为采用者提供特定功能和应用。新兴技术系统的发展过程也是补充性技术不断加入和完善的过程。根据前面的定义,具体到数码相机技术,其补充性技术主要包括数码相机镜头技术、白平衡技术、自动曝光技术等。这四种补充性技术是数码相机技术众多补充性技术中非常重要的部分,是决定数码相机档次、品质和价格的关键。所以本章将主要从这四种关键的补充性技术的发展进行探讨。

数码相机的镜头就如同人的眼睛一样,要想获得高质量的照片,那么一个好的镜头就是必不可少的。镜头质量的好坏对数码相机照相效果的影响非常显著。从数码相机镜头的专利申请数量看,国际上有关数码相机镜头的专利申请数量呈现出逐年递增的发展趋势(图7-10),这说明数码相机的镜头技术一直是一个技术热点。1996年,数码相机镜头相关的专利申请数量仅仅有49件,1997年达到了149件,到2002年更是高达920件。另外,2001年有关数码相机镜头的专利申请数量较往年出现了猛增的势头,增长率达到了48.7%,这种快速的增长态势持续到了2004年,2002年申请数量的增长率达到了64.5%,2003年也达到了30.1%。

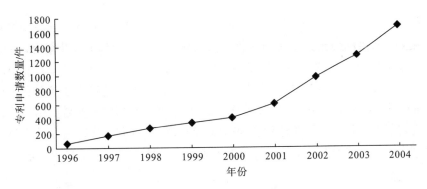

图 7-10　1996～2004 年国际上有关数码相机镜头的专利申请情况

　　光学透镜是数码相机镜头的重要组成部分，在数码相机发展早期，光学透镜一般情况下采用的是球面设计，而球面镜的缺点是会产生许多像差，导致影像模糊失焦。为了解决这一技术难题，非球面镜应运而生。非球面镜在镜头的光学系统中可以最大限度地抑制成像的图形畸变、失真，从而大幅度提高相机使用大光圈时的成像品质。奥林巴斯利用可变形的反射镜进行聚焦，代替了传统的镜头组伸缩聚焦，为相机小型化发展开辟了一条途径。佳能公司 2001 年研制的变焦镜头实现了透镜系统的小型化。同年，佳能公司公开了一种可实现照相视角增大和总镜头长度降低并具有高度便携性的变焦镜头。尼康公司 2002 年公布的一款变焦镜头具有 2～4 的变焦比、少量的色差和整个图像的高光学性能。随着相关技术障碍不同程度的突破，变焦镜头的成像性能逐渐提升，并朝着小型化的方向发展。

　　由于相同景物在不同的色温下会出现不同的显示效果，因此，必须对不同色温所引起的色差进行校正，从而使白色的物体呈现真正的白色。白平衡就是对色温进行调节的过程。数码相机在各种光线条件下，要得到自然真实的彩色照片，就必须有优秀的白平衡能力。从国际上关于数码相机白平衡技术的专利申请情况(图 7-11)看，白平衡技术在 1996 年的专利申请数量仅为 52 件，1998 年白平衡技术的专利申请数量有一个大幅度的增长，达到了 88 件。之后白平衡技术专利的相关申请数量则呈现出稳步增加的趋势，到 2002 年，白平衡技术的专利申请数量达到了 140 件。由此可以看出，在白平衡技术成功应用于数码相机之后，随着数码相机市场的发展，各大厂商对白平衡技术的研究开发也投入了更多的精力，也取得了较大的进展。

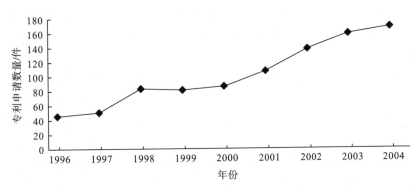

图 7-11　1996～2004 年国际上关于数码相机白平衡技术的专利申请情况

曝光是图像传感器进行感光的过程，曝光将直接影响图片的质量。数码相机对曝光的精度要求较高，而自动曝光就是为确保数码相机在任何情况下都可以获得合理的曝光，而合理的曝光量会直接影响图片的清晰度和图片的质量。图 7-12 显示的是我国自动曝光技术的专利申请数量变化，从图中可以看出，1996～2000 年自动曝光技术专利申请数量相对平稳，每年的申请数量在 40～70 件浮动。而 2001 年的专利申请数量则出现了较大幅度的增长，达到了 112 件，增长率达到了 69.7%。2001～2004 年，自动曝光技术每年的专利申请数量都保持在 100 件以上，并在 2003 年达到了最高点，申请数量为 165 件。

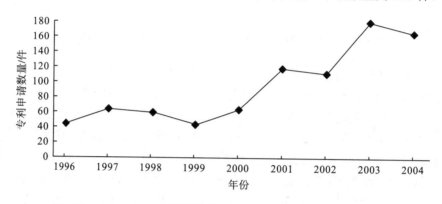

图 7-12   1996～2004 年我国数码相机自动曝光技术的专利申请情况

另外，一些补充性技术在早期采用者阶段还未被纳入数码相机的技术系统中，而到了实用主义者阶段，越来越多的补充性技术被纳入数码相机的技术系统中。例如，佳能在2002 年发布的新品 PowerShot A100/A200 采用了智能三点对焦技术(人工智能自动对焦)，用户可以不考虑被摄物体是否在取景框的中央，只要简单地构图，然后按下快门钮就可以获得出色的数码照片[43]。

综上所述，在数码相机技术发展过程中的早期市场，一些补充性技术逐渐加入数码相机技术系统中，然而补充性技术此时并不成熟，还需要进一步完善。到了早期大众市场，更多的补充性技术加入数码相机技术系统中，并且补充性技术经过发展完善，此时已趋于成熟。

5) 支撑性技术

支撑性技术是指那些对新兴技术系统的功能性而言并不是必需的，但是却能提高新兴技术系统的附加值的一类技术。具体到数码相机技术，主要的支撑性技术是数码照片打印机、计算机和网络。

数码相机技术作为一种颠覆性的新兴技术，在其进入市场的早期发展过程中，照片打印问题是影响数码相机被更多用户采用的一大障碍。这一时期，数码相机技术的发展前景不明朗，用户基础小，打印技术相关的厂商不愿意投入全力发展数码照片打印技术。而数码相机核心厂商生产打印机的成本又太高，且所需资源很多。一时间，数码照片打印很不方便。而随着数码相机技术成熟度和产品成熟度的提高，提供支撑性技术的厂商看到有利可图，也加快了数码照片打印机的研发与推广，数码照片打印机的普及率也在逐步地提高，数码照片冲印店的数量也在不断增加。

我国计算机产业从 1956 年开始发展，但是在改革开放前计算机产品应用范围较窄，并未真正走入市场。在"九五"期间，国家把电子信息产业列为国民经济发展新的增长点，并且大力推进国民经济信息化建设，这些举措为计算机产业和市场的发展提供了良好的生长环境。根据《中国电子工业年鉴》记录的数据（图 7-13），1998～2003 年我国个人计算机市场销量呈现稳定增长的趋势。1998 年我国个人计算机市场销量为 408.0 万台，到 2003 年达到了 1423.3 万台，增长率高达 248.85%。

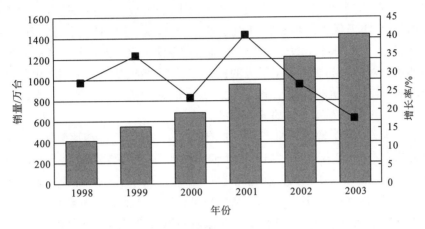

图 7-13　1998～2003 年中国计算机市场销量

中国正式接入互联网是在 1994 年，之后的两年，我国开始了全面铺设信息高速公路的历程。从 1997 年开始，中国互联网步入快速发展的阶段。根据中国互联网络中心的统计数据（图 7-14），1997～2002 年我国网民数量逐年稳定攀升，1997 年我国网民人数为 62 万人，1998 年达到了 210 万人，增长率高达 238.71%，到 1999 年更是以 323.81% 的高增长率达到了 890 万人，到 2002 年中国网民数量已飙升至 5910 万人。

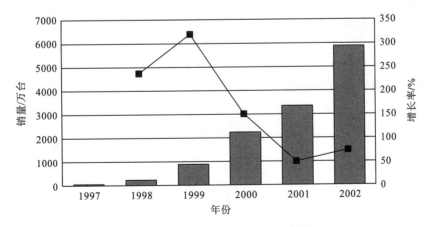

图 7-14　1997～2002 年我国网民数量

综上所述，数码照片打印机、计算机和网络等一系列支撑性技术的发展为数码相机的发展提供了良好的应用环境，大大提高了数码相机的应用范围与可用性。在数码相机技术发展过程中的早期市场，支撑性技术发展不完善，导致数码相机的应用环境不健全。而到了数码相机技术发展过程中的早期大众市场，支撑性技术发展逐渐完善，数码相机的应用环境越来越健全。

6) 产品成熟度

产品成熟度的衡量本章主要从产品功能和产品性能两个方面来考量。从产品功能方面看，在数码相机发展过程中的早期采用者阶段，数码相机的功能比较单一，其核心功能就是拍摄照片，这一时期数码相机厂商发展的重点也是提高拍照的质量。在 1995 年，世界上数码相机只有 41 万像素，到 1996 年几乎翻了一倍，达到了 81 万像素，到 1997 年又提高到 100 万像素，到 2004 年数码相机厂商推出的主流相机已经达到了 400 万像素，数码相机像素的增加对照片的质量有了很大的提升。当数码相机从早期采用者阶段过渡到实用主义者阶段时，数码相机的功能已比较丰富，这一时期的数码相机具有防水、防尘、防抖、防红眼、连拍、视频、影音文件播放等功能。

从产品性能方面看，数码相机产品性能的稳定性与可用性都在逐渐提高。从数码相机存储卡方面看：在 2002 年之前，由于 SM 卡体积小巧且非常轻薄的特点广泛应用于数码相机产品中，但是由于 SM 卡的控制电路是集成在数码相机中的，这使得数码相机产品的兼容性很容易受到影响。2002 年之后，数码相机存储卡开始发展为 SD 卡、记忆棒等，在一定程度上提升了数码相机产品的性能。从数码相机的快门速度方面看：在 1997 年，一个普通的数码相机从按下快门，到数码相机真正开始记录图像之前，需要等待 1.5 秒。到 2003 年，数码相机的快门速度已达到了 1/4000 秒以内，对于大多数的日常拍摄用户基本上不会感受到拍摄延迟。从数码相机的启动速度方面看：2001 年非常流行的佳能 IXUS300 数码相机从按下电源开关到可以拍摄这一启动速度为 2.1 秒[44]，这个速度在当时是非常快的。到 2002 年，数码相机的启动速度由 2.1 秒降低到了 1 秒。快速启动的性能在拍摄稍纵即逝的场面或者是抓拍时，具有非常大的作用。这在一定程度上提升了数码相机的可用性。

综上所述，在数码相机技术发展过程中的早期市场，数码相机产品的功能比较简单，并且性能不稳定，可操作性差，此时的数码相机产品成熟度较低；到了早期大众市场，数码相机产品的功能逐渐丰富，采用者的可选择性增多，产品性能稳定性提高，并且具有更友好的操作性，此时的数码相机产品成熟度较高(表 7-9)。

表 7-9　数码相机产品成熟度

产品成熟度	早期市场	早期大众市场
产品功能	功能简单	功能丰富
产品性能	性能不稳定，可操作性差	性能稳定，易于操作

7) 产品形式

根据前面对产品形式概念的界定，产品形式的发展包括三个层次：核心产品、期望产品和延伸产品。

在数码相机技术发展的早期采用者阶段，数码相机功能单一，厂商竞争的着眼点也都放在了成像像素上,各大厂商都致力于提升数码相机的像素进而提升数码相机的核心功能的优越性。当过渡到实用主义者阶段时,从用户的角度看,用户对产品的外观和品牌知名度都给予了比较高的关注。中国电子信息产品消费行为调查报告显示,消费者在购买数码相机时考虑的主要因素中,外观、服务和品牌共计占比 36.2%,超过了质量(29.8%)和功能(29.4%)的占比[45]。用户的需求推动了产品形式的改变。从数码相机厂商的角度看,数码相机厂商在注重像素的同时也开始挖掘新的卖点,在外观设计和品牌塑造上大做文章,数码相机产品的外观逐渐丰富起来。随着镜头设计得更加紧凑和锂电池的广泛应用,机身设计得越来越小巧,大众审美趋同性更为明显,数码相机在不断缩小外形尺寸,更便于携带。例如,美能达公司推出的 Dimage Xi 宽度比信用卡略窄,厚度仅 2cm;清华紫光推出的一款产品中,采用了滑盖式电源激活设计,这一设计很好地提升了用户的使用体验。售后服务也越来越被数码相机厂商重视。例如,2004 年佳能、索尼、富士等厂商都召回了有问题的产品并且采取了积极合理的补救措施。同时,一些数码相机厂商,如尼康、佳能、富士等都在自己的网站上发布数码相机的软件及升级办法,使得用户可以免费方便地对自己的数码相机进行软件升级,这些举措都显示出了数码相机厂商对售后服务的重视。

综上所述,在数码相机技术发展过程中的早期市场,数码相机产品形式基本上只达到了核心产品的层次。到了早期大众市场,数码相机产品越来越满足整体产品的要求。

8) 产品价格

在数码相机刚进入中国市场时,由于技术、量产规模等方面的限制,产品价格高达 8000 元。虽然数码相机价格昂贵,但是相较于传统相机,它能够迅速及时地传送照片的特性得到了专业领域摄影师的青睐。例如,专业的新闻机构就看到数码相机所带来的价值。数码相机的出现可以让新闻机构快速抢到热点新闻图片,这对于新闻机构而言获得的是效率上的根本性突破,再加上新闻机构一般拥有丰富的资源和预算,对于产品的价格不甚敏感。所以在早期采用者阶段,虽然数码相机价格昂贵,但是一些企业为了获得业务或效率上的根本性突破从而获得竞争优势,是愿意付出较高的价格购买的。当数码相机从早期采用者阶段向实用主义者阶段过渡时,数码相机高昂的价格就限制了普通消费者的采用,一个直观的表现就是从 1998~2000 年,在市场远未达到饱和的时候,虽然数码相机的销量在增长,但是增长率却在逐年下降。实用主义者并未像早期采用者一样采用数码相机,一是实用主义者对产品价格更加敏感,二是实用主义者更看重产品的性价比。一些数码相机厂商也意识到了不可能让一个普通的消费者选择一个 8000 多元的 300 万像素级别的数码产品,因此从 2000 年开始,一些厂商开始发展 100 万像素、200 万像素级别的数码相机,因为这一像素级别的数码相机在技术和生产工艺上更加成熟,可以在保证产品质量和功能的基础上尽可能地降低成本,而且这一像素级别的数码相机也可以满足用户网上交流图像的需求。可以说是给用户提供了性价比较高的产品,满足了一部分消费者的需求。

根据新浪科技做的一期关于 2002 年我国数码相机市场的调查,100 万~200 万像素级的数码相机产品已经可以很好地满足普通的摄影需求,那么对于一些对数码相机像素要求较高的人群,如一些发烧友,200 万~300 万像素级的数码相机产品也基本可以满足其需求。

在数码相机技术发展过程中的实用主义者阶段,根据数码相机的用途,200 万像素级的数码相机产品基本上可以满足用户在计算机上欣赏和分享图片的需求,这一像素级别的价位在 2500~3500 元；200 万~300 万像素级的数码相机产品则可以满足那些需要打印输出照片的用户的要求，这一像素级别的数码相机产品的价位在 3500~4500 元（表 7-10）。

表 7-10　不同用途数码相机的像素级及价位

用途	合适的像素级	价格
计算机上欣赏、分享图像	200 万像素	2500~3500 元
打印输出照片	200 万~300 万像素	3500~4500 元

另外，在 2002 年各数码相机厂商都不留余力地推出众多 200 万像素级数码相机抢占市场，加上国内众多厂商也参与到市场竞争中，使得 200 万像素级的数码相机成为 2002 年数码相机界的热门产品。随着技术和产品的逐渐成熟，以及竞争、关税下调等一系列因素的共同作用，我国数码相机市场上的一些主流产品的价格一降再降（图 7-15）。如在 1998 年数码相机产品的均价在 6365 元，而到了 2002 年，数码相机产品的均价降到了 4553 元，降幅近 28.47%。

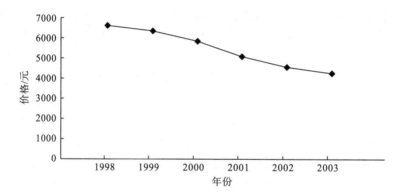

图 7-15　1998~2003 年我国数码相机产品价格趋势图

另外，从数码相机价格区间看，在 2002 年，2000 元以下的产品占 14%，2001~4000 元的产品占 31%。由此可以看出，在 2002 年，2001~7000 元的数码相机产品以 70%占比成为市场热卖品（图 7-16）。

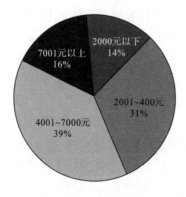

图 7-16　2002 年我国数码相机市场价格区间分布图

综上所述,在数码相机技术发展过程中的早期市场,数码相机的价格普遍较高,高于普通大众的承受能力。到了早期大众市场,数码相机产品的价格已降到普通大众消费者可以承受的范围。

4. 案例 1 总结

根据对数码相机的分析,我们找出了数码相机技术商业化过程中"峡谷"出现的时间段,即 1999~2001 年是数码相机技术的"峡谷"期。根据市场构成方式、竞争形态、核心技术成熟度、补充性技术、支持性技术、产品成熟度、产品形式、产品价格这八个变量在"峡谷"两侧的早期市场和早期大众市场的表现形式,归纳出了"峡谷"的八个特征。通过对"峡谷"在早期市场和早期大众市场的特征进行对比分析,我们发现它们之间存在着非常显著的差异,见表 7-11。

表 7-11 影响因素在数码相机"峡谷"两阶段特征差异对比

影响因素	早期市场	早期大众市场
市场构成方式	组织市场	个人消费者市场
竞争形态	竞争程度不高,尚未形成具有全面竞争优势的领导企业	竞争激烈,逐渐形成以索尼和佳能为代表的市场领导性企业
核心技术成熟度	技术难题尚未突破,技术发展不成熟	技术障碍逐一突破,技术发展逐渐成熟
补充性技术	部分补充性技术加入新兴技术系统,但技术性能有待改进	更多的补充性技术加入新兴技术系统,且技术性能逐渐提高
支撑性技术	不完善	逐渐完善
产品成熟度	不成熟	逐渐成熟
产品形式	核心产品为主	逐渐发展成整体产品
产品价格	价格高昂,高于个人消费者的承受范围	价格逐渐下降到个人消费者可承受的范围

7.3 案例研究 2——平板电脑技术"峡谷"特征及成因

1. 案例背景介绍

平板电脑,英文全称"tablet personal computer",简称"Tablet PC",其主要特点是用触摸屏取代传统的键盘输入,允许用户用手指、触控笔或数字笔来进行输入。除了触屏输入,用户还可以通过手写识别功能、软键盘、语音识别或者外接键盘(某些型号支持)的形式进行输入。平板电脑相对于一般的个人计算机而言,具有体积小巧,便于携带的优势与特点。平板电脑现在已被大家所熟知,但是它的发展历史非常久远,可以追溯到 20 世纪 60 年代。下面简要介绍平板电脑的发展史,以更好地帮助我们理解平板电脑的发展背景。

1964 年,采用无键盘设计,配有数字触笔的 RAND 平板出现。用户可以用数字触笔进行菜单选择、图表制作、编写软件等操作。

1968 年,施乐帕洛阿尔托研究中心的艾伦·凯(Alan Kay)提出了一种可以用笔输入信息的名为 Dynabook 的新型笔记本电脑的构想。这一构想可以算是平板电脑的雏形。

1983 年，惠普推出的 PC-150 是最早的商用触屏计算机之一，用户仅需触摸屏幕即可激活计算机的功能。

1989 年 9 月，GRiD Systems 制造的 GRiDPad 正式上市，这是第一款触控式屏幕的计算机，也是第一台用作商业用途的平板电脑。可以看到，从平板电脑构想的提出，到真正用作商业用途的第一台平板电脑生产出来，中间隔了将近 20 年。

1991 年，Go 公司推出名为 Momenta Pentop 的平板电脑，随后，在 1992 年，该公司又推出了平板电脑专用操作系统 PenPoint OS，同年微软公司也推出了 Windows for Pen Computing，实现了图形界面。

1993 年，苹果公司推出 Newton 掌上电脑(personal digital assistant，PDA)，用户可以通过手写来记录想法、笔记和添加联系人信息。Newton 在外观、功耗和功能上可圈可点，但销量始终不尽如人意。

从 20 世纪 60 年代到 90 年代末，平板电脑基本上处于初步探索的阶段，由于核心技术的不成熟，平板电脑仅仅在小范围内得以推广和使用。

2000 年，微软公司 CEO 比尔•盖茨在 Comdex-Fall 首次展示了还处于开发阶段的 Tablet PC，使得一度消失多年的平板电脑产品再次走入人们的视线。

2002 年，微软推出的中文版 Windows XP Tablet PC Edition 进入中国市场，同时，与微软中国合作的四家企业优派、惠普、宏碁和联想也都推出了各自装有微软操作系统的平板电脑。

2006 年和 2008 年，三星和戴尔也相继推出了自己的平板电脑。但这一时期平板电脑只是在一些行业中得到了应用。这一时期，虽然平板电脑并没有在大众市场中流行起来，但平板电脑的概念已经在发展中成型，并逐渐被大家所认知。

2010 年 1 月，苹果公司 iPad 的发布才真正引爆了平板电脑市场，平板电脑销量呈现爆发性增长，平板电脑也开始进入大众消费市场。

2. 平板电脑技术采用生命周期的界定

理论上来讲有两种方法可以对新兴技术采用生命周期进行界定，一是根据前面对"峡谷"内涵的界定，即新兴技术峡谷指的是产品市场增长停滞及下滑的现象，这种方法可以通过对每年产品销量数据的分析得出，前面对数码相机的界定采用的即是此种方法。但是由于平板电脑市场在 2010 年之前几乎没有发展起来，没有市场热度，相应的也几乎没有数据机构对其销量或产量进行统计。从 2010 年 iPad 的发布带动了这一市场的爆发，从 2010 年开始相关机构才开始关注和统计平板电脑的销量数据，由于产品销量数据的缺失，前一种界定方法对平板电脑并不太适用。因此，在对平板电脑技术采用生命周期的界定上，我们采用了第二种方法，即结合技术成熟度曲线和新兴技术采用生命周期这两者的一种界定方法。技术成熟度曲线从 1995 年开始被高德纳公司提出并应用，到现在已发展得十分成熟，并且已被世界范围内相当一部分的技术专家和学者等接受，研究结果比较具有权威性和说服力。另外，技术成熟度曲线和本章提出的新兴技术采用生命周期及"峡谷"的概念，其所衡量的都是技术的市场表现情况，二者具有一定的相通性。总而言之，将技术成熟度曲线运用到平板电脑技术采用生命周期的界定中还是比较具有说服力的。下面将结合技术成熟度曲线和新兴技术采用生命周期的研究，对平板电脑技术采用生命周期进行界定。

技术成熟度曲线(hype cycle)又称为光环曲线、炒作周期曲线，是著名的美国调研机构 Gartner 为企业提供评估新技术成熟度一个经典的工具，其认为从技术产生到成熟的过程可以分成五个主要的阶段(图 7-17)。

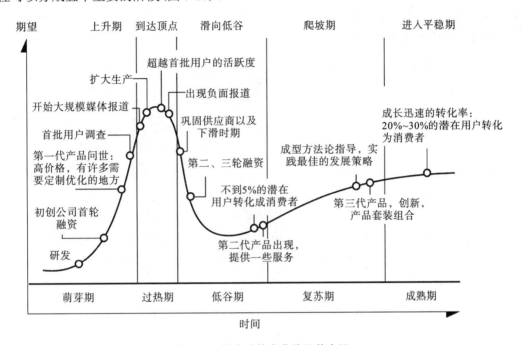

图 7-17　技术成熟度曲线及其内涵

(1)萌芽期：用户的需求和产品还不成熟，而且随着技术缺点、问题、限制的出现，失败的案例数量要大于成功的案例数量。

(2)过热期：公众对该技术的期望值达到顶峰，有少量用户开始采用该项技术。

(3)低谷期：过高的期望值和实际的情况相冲突，公众的期望值下降，开始出现负面评价。

(4)复苏期：厂商和相关技术供应商不断地完善自己的产品，加上用户的需求进一步明确，产品在设计和使用场景上也都趋于成熟，此时最佳实践开始涌现。

(5)成熟期：新科技产生的利益与潜力被市场所接受，技术发展逐渐进入成熟发展的阶段。

根据前面对新兴技术采用生命周期中各阶段采用者累计比例的说明，一般而言，早期采用者的比例占到总潜在用户的 16%(这一数值是"峡谷"边界的临界值)时新兴技术陷入"峡谷"阶段。对于技术成熟度曲线中各阶段的累计采用者比例，一般而言，进入成熟期的新技术，其有 20%左右的潜在用户转化为实际消费者。我们可以初步认定，技术成熟度曲线的成熟期即对应着新兴技术采用生命周期中的早期大众市场阶段(实用主义者阶段)。

根据 Gartner 发布的历年成熟度曲线，平板电脑技术从 2005 年进入低谷期，2010 年则刚刚进入成熟期。

从平板电脑的销量看，2002～2004 年，全球平板电脑销量呈现逐渐增长的趋势，2002 年全球平板电脑销量仅为 7.2 万台，2003 年全球平板电脑的销量为 40 万台（Dataquest 数据），到 2004 年销售量达到了 100 万台（IDC 数据）（图 7-18）。由于此时平板电脑市场的基数较小，市场呈现出了高速增长的趋势。然而，平板电脑市场看似在高速增长，但是根据 Gartner 的统计，2003 年全球个人计算机总销量达到了 1.86 亿台，比起这个巨大的数字，平板电脑的销量就显得太弱小了。

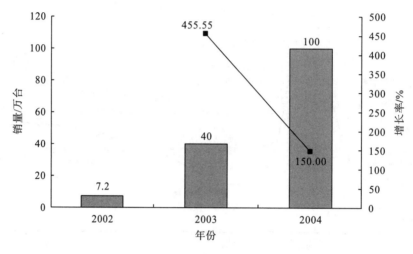

图 7-18　2002～2004 年全球平板电脑销量

（源自伽马数据）

2005～2009 年，平板电脑市场一直表现平平。IDC 数据显示，在 2009 年 8 月，平板电脑的市场份额仅仅占到了全球便携式个人计算机市场的 1.4%。

到了 2010 年，平板电脑的市场销量情况有了非常大的改观。2010 年，iPad 的销量高达 1600 万台。可以说 iPad 从一个基本停滞的市场中，发现并培育出了用户需求，并成功发展出一个产业的雏形。据不完全统计，iPad 销量在上市的短短 28 天里达到了 100 万台；iPad 的出货量也从 2010 年第三季度的 327 万台，增加到了 2011 年第四季度的 1112 万台（图 7-19）。iPad 在上市以来的 9 个月时间内就为苹果公司创造了将近 95 亿美元的收入。根据百度数据研究中心的数据，2010 年 iPad 相关搜索指数从 2010 年 50 万条飞升至 1100 万条，增长率高达 2100%。据 ZDC 的数据显示，我国平板电脑关注指数在 2010 年的增长率竟然高达 8362.7%。平板电脑的火热程度可见一斑。随后众多的厂商都纷纷加入平板电脑产业中，据统计，2010 年中国平板电脑市场新增品牌数高达 39 个，而这一数据在传统个人计算机行业为 0。2010 年，平板电脑新品增长率也达到了 125%。

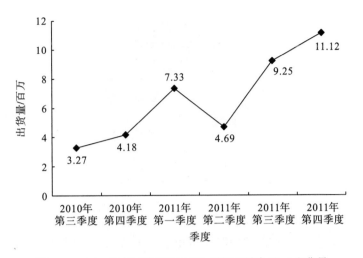

图 7-19　2010 年第三季度至 2011 年第四季度 iPad 出货量

　　从 2010 年苹果公司发布 iPad 开始，我国平板电脑市场销量也呈现出了爆发性增长的态势。如图 7-20 所示，2010 年中国平板电脑销量为 174.0 万台，2011 年则达到了 642.5 万台，环比增长率高达 269.25%。2012 年中国平板电脑市场销量为 1031.2 万台，环比增长有所降低，为 60.51%。2013 年中国平板电脑销量为 1718.1 万台，环比增长率为 66.61%。2010～2013 年中国平板电脑销量呈现出稳定增长的态势，且增长幅度较大。环比增长率在 2011 年达到顶峰为 269.25%，2012 年和 2013 年虽然有所下降，但也都保持了 60% 以上的增长率。

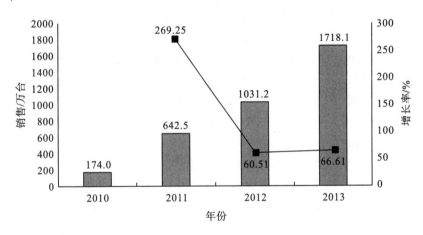

图 7-20　2010～2013 年中国平板电脑市场销量

　　赛迪顾问在 2010 年对中国平板电脑市场进行了一项调研，调研结果显示受调查者中有 41.67% 的用户已经购买了平板电脑(图 7-21)。由于赛迪顾问这次的调研对象是千余名典型平板电脑用户，因此 41.67% 的统计结果应该高于平板电脑实际采用者的比例。但是这个统计结果在一定程度上可以说明平板电脑此时已进入了实用主义者阶段。

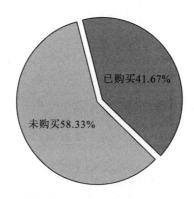

图 7-21 2010 年购买平板电脑用户的比例

综上所述, 2004 年及之前的阶段是平板电脑技术采用生命周期中的早期市场。2005~2009 年, 平板电脑的市场发展陷入低谷, 此时平板电脑技术陷入了"峡谷"阶段。从 2010 年起, 平板电脑市场销量猛增, 此时平板电脑技术的发展已经度过了"峡谷"期, 进入了早期大众市场。

3. 平板电脑技术"峡谷"特征分析

1) 市场构成方式

平板电脑(Tablet PC) 是比尔·盖茨在 2000 年的 Comdex-Fall 展会上提出的一个概念, 并预言: "今后 5 年里, 基本所有的笔记本电脑都将变成 Tablet PC。" 在微软的号召下一些厂商开始涉水平板电脑领域。而在国内平板电脑市场, 康佳成为第一个吃螃蟹的人。2001 年 12 月, 康佳启动了平板电脑项目。2002 年 10 月在深圳举行的第四届中国国际高新技术成果交易会上, 康佳的 iMe 平板电脑正式亮相。同年, 微软在中国正式推出平板电脑。同时, 与微软中国合作的四家知名企业优派、惠普、宏碁和联想也都推出了装有微软操作系统的平板电脑。这一时期平板电脑的目标客户群主要是医疗行业、金融行业、建筑行业、设计行业、保险行业、公安系统等企业级用户[46]。2006 年 5 月, 移动智囊 Q1 出台, 这款产品是由三星、微软和英特尔三家企业联合推出的。同时这款产品也非常有代表性, 这款产品融合了平板电脑、PDA、MP3、MP4、DMB 播放器、导航仪、移动硬盘等设备的诸多优点, 功能应用丰富了许多。这标志着这款产品率先突破了传统的数字设备的使用界限。另外, Q1 与以往的平板电脑在大小上有了很大的改变, 屏幕只有 7in(1in=2.54cm), 进而改变了 Q1 的应用方向: 从企业应用转型到娱乐, 从与笔记本电脑竞争到与 MP4、导航仪等娱乐消费电子产品竞争。这一改变也为平板电脑进军个人消费者市场打开了一扇窗[47]。2007 年, IDC 的分析师表示平板电脑市场已经开始吸引普通消费者的关注。随着触摸屏技术的不断发展而很有可能会改变平板电脑的应用领域, 那就是, 平板电脑将由传统的垂直市场慢慢进入消费领域。与此同时, 如微软、苹果等公司都在积极地研发触摸屏技术, 以期这一技术能够逐渐应用到消费产品中。2010 年 1 月乔布斯发布苹果公司的平板电脑 iPad, 4 月 3 日, iPad 开始在欧美销售, 2010 年 9 月 iPad 在中国大陆市场开售, 引得众多苹果迷趋之若鹜。iPad 自上市以来的定位为娱乐消费, 具有视频、音乐、游戏、阅读等娱乐功能, 还可通过在线软件商店下载软件扩展功能。根据苹果财报发布的数据, 2010

年 Q4 财季，iPad 出货量为 418 万台。到 2011 年 Q4 财季，iPad 出货量已突破 1000 万台，达到了 1112 万台。根据互联网消费调研中心在 2011 年 2 月进行的一项关于平板电脑用户需求及应用的调查(图 7-22)，有半数以上参与调查的用户选择将浏览网页、看视频、阅读等娱乐项目列为其购买平板电脑的主要用途。网络聊天、游戏和上社交网络等也是部分用户在使用平板电脑时较为常见的娱乐项目。而明确表示购买平板电脑是为了商业用途的用户仅占 36.25%。

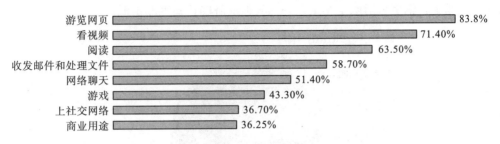

图 7-22　2010 年用户购买平板电脑的主要用途

综上所述，在平板电脑技术发展过程中的早期市场，其主要目标用户是以医疗行业、金融行业、建筑行业、设计行业、保险行业、公安系统等为代表的企业级用户，其市场构成方式表现为组织市场；到了早期大众市场，平板电脑的主要应用领域是以个人和家庭为代表的消费领域，其市场构成方式表现为个人消费者市场(表 7-12)。

表 7-12　市场构成方式

阶段	早期市场	早期大众市场
主要应用领域	医疗行业、金融行业、建筑行业、设计行业、保险行业、公安系统等企业级用户	以个人和家庭为代表的个人消费者领域
市场构成方式	组织市场	个人消费者市场

2) 竞争形态

早在 2000 年，微软就提出了 Tablet PC 的概念。直到 2002 年，微软携 Tablet PC 高调进入中国市场，与之合作的四家企业优派、惠普、宏碁及联想也都相继推出了自己的平板电脑产品。这一年康佳也推出了 iMe 平板电脑。虽然平板电脑这一概念的推出在市场上引起了不小的轰动，但是这一时期的市场表现却乏善可陈，市场概念也比较模糊，甚至由于平板电脑概念的模糊让一些小厂商乘机搭上了平板电脑的大船，以盗版 Windows XP Professional+手写输入软件就当成平板电脑来销售，使得市场上部分产品鱼目混珠，蒙蔽了不少消费者。并且这一时期的市场兴趣比较分散，市场上并没有出现一个具有压倒性优势的企业。2006 年 5 月，三星推出的 Q1 在国内市场登陆，2008 年 1 月，戴尔推出的平板电脑产品 Latitude XT 上市。三星与戴尔的加入，在平板电脑市场掀起了一丝波澜，给平板电脑市场带来了些许变化，但是并没有改变平板电脑市场的格局。直到 2010 年苹果公司发布了 iPad，一直以来不温不火的平板电脑市场瞬间被激活，而 iPad 的销量非常可观，全球销量超 1400 万台。对于当时的平板电脑市场而言，1400 万台的销量几乎占到了整个平板电脑市场份额的 83%。再来看中国市场，随着平板电脑这一概念的火热，不少厂商纷纷加入平板电脑市场，这一时期，我国平板电脑厂商数量增长迅速，达到了 50 余家。然而虽然有 50 余家厂商能够为消费者提供平板电脑，但是消费者的主要关注点还是在 iPad 产品上。ZDC 统计数据显示(图 7-23)，苹果公司的 iPad 产品以 67.3%的超高用户关注度位列 2010 年我国平板电脑市场品牌关注度的第一位。与苹果所获得的超高人气相反，平板电脑市场上其余品牌的用户关注度都不超过 5%。这一数据充分说明，此时的中国平板电脑市场上，消费者对除了苹果以外的其他品牌的认知度非常低。

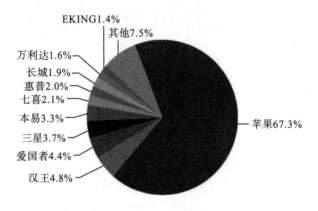

图 7-23　2010 年中国平板电脑市场品牌关注比例分布

　　根据艾瑞咨询发布的研究报告，2011 年苹果平板电脑品牌的占有率还是达到了 50.80%，其次为联想 13.80%，三星 9.80%，戴尔 6.80%，华硕 5.70%，宏碁 2.80%，山寨机 1.90%，其他 8.30%。根据易观国际发布的数据，2012 年第三季度各品牌在中国的市场占有率分别为：苹果 71.42%，联想 10.52%，e 人 e 本 3.61%，三星 3.53%，宏碁 3.03%，华硕 1.74%，台电 0.96%，蓝魔 0.53%，爱国者 0.29%，摩托罗拉 0.26%，其他 4.11%。从苹果平板电脑在中国市场的占有率看，2011 年为 50.80%，到了 2012 年第三季度，则达到了 71.42%(图 7-24)。此时，苹果公司已在中国市场成为具有全面竞争优势的领导型企业，并且其他公司的市场占有率与苹果公司相差甚远。其他公司想要取代苹果公司的领导地位，是非常困难的。

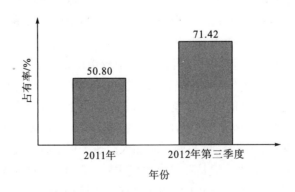

图 7-24　中国平板电脑市场苹果品牌市场占有率

由此可见，以 iPad 的发布为标志，从 2010 年开始，平板电脑市场概念逐渐清晰，并且市场兴趣集中，而苹果公司在市场上取得了全面的竞争优势，成为这一市场的领导者。

综上所述，在平板电脑技术发展过程中的早期市场，平板电脑市场竞争程度不高，此时尚未形成具有全面竞争优势的领导型企业；到了早期大众市场，平板电脑市场的竞争程度加剧，并且逐渐形成了以苹果为首的领导型企业。

3) 核心技术成熟度

根据前面对新兴技术系统的定义，具体到平板电脑技术，其核心技术即触摸屏技术。接下来讨论核心技术成熟度即触摸屏技术的成熟度。

触摸屏概念最早在 20 世纪 60 年代末至 70 年代初由学术界提出，第一代触摸屏基于电阻技术，不久后出现了电阻式触摸传感的替代技术，之后又出现了基于表面电容技术的触摸屏和表面声波触控技术。

本章的专利数据检索库采用的是中国专利数据库(知网版)，该库数据覆盖全面，数据项丰富，总体上可以反映出国内相关专利技术发展的现状与趋势。关键词选用触摸屏，将检索时间限定在 2000～2013 年，共检索到 6829 件(图 7-25)。其中，发明专利 3853 件，占总量的 56.4%；实用新型专利 2641 件，占总量的 38.7%；外观设计专利 335 件，占总量的 4.9%(图 7-26)。

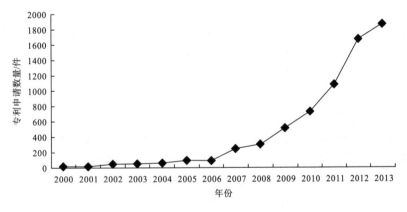

图 7-25 2010～2013 年我国触摸屏专利申请数量年度分布

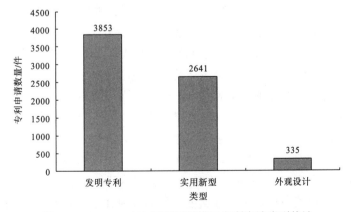

图 7-26 2010～2013 年我国触摸屏专利申请类型统计

从图 7-25 可以看出，触摸屏领域的专利申请一直处于稳步上升的趋势，这种趋势说明触摸屏领域是一个技术研究热点。2000 年、2001 年相关的申请量较少，在 20 件左右，2002 年的申请量增加到了 53 件。2002～2006 年的申请量处于一个缓慢上升的时期，申请量在 100 件以下。2007 年的申请量较 2006 年有一个较大幅度的上升，为 241 件。并且从 2007 年开始，直到 2013 年，专利申请量处于一个迅速上升的时期，2013 年的专利申请量达到了 1864 件。相较于 2006 年的 98 件，2013 年的申请量增长了将近 19 倍。

触摸屏技术也从电阻式触摸屏技术发展到电容式触摸屏技术，从单点触控发展到多点触控及多重触控，触摸屏技术在突破技术障碍的过程中逐渐发展成熟。例如，苹果公司申请的透射式电容式触摸屏技术，支持多点触控，从而给用户带来了更加丰富的触控体验。三星电子发明的混合触摸屏装置，通过检测触摸笔的优先使用来防止可由手掌触摸导致的输入错误，从而能根据用户的意图更加准确地执行触摸操作来提高产品可靠性。深圳富泰宏精密工业有限公司发明的混合式触摸输入装置将电容式触摸与电阻式触摸结合，从而解决了电子装置单独使用电阻式触摸面板或电容式触摸面板而产生的使用不便的技术问题。

综上所述，平板电脑的核心技术在突破技术障碍的同时逐渐发展成熟。在平板电脑技术发展过程中的早期市场，核心技术的一些关键问题尚未得到解决，技术发展不成熟。到了早期大众市场，核心技术的技术难题逐渐被各个突破，核心技术逐渐达到理想的成熟度。

4) 补充性技术

新兴技术的发展离不开补充性技术，补充性技术和核心技术一起为采用者提供特定功能与应用。新兴技术系统的发展过程也是补充性技术不断加入和完善的过程。本章将主要从操作系统、中央处理器(CPU)技术和应用软件技术这三种关键的补充性技术的发展进行探讨。

在平板电脑发展的早期市场阶段，除了核心技术尚不成熟，一些已加入新兴技术系统的补充性技术的性能还有待提高。在操作系统方面，1989 年，第一台用作商业的平板电脑是 GRiDPad 的操作系统基于 MS-DOS，1992 年，Go 公司推出了一款平板电脑专用操作系统 PenPoint OS，同年，微软公司推出了 Windows for Pen Computing，使得平板电脑的操作系统实现了图形界面的操作方式。2002 年，微软公司大力推广 Windows XP Tablet PC Edition 操作系统，这款操作系统内部集成了很多关于手写应用的配件程序。2009 年 10 月，Windows 7 正式在中国发布，Windows 7 操作系统的每个版本都对触控式屏幕进行了特别的优化和设计，很多触控专属的软件也随系统附带。这一操作系统的发布对平板电脑的发展起到了推动作用。2010 年(平板电脑发展的早期大众市场)苹果公司的 iPad 发布，并采用了 iOS 操作系统，此时的操作系统已能完美适配触屏操作。

平板电脑移动便携的特性使其对处理器的要求区别于笔记本电脑。所以，虽然处理器生产厂商(如英特尔)在笔记本电脑系列的处理器技术方面已比较成熟，但是可能并不适用于平板电脑。早期的平板电脑架构大都采用的是 X86 架构，基于这种架构的平板电脑采用的一般是英特尔处理器。而这一阶段英特尔处理器的发展重点在笔记本电脑上，并未针对平板电脑推出适用的处理器系列。在 2008 年英特尔开始着手推出移动处理器，一代凌动处理器应运而生，但其在功耗和处理速度方面的表现并不尽如人意。在意识到凌动处理器无法满足平板电脑的需求时，英特尔在 2010 年底正式成立了平板电脑部门，并于 2011

年推出了 OaK Trail Z670 凌动处理器和 SM35 芯片组。Z670 集成了 GMA600 显卡,在性能、功耗、散热方面都有了显著的改善,并且电池续航时间更加持久。平板电脑的另一主流架构是 ARM 架构,ARM 架构处理器有着体积小、功耗低、成本低的特征。ARM 架构的处理器最初在智能手机领域得到了广泛的应用,iPad 所采用的 A4 微处理器也采用了 ARM 架构。

另外,应用软件技术这一补充性技术的发展也将直接影响平板电脑产品的可用性和易用性。在平板电脑市场发展的早期,由于平板电脑的销量低,市场份额小,发展前景不明确,软件厂商看不到为平板电脑平台开发软件的前景和利润点,这就造成了在平板电脑早期市场,应用软件还远不够丰富,能提供给消费者的选择非常少。经过发展,到 2005 年,已有一些专门应用于平板电脑的应用程序,如 MathJournal 算术软件、PlanPlus for Windows XP 计划和联系人管理软件等(平板电脑普及速度将加快),但是对用户而言,平板电脑应用软件的丰富程度还有待提高。到平板电脑发展过程中的早期大众市场,2010 年苹果公司推出了自己的平板电脑,这一时期,苹果公司在 iPad 平台上提供的软件数量将对 iPad 在中国的成功与否起到非常关键的作用。截至 2010 年初,苹果应用软件的数量已突破 10 万款,而到 2013 年,苹果应用商店的 APP 达到 90 万款,其中专为 iPad 设计的应用为 37.5 万款。这一时期平板电脑平台的应用软件已非常丰富。

总之,在平板电脑技术发展的早期市场阶段,一些补充性技术逐渐加入平板电脑技术系统中,然而此时的补充性技术的性能还有待提升。到平板电脑技术发展的早期大众市场阶段,补充性技术的性能得到了优化,而且更多的补充性技术加入了平板电脑技术系统中,如导航技术、指纹识别技术、双系统技术、窄边技术等。

5) 支撑性技术

支撑性技术是指那些对新兴技术系统的功能性而言并不是必需的,但是却能提高新兴技术系统的附加值的一类技术。具体到平板电脑技术,无线上网技术就是其重要的支撑性技术。无线网络的普及率则将直接影响平板电脑的无线上网功能。关于无线网络的发展,早在 1990 年,IEEE 就正式启用了 802.11 项目,为无线网络技术的发展制定了标准。2003 年以来,随着笔记本电脑及智能移动设备的快速发展,人们对无线网络的需求与日俱增,无线网络市场开始升温。同时,无线网络技术逐渐发展成熟,相应配套产品也开始大量面世,构建无线网络所需要的成本开始下降,进而促进了无线网络真正走进主流市场。截至 2011 年底,我国网民数量达 5.13 亿人,互联网普及率为 38.3%。另外,根据市场研究机构 StrategyAnalytics 公布的研究结果,到 2011 年底,我国的家庭无线网络普及率达到了 21.8%。网络基础设施的不断推进为我国平板电脑的应用提供了坚实保障。

综上所述,支撑性技术的发展为平板电脑的发展提供了良好的应用环境,大大提高了平板电脑的应用范围与可用性。在平板电脑技术发展过程中的早期市场,支撑性技术发展不完善,导致平板电脑的应用环境不健全。而到了平板电脑技术发展过程中的早期大众市场,支撑性技术发展逐渐完善,平板电脑的应用环境越来越健全。

6) 产品成熟度

从产品功能方面看,在平板电脑发展过程中的早期采用者阶段,这一时期平板电脑的主打功能是手写输入与触摸屏应用功能,手写输入功能让用户在不方便使用键盘的情景下也可以使用平板电脑。而触摸屏应用功能则在会议、医院、教室等特殊场合下更加具有实用性，如通过使用平板电脑，可以实现绘制、签名、记录等即时性任务。但是此时平板电脑产品的功能还比较单一。在平板电脑从早期采用者阶段向实用主义者过渡的阶段，平板电脑的功能已丰富了许多，如此时平板电脑具有了视频播放、音乐播放和导航等功能。在实用主义者阶段时，平板电脑产品的功能已非常丰富，因为可用的应用软件增多，大大扩展了平板电脑的功能，而且消费者可根据个人需求去下载不同的应用软件来扩展平板电脑的功能。

从产品性能方面看，在平板电脑发展过程中的早期采用者阶段，这一时期平板电脑的定位是笔记本电脑的替代品，而平板电脑比一般的笔记本电脑更加追求便携性和移动性，平板电脑省去了键盘和光驱，这使得平板电脑可以做到重量很轻，同时体积很小，便携性和移动性大大增强；但是由于触摸屏技术发展不成熟，触摸屏输入的错误率较高，而且操作不灵活，极大地影响了用户的操作体验。另外，虽然平板电脑的体积小了，但是由于CPU技术、电池技术的落后，平板电脑在散热和续航方面存在很大的问题，如2006年三星Q1的电池续航时间仅为3小时，这些都影响了平板电脑的性能。在平板电脑从早期采用者阶段向实用主义者过渡的阶段，平板电脑产品的定位正从笔记本电脑的替代品转移为实用性消费电子产品的竞争品，相对于消费性电子产品而言，平板电脑产品的性能已相对稳定。在实用主义者阶段，产品性能的稳定性大大增强，如这一时期的iPad配置了多点触控显示屏、1GHz主频的A4处理器、PowerVR SGX535显示芯片及256MB RAM运行内存，电池续航时间也达到了10小时，这使得iPad的运行性能迅速得到了用户的肯定。

综上所述，在平板电脑技术发展过程中的早期市场，平板电脑产品功能还比较简单，并且性能稳定性差，此时的平板电脑产品成熟度较低；到了早期大众市场，平板电脑产品的功能逐渐丰富，采用者的选择空间变大，产品性能稳定性提高，并且可操作性增强，此时的平板电脑产品成熟度较高(表7-13)。

表7-13 平板电脑产品成熟度

产品成熟度	早期市场	早期大众市场
产品功能	功能简单	功能丰富
产品性能	性能不稳定，可操作性差	性能稳定，易于操作

7) 产品形式

在平板电脑发展过程中的早期采用者阶段，平板电脑作为一种新产品，以其手写输入功能、便携性、移动性等特征走入人们的视野。这一时期厂商着重开发和宣传的都是平板电脑的手写输入这一核心功能，而鲜少顾及外观设计和品牌推广，所以这一时期的平板电脑在外观型号的选择上，消费者的可选择性要远远低于同时期的笔记本电脑。在平板电脑从早期采用者阶段过渡到实用主义者阶段时，厂商在推出平板电脑时除了注重产品的功能和性能外，也开始注重外观设计等方面，如2006年三星推出的移动智囊Q1，外观设计小巧时尚，屏幕只有7in，重量只有0.9kg，在满足了消费者对平板电脑产品的基本功能要求后，产品的外观设计还给消费者一种时尚感。进入实用主义者阶段之后，平板电脑行业更加重视售后服务，消费者获得的附加价值也更大，如 iPad 开始在中国市场销售时消费者争先恐后地排队购买，拥有一个 iPad 能让消费者有一种心理优越感。

综上所述，在平板电脑技术发展过程中的早期市场，平板电脑的产品形式基本上只达到了核心产品的层次。到了早期大众市场，平板电脑的产品形式越来越满足整体产品的要求。

8) 产品价格

在平板电脑发展的早期阶段，售价比较昂贵，2002 年的平板电脑售价在 2000 美元以上。到了 2004 年，随着平板电脑技术的进一步发展，平板电脑的价格已经有所下降，如宏碁推出的平板电脑产品售价在 12000 元左右。虽然此时平板电脑价格很高，但是却能为一些企业用户解决一些业务以及效率方面的问题，加上企业用户对产品价格也不甚敏感，所以此时平板电脑能够获得企业用户的青睐。2005～2009 年，平板电脑产品在市场上一直反响平平，在市场销量上也没有很大的突破。由于平板电脑销量有限，利润没有保障，一些企业已经脱离了平板电脑业务。此时也有一些公司推出自己的平板电脑产品。例如，2005 年富士通推出了 LifeBook T4020，当时售价为 19800 元；2006 年，三星发布了移动智囊 Q1，此款产品在始发时的市场售价为 11988 元。可以看出此时的平板电脑产品价格较高，且并没有大幅度的下降。2010 年 1 月苹果公司发布了平板电脑 iPad，2010 年 9 月 iPad 在中国大陆市场开售，64GB 机型、32GB 机型、16GB 机型售价分别为 5588 元、4788 元、3988 元。可以看出此时平板电脑价格从 10000 元左右降到了 4000 元左右。

综上所述，在平板电脑技术发展过程中的早期市场，平板电脑的价格普遍较高，高于普通大众的承受能力。到了早期大众市场，平板电脑产品的价格已降到普通大众消费者可以承受的范围。

4. 案例 2 总结

根据对平板电脑的分析，我们找出了平板电脑技术商业化过程中"峡谷"出现的时间段，即 2005～2009 年是平板电脑技术的"峡谷"期。根据市场构成方式、竞争形态、核心技术成熟度、补充性技术、支撑性技术、产品成熟度、产品形式、产品价格这八个变量在"峡谷"两侧的早期市场和早期大众市场的表现形式，我们得出了"峡谷"的八个特征。通过对"峡谷"在早期市场和早期大众市场的特征进行对比分析，发现它们之间存在着非常显著的差异(表 7-14)。

表 7-14 影响因素在平板电脑"峡谷"两阶段特征差异对比

影响因素	早期市场	早期大众市场
市场构成方式	组织市场	个人消费者市场
竞争形态	竞争程度不高，尚未形成具有全面竞争优势的领导型企业	竞争激烈，逐渐形成以苹果为代表的市场领导型企业
核心技术成熟度	技术难题尚未突破，技术发展不成熟	技术障碍突破，技术发展逐渐成熟
补充性技术	部分补充性技术加入新兴技术系统，但技术性能有待改进	更多的补充性技术加入新兴技术系统，且技术性能逐渐提高
支撑性技术	不完善	逐渐完善

续表

影响因素	早期市场	早期大众市场
产品成熟度	不成熟	逐渐成熟
产品形式	核心产品为主	逐渐发展成整体产品
产品价格	价格高昂，高于个人消费者的承受范围	价格逐渐下降到个人消费者可承受的范围

7.4　新兴技术"峡谷"成因分析

在上述案例研究中，我们归纳出了新兴技术"峡谷"在早期市场和早期大众市场的表现特征，即市场构成方式、竞争形态、核心技术成熟度、补充性技术、支撑性技术、产品成熟度、产品形式、产品价格这八个变量在"峡谷"两侧市场的表现形式，而这之间存在着非常显著的差异。

接下来将就这八个变量进行详细的讨论。

(1)市场构成方式：早期市场是以企业、政府等为代表的组织市场；早期大众市场则是个人消费者市场。在早期市场，主要采用者为早期采用者，他们往往是代表政府或企业进行购买的组织用户。到了早期大众市场，主要采用者为实用主义者，他们代表的是个人消费者用户。由于早期市场和早期大众市场在市场构成方式上存在巨大的差异，这就要求企业要针对两阶段的市场开发采取不同的市场开发策略。如果企业仍然以开发组织市场的策略进行个人消费者市场的开发工作，则很有可能在个人消费者市场遭到巨大的挫折，甚至有失败的可能。

(2)竞争形态：在早期市场，市场集中程度较低，尚未形成具有全面竞争优势的领导型企业；到了早期大众市场，市场集中程度进一步提高，形成了具有市场领导型的企业。在早期市场，新兴技术的应用领域会出现一些发展迅速的中小型高科技企业，但是由于此阶段的购买基数小，尚未有企业能够在市场上取得全面的竞争优势。而早期采用者支持变革、喜爱新发明的心理特征，决定了其更加愿意在该阶段采取购买行为，以寻找未来垄断地位，即早期采用者认为在此状态下购买能够实现自身效用最大化。到了早期大众市场，随着新兴技术主要应用领域的确定，市场前景进一步明确，领导型企业出现。对于偏好规避风险的实用主义者来说，他们愿意购买市场领先者的产品，其原因有两个：第一，人人都买这种产品，虽然不是最好的，但以此建立的系统却是最可靠的；第二，销售量最大的厂家一般都有第三方企业在做他们的产品。因此，如果领导企业没有做出及时的反馈，还有这些企业可以提供应有的服务。所以，实用主义者认为在市场上购买领先者的产品最稳妥。

(3)核心技术成熟度。在早期市场，核心技术发展尚处于萌芽阶段，其技术障碍尚未取得实质性突破，并且技术的稳定性和风险性没有得到很好的解决，此时核心技术的成熟度不高。到了早期大众市场，随着研究的深入，各种关键的技术障碍得以解决，核心技术成熟度逐渐达到理想水平。早期采用者支持变革、愿冒风险并为将来的机会而鼓舞的特征决定了其乐于在核心技术发展初期阶段有所作为，为未来加赌注，他们追求快速，为此也愿意忍受技术不成熟所带来的困扰；而实用主义者规避风险、因循守旧的特点决定其对成熟的技术会更感兴趣。

(4) 补充性技术。在新兴技术发展过程中的早期市场阶段，有部分补充性技术加入新兴技术系统中，与核心技术一起为用户提供满足特定需求的功能或服务。但是这一阶段厂商的关注点主要在核心技术的发展上，主要的资源也都优先投入核心技术的研发中，所以补充性技术的研发投入会小于核心技术。另外，由于核心技术不成熟，新兴技术的发展前景尚不明朗，一些提供补充性技术的企业为了减少风险，不愿意投入全力，这就使得那些有助于丰富产品功能、提高产品性能的补充性技术迟迟不被纳入新兴技术系统中。而到了早期大众市场阶段，随着核心技术逐渐发展成熟，厂商会投入大量的资源到补充性技术的研发中。这时，新兴技术系统中本来存在的补充性技术的性能会得到进一步提升，而且越来越多的补充性技术逐渐加入新兴技术系统中。早期采用者最关心的是新兴技术系统中的核心技术所能带来的变革，所以即使新兴技术系统中的补充性技术不完备，且性能有待提高，他们也愿意采取购买行为。而实用主义者非常重视实用，他们更愿意等到更多的补充性技术加入，与核心技术一起提供功能更加丰富、性能更好的产品出现时再采取购买行为。

(5) 支撑性技术。支撑性技术通过提高新兴技术系统的附加值来推动新兴技术的扩散。早期采用者看重的是新兴技术的核心价值所能为他们带来的有价值的变革，如果有更高的附加值他们当然乐意，但是只要他们认定了核心技术的价值，就可以接受没有附加价值。这是因为他们做出决策的点在于核心技术，而非支撑性技术。而实用主义者与早期采用者不同，他们更看重产品的应用价值。支撑性技术通过增加新兴技术系统附加值的方式提升了产品的应用价值，是新兴技术在早期大众市场扩散的关键动力。

(6) 产品成熟度。在早期采用者阶段，由于技术不成熟，一些关键技术尚未取得突破，导致产品功能不全，性能不够优越，甚至是性能不稳定。到了实用主义者阶段，关键技术取得实质性的突破，技术逐渐发展成熟，同时补充性技术发展完善，产品的功能逐渐丰富，性能优越且稳定，产品成熟度达到理想水平。早期采用者愿冒风险和喜爱新发明的心理特征，决定了早期采用者对新兴技术产品的强烈好奇心，并且愿意忍受产品不成熟或产品缺陷所带来的困扰。而实用主义者因循守旧和规避风险的心理特征，决定了其对新事物的热情有限，并不会立即使用，而是愿意等到新技术产品足够成熟时再采取行动。

(7) 产品形式。在早期采用者阶段，产品形式主要表现为核心产品。到了实用主义者阶段，产品形式逐渐丰富，发展成为整体产品。早期采用者支持变革的心理特征决定其对产品核心功能的追求，只要产品核心功能能够得到早期采用者的认可，他们便愿意采取购买行为；而实用主义者追求实用和规避风险的特征，决定了其更愿意等产品形式发展到整体产品阶段再进行购买。

(8) 产品价格。在早期采用者阶段，由于技术和产品发展不成熟，采用者数量较少，产品还未规模化生产，加之技术研发投入高，导致产品的生产成本居高不下，此时产品价格高昂。实用主义者阶段，技术和产品逐渐发展成熟，产品开始规模化生产，产品价格逐渐降到实用主义者可接受的水平。早期采用者对价格不敏感，他们更关心使用产品后给他们带来的改变。而实用主义者注重实用的心理特征，决定了他们更加注重产品的性价比。

从上述八个因素的分析中可以看出，两类采用者在八个因素的不同状态下有自己的选择偏好，并且在分析新兴技术峡谷成因时借鉴了创新生态系统的思想，从整体性的角度去看待和分析，因为我们认为新兴技术体系就是一个创新生态系统，我们要关注和强调的是各个构成要素所契合的整体。八个要素作为一个整体，其表现出了两种截然不同的状态，而早期采用者和实用主义者会选择在这不同的状态下采取购买行为。另外，需要说明的一点是，八个因素的状态变化不一定是同步的，而单个因素状态的改变并不能导致峡谷的形成。

本章参考文献

[1] Lundvall B A. Innovation as an Interactive Process：From User-Producer Interactionto the National System of Innovation[M]// Dosi G，Freeman C，Nelson R R，et al. Technical Change and Economic Theory. London：Pinter，1988.

[2] Lynn G S，Morone J G，Paulson A S. Marketing and discontinuous innovation：The probe and learn process[J]. Social Science Electronic Publishing，1996，38(3):8-37.

[3] 赵振元，银路，成红. 新兴技术对传统管理的挑战和特殊市场开拓的思路[J]. 中国软科学，2004(7)：72-77.

[4] 科特勒. 营销管理[M]. 第2版. 宋学宝，卫静，译. 北京：清华大学出版社，2003.

[5] 薛红志. 基于激光视盘机产业的主导设计出现过程研究[J]. 管理案例研究与评论，2008，1(3)：44-61.

[6] 刘峰. 新兴技术产品商业化过程中的"峡谷"跨越研究[D]. 成都：电子科技大学，2012

[7] Krishnan T V，Bass F M，Kumar V. Impact of a late entrant on the diffusion of a new product/service[J]. Journal of Marketing Research，2000，37(2)：269-278.

[8] 张诚，林晓. 技术创新扩散中的动态竞争：基于百度和谷歌(中国)的实证研究[J]. 中国软科学，2009(12)：122-132.

[9] Zhu K，Kraemer K L. Post-adoption variations in usage and value of ebusiness by organizations：Cross-country evidence from the retail industry[J]. Information Systems Research. 2005，16(1)：61-84.

[10] 何应龙. 新兴技术企业产品预测、市场价值与特征研究[D]. 成都：电子科技大学，2009.

[11] Gibbs J L, Kraemer K L. A Cross-country investigation of the determinants of scope of e-commerce use：An institutional approach[J]. Electronic Markets，2004，14(2)：124-137.

[12] Hollenstein H. Determinants of the adoption of Information and Communication Technologies(ICT)：An empirical analysis based on firm-level data for the Swiss business sector[J]. Structural Change and conomic Dynamics，2004，15(3)：315-342.

[13] Brown R. Managing the "S" curves of innovation[J]. Journal of Marketing Management，1991，7(2)：189-202 .

[14] 罗杰斯. 创新的扩散[M]. 辛欣，译. 北京：中央编译出版社，2002.

[15] Thatcher S M B，Foster W，Zhu L. B2B e-commerce adoption decisions in Taiwan：The interaction of culturaland other institutional factors[J]. Electronic Commerce Research & Applications，2006，5(2)：92-104.

[16] Oh K Y，Cruickshank D，Anderson A R. The adoption of e-trade innovations by Korean small and medium sized firms[J]. Technovation，2009，29(2)：110-121.

[17] 希林. 技术创新的战略管理[M]. 谢伟，王毅，译. 北京：清华大学出版社，2005.

[18] Christensen C M，Rosenbloom R S. Explaining the attacker's advantage：Technological paradigms，organizational dynamics，and the value network[J]. Research Policy，1995，24(2)：233-257.

[19] 王敏，银路. 新兴技术演化的整体性分析框架："三要素多层次"共生演化机理研究[J]. 技术经济，2010，29(2)：28-33.

[20] 王敏. 新兴技术"三要素多层次"共生演化机制研究[D]. 成都：电子科技大学，2010.

[21] 高峻峰. 配套环境对新兴技术演化的影响研究[D]. 成都：电子科技大学，2011.

[22] 肖刚，姜万杰，吴振宇，等. 产品成熟度提升及其在批产卫星研制中的应用[J]. 航天器工程，2013，22(5)：142-145.

[23] 王国明. 产品成熟度的影响因素研究[D]. 北京：北京交通大学，2013.

[24] 孙新颖. 产品生命周期成熟阶段的管理策略[J]. 中国高新技术企业，2008(14)：53-54.

[25] 袁家军. 航天产品工程[M]. 北京：中国宇航出版社，2011.

[26] Brynjolfsson E，Hu Y，Smith M D. Consumer surplus in the digital economy：Estimating the value of increased product variety at online booksellers[J]. Management Science，2003，49(11)：1580-1596.

[27] 郝旭光. 整体产品概念的新视角[J]. 管理世界，2001(3)：210-212.

[28] 李伍荣. 整体物质产品：新划分及其分析[J]. 南开管理评论，1998(6)：37-39.

[29] 高海霞. 企业整体产品创新与消费者需求匹配路径研究[J]. 科技管理研究，2011，31(21)：115-118.

[30] Kanon N. Life cycle of quality and attractive quality creation[C]. Proceedings of Quality Excellence in New Millennium—The 14th Asia Quality Symposium，Taipei，China，2000.

[31] Robinson B，Lakhani C. Dynamic price models for new-product planning[J]. Management Science，1975，21(10)：1113-1122.

[32] Palma A D，Droesbeke F，Lefèvre C，et al. Price influence on the first-adoption of an innovation[J]. Cahiers du Centre Détudes de Recherche Opérationnelle，1984，26(1/2)：43-49.

[33] Bottomley P A，Robert F. The role of prices in models of innovation diffusion[J]. Journal of Forecasting，1999，17(7)：539-555.

[34] 殷. 案例研究：设计与方法[M]. 周海涛，李永贤，李虔，译. 重庆：重庆大学出版社，2004.

[35] Eisenhardt K M. Building theories from case study research[J]. Academy of Management Review，1989，14(4)：532-550.

[36] Siggelkow N. 案例研究的说服力[J]. 管理世界，2008(6)：156-160.

[37] 王军. 更快 更好 更远——数码影像开辟新闻摄影新天地[C]//中国新闻摄影学会. 第四届全国报纸总编辑新闻摄影研讨会文集，1996.

[38] 冯颖. 数码相机新天地[J]. 经济与信息，1997(8)：27-28.

[39] 中国计算机报. 细分出来的市场——数码相机市场的二次细分之路[N]. 中国计算机报，2001-06-04(4).

[40] 中国计算机报. 数码相机市场火爆异常[N]. 中国计算机报，2002-09-30(2).

[41] 计世资讯. 2002 中国数码相机市场解析[J]. 电子商务，2002(11)：73-74.

[42] 计世资讯. 数码相机走进百姓生活——2002～2003 年中国数码相机市场分析[J]. 电子商务，2003(4)：52-54.

[43] 计算机世界. 普及型数码相机，带来数码假日[N]. 计算机世界，2002-7-22(1).

[44] 于琪林. 数码影像综合质量比较[J]. 电子出版，2001(4)：47-50.

[45] 赛迪顾问消费电子事业部. 2002 年中国家电产品消费行为现状[J]. 电器制造商，2003(S1)：72-74.

[46] 徐英. 平板电脑是作秀还是作势[N]. 中国商报，2002-12-17(3).

[47] 李健. 平板电脑无疾而终变身娱乐再次归来[N]. 中国经营报，2006-06-19(1).

第8章　新兴技术"峡谷"的形成机理

第7章从案例研究的角度剖析了新兴技术"峡谷"的特征及成因，提出了需要借鉴创新生态系统的思想，从整体性的角度看待和分析"峡谷"现象，有八个要素作为一个整体共同作用对"峡谷"的形成产生影响，且在早期市场和早期大众市场表现出了两种截然不同的状态，导致早期采用者和实用主义者会选择不同的购买行为。本章将沿着同样的逻辑，通过实验研究的方法来实证这些要素的重要程度，进一步揭示新兴技术"峡谷"的形成机理及给企业带来的启示。

8.1　概　　述

新兴技术引起的不连续性创新或破坏性总是能够迅速吸引公众的注意[1,2]，如计算机网络领域的千兆以太网、数字用户环路，科技产品领域的平板电脑、无线陀螺仪鼠标，软件领域的客户机/服务器计算系统，以及系统集成领域的人工智能等，尽管它们的革新性非常好，对现有工作也能够带来极大的效率改进，但大多都表现出一开始"红极一时、昙花一现"，却很长一段时间不能在主流市场中占据领导地位[3]。尽管这种现象已不再陌生，但迄今为止仍然在不断重复上演，如目前正在经历的 LED 照明技术、无线充电技术、云计算、3D 打印技术等，究其原因，应该与对这种现象的深度和广度研究不足，对其规律揭示不够高度相关。

Foster 指出技术演化过程呈现 S 曲线特征[4]，而在 S 曲线前端，最容易发生技术改变原有技术轨道的情况[5]，出现随机性跳跃[6]，形成"突破性技术"，其引入市场后演变为新兴技术。新兴技术在经历开放设计和实验开发阶段后，逐步形成了清晰的技术方向，再经过持续的累积改进走向成熟，其过程仍然呈现 S 曲线特征[7]，这种 S 曲线也称为技术采用生命周期模型。营销理论中常常将其划分为创新者、有远见者、实用主义者、保守主义者、落后者五个阶段[7,8]。von Hippel 认为领先用户比普通用户早数月或数年面对未来市场一般需求，如果需求得到满足，其所获得收益比普通用户大，而且他们拥有丰富的专业知识，能够从使用创新中获益[9]。而 Moore 认为有远见者是企业和政府里的创新人，是新兴技术产品的早期采用者，他们希望成为第一个开发产品潜力的人，以此获得竞争优势[10]。根据上述研究可以发现领先用户和有远见者的特征基本相符，是同种类型的用户，他们构成了新兴技术产品的早期市场。Christensen 等认为主流市场用户是企业主要的利润来源，但开始他们并不会接受新兴技术产品，只有随着产品性能的不断改善，他们才会逐渐认可产品[11,12]，而 Moore 认为实用主义者是新兴技术产品的主要买主，他们相信"演变"和精心选择，不会痴迷地热爱新技术[10]。根据上述研究可以发现主流市场用户和实用主义者的特征基本相符，是同种类型用户，他们构成了新兴技术产品的大众市场。在此基础上，

Moore 研究发现有远见者和实用主义者之间差异最大，最容易造成技术商业化失败，因此其将之定义为"峡谷"[8]。

"峡谷"是指当高新技术产品首次进入市场时，最初它们只会在一个由创新者和有远见者组成的早期市场中受到热烈欢迎，但在推向大众市场时，该市场的用户与前两类用户有着完全不同的选择标准，此时销售必然会遇到困难，使其增长速度直线下降，由此导致在早期市场和大众市场之间出现的裂缝最为明显[13-16]。Moore 从早期市场和大众市场两类用户的心理特征出发，认为用户心理特征差异是导致"峡谷"出现的主要因素[15]；宋艳等在此基础上进一步对"峡谷"跨越问题进行了实证研究，认为整体产品、企业市场地位和特定细分市场中同类型人的行为是影响"峡谷"跨越的关键因素[17,18]。

上述研究以影响用户购买意愿的内部环境因素为出发点，对"峡谷"形成机理进行探索，为新兴技术商业化提供了较多有价值的理论成果。但任何事物的发展或现象的形成都是内外因共同作用的结果，新兴技术"峡谷"形成也同样受内外部环境因素影响，因此单纯从影响用户购买意愿的内部环境因素出发进行研究，容易在实践过程中形成偏差，也不符合创新生态系统的发展需求，因此本章试图从创新生态系统的外部环境因素出发，探寻新兴技术"峡谷"的形成机理，以期能够更好地指导实践。

8.2　新兴技术"峡谷"的关键影响因素

有关生态体系的思想来源久远，早在 1935 年，英国生物学家 Tansley 就提出了生态体系 (ecosystem) 的概念，并用系统的眼光研究了有机生物界与自然环境的关系问题[19]。随着后来学者对生态思想的扩展与延伸，生态体系的应用渐渐超出了生物学研究领域，并逐渐应用于经济管理及社会学领域。

1999 年，Moore 提出了商业生态系统的概念，他认为企业间的竞争就是一个生态系统，为了创造价值，企业与其他组织结成松散网络，并围绕着产品或服务合作或竞争，并在合作和竞争的过程中实现共同演化[20]。Amit 和 Zott 指出生态系统的互补性、高效性和锁定性是价值创造或价值增值的源泉[21]。Engler 和 Kusiak 则通过复杂系统建模对不同类型创新主体的目标期望与行为进行了数值模拟，验证了大、小企业在创新生态环境中的获利能力[22]。伍春来等认为理解产业创新生态系统应同时考虑产业内部不同技术创新生态系统之间的竞争与合作关系[23]。宏观视角下的创新生态系统是一个跨组织、政治、经济和技术的系统，关注的是各种构成要素所契合的整体。在一个有效的宏观创新生态系统中，以基础研究驱动的研究子系统和以市场驱动的商业子系统将逐渐融合，形成"技术-经济"的社会系统[24]。

综上所述，创新生态体系是指多个创新主体之间，基于某些技术、人才、规则、文化、运作模式、市场等共同的创新要素而形成的，相互依赖、共生共赢，并且具有一定的稳定性、独立性的一种组织体系[25]。创新生态系统更加关注各个构成要素之间作用机制的动态演化，越来越强调创新要素之间的协调整合，突出了创新生态系统的动态性、栖息性和生长性等特征[26]。

创新是提升竞争优势的关键[27-29]。自从 Lundvall 在 1985 年提出创新系统概念后[30]，在全世界范围内得到普遍认同。Russell 等认为创新生态系统是由组织、政治、经济、环境和技术等子系统组成的综合系统，并通过各子系统的交互运动，形成有利于创新的氛围[31]。2004 年美国竞争力委员会明确了创新生态系统(innovation ecosystem)的内涵。

新兴技术作为一种特殊的高技术[32,33]，具有在技术创新生态系统中成长的特征[26,34]，其产品商业化也适用于技术采用生命周期模型，但现有研究只是从影响用户购买意愿的内部环境角度或以某种现象入手试图解释"峡谷"成因及可能的跨越方法，而未从创新生态系统环境因素角度对可能造成"峡谷"的成因进行实证研究。

因此本章将以创新生态系统理论为指导，结合新兴技术"峡谷"相关研究，选取创新生态系统研究中比较公认的六个外部环境因素。①市场结构[34-36]：组织市场/消费市场。②产品价格[37-41]：超出心理价格预期/符合心理价格预期。③技术标准[42-44]。④产品形式[41,42]。⑤创新政策[43,44]。⑥竞争格局[37,45]。采用行为实验方法，对其进行实证研究，在一定程度上完善新兴技术"峡谷"形成机理的相关理论，也为企业进行新兴技术商业化提供更多方向性指导，有助于企业战略和营销策略的制定。

8.2.1 基于市场结构和产品价格的创新生态视角分析

Jackson 等认为创新生态系统主要由基础研究驱动的研发生态圈和由市场需求驱动的商业生态圈组成[46,47]，其根植于市场结构和市场需求[34]。在市场结构研究方面，Bloom 和 Dees 认为，创新生态系统主要包括参与者和环境条件两方面，其中参与者包括个体和组织两个要素[35]，结合 von Hippel 对领先用户属性特征的概括[9]及 Christensen 等对新兴市场和主流市场的定义[11,12]，可以将创新生态系统的市场结构区分为组织市场和消费市场；在市场需求研究方面，Christensen 等认为突破性技术在开始阶段，其技术性能明显落后于当时的主导技术[11,12]，但 Tirole 研究后发现消费者能够为潜在产品的性能改进支付更高的价格[48]，同时在创新生态系统中随着消费者数量的增加，产品性价比将更加突出，消费者也更乐意购买，该产品最终会获得主流市场的认可，因此产品价格对创新生态系统的演化起着催化作用[37]。创新生态系统就是在市场选择力量的作用下，保留有利变异，消除有害变异，从而实现系统结构和功能演化[31,49]。

Mowery 和 Rosenberg 在 1979 年提出推拉双动模型，强调创新既要重视科学技术发展，也要密切关注市场需求变化，只有二者有机结合，才能实现创新成功。高科技企业应该首先准确识别自身在高科技产业化进程中所处的市场结构，由于市场的参与者包括组织和个体两个要素[35]，因此市场结构可以区分为组织市场和消费市场，在差异化的市场结构中，消费群体拥有不同的价格阈值[50]，不同的心理价格界限会导致差异化的购买意愿。

上述创新生态系统关于市场结构和市场需求的研究是本章提出研究因素的重要理论依据，也是目前"峡谷"形成机理研究中比较创新的视角。

同时，本书研究团队前期对有远见者和实用主义者阶段从市场特点和用户特点等方面进行的比较分析，发现有远见者大多是代表企业或政府的购买者，其所代表的市场是组织市场，实用主义者则是代表个人和家庭的购买者，其所组成的市场是消费市场，即二者的市场结构不同。市场结构差异将会直接影响消费者的购买意愿,由于消费者角色及特征存在差异,这种差异使得消费者对产品价格及产品性价比变化的敏感性存在差异,进而形成不同的购买意愿[51]。结合上述两方面的分析,本章构建了新兴技术 "峡谷" 形成机理的理论模型 I (图 8-1),并提出研究假设。

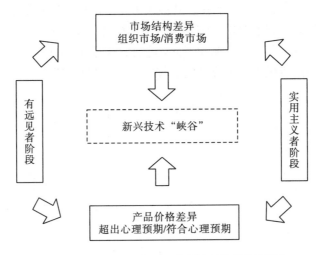

图 8-1   新兴技术 "峡谷" 形成机理的理论模型 I

8.2.2   基于技术标准、产品形式和创新政策、竞争格局的创新生态视角分析

Bloom 和 Dees 认为,创新生态系统主要包括参与者和环境条件两个方面[35]。在环境研究方面,吕一博等认为技术标准是创新生态系统的一般驱动因素[38],其作为技术模块耦合的结构、界面、测试规则,在创新生态系统中起着核心枢纽作用[39]。张运生等认为,组建创新生态系统的基本出发点是为客户提供一整套技术解决方案[36,37,41]。在创新生态系统中,企业依赖合作与竞争进行产品生产,不同产品形式可以满足不同客户需求并最终不断创新[20]。Estrin 认为,可持续发展的创新生态系统应包括核心层面和影响力层面,而影响力层面包括文化、教育、政策、融资和领导等要素[43],创新生态系统中不同行动者之间的交互作用处于动态演变过程中,新的政策和制度变化可以帮助系统以满足新需求的方式生长,并可以通过加强生态系统之间各主体的联系来促进创新[49,52]。罗国锋和林笑宜依据企业在创新生态系统中的作用,将企业划分为核心企业和非核心企业[45]。核心企业是系统中心[53],非核心企业围绕核心企业建立的平台架构开发兼容配套技术,丰富完善平台的功能[37,53]。如果缺少任何一个配套主体与技术环节,那么整个创新生态系统就无法顺利运作[37]。核心企业与非核心企业在竞争中的格局演化和市场地位差异,不断吸引用户参与创新,推动系统向前发展。

上述创新生态系统关于环境因素的研究是本章提出四个重要因素的理论依据,也是目前 "峡谷" 形成机理研究中比较创新的视角。

在创新生态系统中,企业与 "外部" 环境因素的交互可能比 "内部" 要素之间的交互更为重要,因为一个良好的创新生态系统不仅需要实现组织结构与创新行为的内部最优,还应该实现其与外部环境最优[24]，而创新生态系统环境要素不仅包括用户参与环境、技术标准环境、政策支持环境[54]，还包括规范和市场等要素[35,55]，因此一项新兴技术除了技术研发，更为重要的是技术标准、市场应用、政策环境和市场环境等的建立[56-60]。同时，结合消费者购买行为和技术峡谷相关研究及本书研究团队前期对有远见者与实用主义者阶段的对比分析，发现两阶段技术标准和产品形式不同，有远见者和实用主义者对它们的感知及兴趣点不同，进而导致差异化的购买行为；同时两阶段的创新政策及竞争格局不同，有远见者和实用主义者对其诉求及期望不同，进而导致差异化购买行为[51]，为此本章构建了新兴技术"峡谷"形成机理的理论模型 II（图 8-2），并提出研究假设。

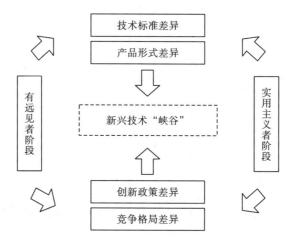

图 8-2　新兴技术"峡谷"形成机理的理论模型 II

8.3　市场结构和产品价格对新兴技术"峡谷"形成的实验研究

8.3.1　研究假设

1. 市场结构

在创新生态系统中环境的核心内涵即市场[49]，企业只有关注到市场结构的变化并及时改变策略才有可能获得创新成功[36]。根据创新生态系统的参与者不同[35]，市场结构可以区分为组织市场和消费市场。其中，组织市场是指企事业单位政府社团等为生产、转售或转租或者用于消费而购买商品或服务的市场，主要包括生产者市场、中间商市场和政府市场[61]；消费市场是指为满足个人或家庭需要而购买商品或服务的市场。

在有远见者市场阶段，随着新兴技术产品的出现，行业随之呈现出足以改变市场发展轨迹的竞争机遇[62]，新产品对行业的重要性日益凸显[63]。但由于该阶段技术发展并不成熟，市场需求仍旧需要被创造，政府作为创新生态系统中的重要环境因素，往往会出台一系列引导需求的创新政策[64]，在行业中迅速形成政府市场，以引导组织市场发展，因此有远见者阶段的市场结构呈现出组织市场特征。新兴技术企业的销售对象主要为组织市场[65-67]，而作为该阶段参与者代表的有远见者，是最先预见到新兴技术带来变革与价值的群体,他们最关心新兴技术产品对组织的经济潜力,希望利用新兴技术来解决他们长期以来所面临的发展困境[68],并期望从新兴技术中获得可观的收入来源和利润[69]。但对于实用主义者来说在该阶段存在信息有限和新兴技术产品体验往往不佳等而不能识别出产品新兴技术的价值,将会促使其保持观望态度。

在实用主义者阶段,随着新兴技术标准的确立,产品技术价值突出,具有较高性价比,实用主义者成为该阶段的主要参与者,购买的新兴技术产品往往能满足个人或家庭需要,市场结构呈现出消费市场特征,参与者数量众多,也正是有远见者实现其投资收益最重要的市场阶段,他们会不遗余力地在该阶段推广新兴技术产品,激发更多实用主义者的购买行为。但对有远见者而言,该阶段的产品已失去战略价值,产品改进带来的效率已不再对他们有很大吸引力,自身购买意愿会降低。

为此,建立研究假设如下。

H8-1a:在不同市场结构条件下,实用主义者在消费市场中的购买意愿将显著高于在组织市场中的购买意愿。

H8-1b:在不同市场结构条件下,有远见者在组织市场中的购买意愿将显著高于在消费市场中的购买意愿。

H8-1c:在相同市场结构条件下,实用主义者在消费市场中的购买意愿将显著高于有远见者。

H8-1d:在相同市场结构条件下,有远见者在组织市场中的购买意愿将显著高于实用主义者。

2. 产品价格

在创新生态系统中,由于存在间接网络外部性,随着消费者数量的增加,市场出现更多品种和更低价格的互补产品供选择,从而增加消费者的购买意愿[37],同时在既定供求关系中,创新可以增强厂商供给能力,体现在产品或服务的价格竞争力、性价比等方面[34]。

在有远见者阶段,市场参与者为组织群体,数量较少,该阶段间接网络外部性不明显,市场供求关系未完全确定,导致产品价格高昂,性价比不高,此时只有那些预算充足且能够发现新兴技术产品价值的有远见者才会愿意购买,并承担风险;而在实用主义者阶段,随着市场参与者增多,间接网络外部性明显、市场供求关系确定,使得产品价格趋于合理,产品性价比增加,此时的产品更符合实用主义者需求,他们会产生更强烈的购买行为。

除此之外,在心理价格研究方面,Kahneman 和 Tverskey 认为消费者对产品价格的心理预期通常与现有资产状况[70]和心理记账方式有关[71],国内学者则认为心理价格普遍受到经济收入、职业差异、实际购买能力、购买动机等个人因素,感知到的产品质量,感受到的环境因素和社会因素等影响[72,73]。

有远见者是政府和企业里的创新者代表[10],处于组织的管理阶层,他们能够洞察新兴技术所具备的巨大潜力,这种潜力能够给企业及他们带来重量级的预期回报,为此他们愿意承担高风险来采用相关新兴技术或产品。同时由于他们身处决策地位,拥有的资源和预算都比较充足,是新兴技术采用群体中对价格最不敏感的一类群体[8,51],其较高的最低阈值使其对定价低于阈值下限的产品存有较大疑虑,"便宜没好货"的心理更是使得他们的感知价值大大降低，他们往往会拒绝购买这一商品[72,74]，其心理价格预期偏高；实用主义者在整个技术采用生命周期中大概占据着1/3，是新兴技术企业利润的主要来源[75]，他们局限于自身行业和个人状况，拥有的资源相对匮乏[8,76]，他们采用新兴技术产品大多是为满足个人需求，因此对产品安全性和实用性要求较高，对产品价格比较敏感，其心理价格预期偏低。

为此，建立研究假设如下。

H8-2a：在不同产品价格条件下，实用主义者对符合心理价格预期新兴技术产品的购买意愿将显著高于超出心理价格预期新兴技术产品的购买意愿。

H8-2b：在不同产品价格条件下，有远见者对超出心理价格预期新兴技术产品的购买意愿将显著高于符合心理价格预期新兴技术产品的购买意愿。

H8-2c：在相同产品价格条件下，实用主义者对符合心理价格预期新兴技术产品的购买意愿将显著高于有远见者。

H8-2d：在相同产品价格条件下，有远见者对超出心理价格预期新兴技术产品的购买意愿将显著高于实用主义者。

8.3.2 实验一：有远见者和实用主义者 VS. 组织市场和消费市场选择

用于检验具有不同行为和心理特征的被试者(有远见者和实用主义者)在进行新兴技术产品购买决策时是否受不同结构市场影响，即在组织市场和消费市场条件下，有远见者是否在组织市场中的购买意愿更强烈，实用主义者是否在消费市场中的购买意愿更强烈。

1. 实验方法

(1)前测。3D 打印技术产品是本实验的测试对象，主要原因如下：3D 打印技术是典型的新兴技术，其产品更是目前市场中讨论的热点话题，公众对 3D 打印技术及产品的熟悉度和喜好度均较高。前测主要用于测试被试者对 3D 打印技术及产品的熟悉度和喜好度，以及本实验设计可能存在的问题。来自四川某综合性大学 30 名在校学生参与了测试，其结果显示：被试者对 3D 打印技术及产品的熟悉度(M=4.61～5.84)和喜好度(M=4.18～5.62)均值均达到4以上，表明在校学生对3D打印技术及产品具有基本的认识和欢迎态度，能够为实验采用。此外，本次前测还发现实验设计本身的一些缺陷，容易给被试者造成选择误差。为此，研究团队通过召开座谈会的方式，邀请了 15 位被试者对本实验设计提出修改意见和建议。结合被试者的修改意见，研究团队对实验设计进行了修正，并再次邀请15 位学生参与测试，测试结果反映出被试者对实验设计本身未产生更多疑虑，从而保证实验结果的准确性。

(2)主实验。实验采用2×2组间因子交叉设计，实验分为两个部分，每个部分阐述不同市场结构(组织市场 VS. 消费市场)情形，并分别邀请不同的 60 名被试者参与测试。实验关键步骤如下。

首先，被试者进入实验室后，会拿到一份实验说明和一份 3D 打印背景材料。在实验说明中，被试者会被告知：研究者对消费者购买新出现的高科技产品时，会受哪些因素影响感兴趣，每道问题不存在对与错之分，只要如实表达想法即可；本调查采用不记名方式填答, 对于您所提供的任何信息我们都将严格保密, 您有权利在任何时候中断实验并选择离开。在 3D 打印背景材料中, 我们向被试者介绍 3D 打印的概念、意义、应用领域、发展现状和对我国的影响等信息, 被试者如有疑问可向工作人员示意并提问, 待无疑问后方可开始测试。

其次, 被试者被告知要阅读情景材料, 并回答相关问题。在材料中, 对 3D 打印的市场结构进行了描述, 并要求被试者回答对 3D 打印主流市场结构看法的同意程度(非常不同意/非常同意, 七点李克特量表), 回答完成后, 被试者被要求进行过滤性测试, 以消除无关变量对实验的影响。

(3)有远见者和实用主义者区分。通过行为识别和性格测试, 对被试者进行区分, 以寻找出被试者中的有远见者和实用主义者。在设计时, 本实验借鉴 Vallacher 和 Wegner 的行为识别量表[77]及心理学中性格测试量表的设计方法, 在有远见者和实用主义者特点差异基础上, 设计出 25 道行为识别题目, 被试者的每种行为都伴随着两种解释, 被试者被要求选择一种在他看来最为贴切的解释。例如, 对事物的判断有两种解释: 一是依据直觉(有远见者常采用的思维方式); 二是依据分析(实用主义者常采用的思维方式)。将被试者对 25 种行为解释中选择前者解释的题项数量进行加总, 其数值作为被试者特征辨别的依据。当被试者完成测试后, 本实验参照 Kim 和 John 的均值切分法[76], 来划分被试者中的有远见者和实用主义者。具体而言, 被试者选择前者解释得分大于等于 14 分的被划分为有远见者; 被试者解释得分小于 14 分的被划分为实用主义者。

(4)测量量表。完成行为测试后, 被试者需要继续完成控制变量测量量表。控制变量主要为了解被试者对 3D 打印技术的认知及基本态度, 对认知采取听说、认识和熟悉三个题项, 对基本态度采取欢迎、支持和欢欣鼓舞三个题项, 每个题项均采用七点李克特量表进行测试。完成测试后, 被试者同样需要完成过滤性测试。

(5)采集与统计。完成上述测试后, 被试者被要求回答是否对 3D 打印技术的相关产品具有购买意愿, 并写下相应理由。

最后, 被试者需要填写基本的人口统计学特征。人口统计学特征包含性别、年龄、文化程度、民族、月可支配收入及职业等。

2. 被试者与实验结果

四川某综合性大学的 120 名在校学生参与了实验一, 其中男性占 54.2%, 女性占 45.8%; 年龄为 19~26 岁, 均值 21.65 岁; 月均可支配收入在 1000 元以下的占 35%, 在 1001~1500 元的占 52%, 在 1501~3000 元的占 13%。实验平均耗时 25 分钟。

(1)控制变量。在分析数据时, 首先对实验的控制变量, 即被试者对 3D 打印的认知及基本态度进行分析。分析结果显示, 被试者对 3D 打印的认知(M=5.442~5.658, α=0.903)和基本态度(M=5.442~5.808, α=0.925)非常正向, 说明实验数据是可用的。

(2)假设检验。为检验假设 H8-1, 对依据不同理由而是否具有购买意愿的相对数量关系进行分析。研究团队邀请两名博士研究生对相关理由材料进行编码, 被试者给予理由与其选择结果和身份特征一致性达 89%, 差异部分通过讨论确定。根据被试者提供的理由, 基本上可以归纳为市场类别, 即将是否有适合购买需求的市场出现作为是否具有购买意愿的决定因素，如没有适合个人消费的市场出现、现阶段市场能够为企业提供有效服务、市场空间有限等。

根据方差分析的结果显示：模型存在显著的主效应（$F=14.41$，$p<0.001$），同时市场结构与用户类型之间存在显著的交互效应（$F=17.73$，$p<0.001$）。具体而言，实用主义者在消费市场中的购买意愿（$M=5.75$）显著高于在组织市场中的购买意愿（$M=4.29$，$t=5.295$，$p<0.001$）；有远见者在组织市场中的购买意愿（$M=4.94$）显著高于在消费市场中的购买意愿（$M=2.58$，$t=6.572$，$p<0.001$），因此 H8-1a 和 H8-1b 通过检验。同时，实用主义者在消费市场中的购买意愿（$M=5.75$）显著高于有远见者（$M=2.58$，$t=10.139$，$p<0.001$）；但对组织市场来说，实用主义者和有远见者在该类市场中的购买意愿无显著差异（$M=4.29$ 和 $M=4.94$，$t=1.964$，$p>0.05$），因此 H8-1c 通过检验，H8-1d 未通过检验，如图 8-3 所示。

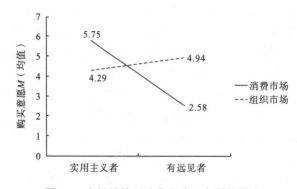

图 8-3 市场结构对消费者购买意愿的影响

3. 补充实验：对消费者类型进行操控

为排除其他无关变量对实验结果的影响，尤其是消费者类型区分，可能由于被试者在实验中的心理动机不同而产生偏离其心理特征的行为，导致实验结果失真。根据 Moore 对有远见者和实用主义者特征的分析[8]，以及本研究团队对大学 EMBA 学员和 MBA 学员特征的分析，认为大学 EMBA 学员与有远见者特征相符，MBA 学员与实用主义者特征相符，对比如图 8-4 所示。

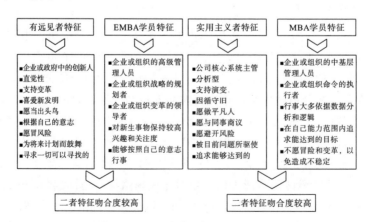

图 8-4 有远见者和实用主义者特征与 EMBA 学员和 MBA 学员对比

因此,研究团队参照 Kim 和 John 做法,重复执行了实验一,但不采用行为识别量表来区分有远见者和实用主义者,而是通过将 EMBA 学员定义为有远见者、MBA 学员定义为实用主义者来对消费者类型进行操控。本次实验共有 60 名 EMBA 学员和 60 名 MBA 学员参与,其中男性占 57%,女性占 43%;年龄 28～54 岁,均值 37.25 岁。

在实验过程中,EMBA 学员组和 MBA 学员组都要完成实验一内容,每个小实验 EMBA 学员和 MBA 学员各 30 名。分析结果表明,补充实验与实验一结果基本类似,见表 8-1。

表 8-1　实验一补充实验结果

假设	均值(M)	t	p	是否通过检验
H8-1a	消费市场(5.88)>组织市场(4.50)	3.145	<0.05	是
H8-1b	消费市场(2.83)<组织市场(4.59)	3.864	<0.001	是
H8-1c	实用主义者(5.88)>有远见者(2.83)	7.364	<0.001	是
H8-1d	实用主义者(4.50)≈有远见者(4.59)	0.203	>0.1	否

4. 相关讨论

本实验主要用于检验市场结构对有远见者和实用主义者购买新兴技术产品的影响。

实验结果表明:实用主义者更偏好在消费市场中购买新兴技术产品。同时,实用主义者在该类型市场结构下的购买意愿会显著高于有远见者,说明对于实用主义者来说,他们一般会关注是否出现适合个人消费的产品及是否具备相关市场条件。

实验结果同时表明:有远见者更偏好在组织市场中购买新兴技术产品,但其在组织市场中的购买意愿并不显著高于实用主义者。说明对于有远见者来说,他们更加关注行业层面和具有广阔市场前景的技术产品,这与其性格特征非常吻合。对于他们与实用主义者在组织市场条件下的购买意愿并无显著差异,这与前述实验结果不能完全吻合,这意味着还有其他因素在影响着实用主义者的购买意愿。

8.3.3　实验二:有远见者和实用主义者 VS. 超出心理价格预期和符合心理价格预期选择

实验二用于检验有远见者和实用主义者在进行新兴技术产品购买决策时是否受产品价格(超出心理价格预期 VS. 符合心理价格预期)因素影响,以及该因素会产生何种影响。

1. 实验方法

实验二采用 2×2 组间因子交叉设计,实验分为两个部分。第一部分情景材料阐述能够带来产业变革、较大效率改进和成本节约适用于组织购买的 3D 打印设备,其市场价格远远超过普通用户的心理价格预期;第二部分情景材料阐述能够满足个人兴趣爱好、提升工作效率的适用于个人消费购买的 3D 打印设备,其市场价格符合普通用户心理价格预期,且远低于现有适用于组织购买的 3D 打印设备。分别邀请不同的 60 名被试者参与测试,实验步骤与实验一等同。

2. 被试者与实验结果

四川某综合性大学的 120 名在校学生参与了实验二，其中男性占 74.04%，女性占 25.96%；年龄为 19～42 岁，均值 29.45 岁；月均可支配收入在 1500 元以下的占 16.35%，在 1501～5000 元的占 16.35%，在 5001～8000 元的占 19.22%，在 8001～12000 元的占 24.04%，在 12000 元以上的占 24.04%。实验平均耗时 32 分钟。

(1) 控制变量。在分析数据时，首先对被试者对 3D 打印的认知及基本态度进行分析。分析结果显示，被试者对 3D 打印的认知 (M=3.567～3.894，α=0.883) 和基本态度 (M=5.298～5.394，α=0.943) 比较正面，说明实验数据可用。

(2) 假设检验。为检验假设 H8-2，对依据不同理由而是否具有购买意愿的相对数量关系进行分析。研究团队邀请两名独立博士研究生对相关理由材料进行编码，被试者给予的理由与其选择结果和身份特征的一致性达 91%，差异部分通过讨论确定。根据被试者提供的理由，基本上可以归纳为两类因素：一类是价格因素，即将价格作为是否购买的主要依据，如成本高、尚不成熟且价格昂贵、带来的改进能够弥补成本等；一类是角色因素，即依托不同的使用主体来决定是否购买，如能够为企业带来巨大竞争优势、对个人来说成本太高、与带来的价值相比公司采购势在必行。

根据方差分析的结果显示：模型存在显著的主效应 (F=8.075，p＜0.001)，同时产品价格与用户类型之间存在显著的交互效应 (F=17.73，p＜0.001)。具体而言，实用主义者对符合心理价格预期新兴技术产品的购买意愿 (M=4.71) 显著高于对超出心理价格预期新兴技术产品的购买意愿 (M=2.83，t=4.888，p＜0.001)；但有远见者对新兴技术产品是否超出心理价格预期的购买意愿并无显著差异 (M=4.39 VS. 4.34，t=0.094，p＞0.1)，因此 H8-2a 通过检验，H8-2b 未通过检验。同时，对于符合心理价格预期的新兴技术产品，实用主义者和有远见者的购买意愿并无显著差异 (M=4.39 VS. 4.71，t=0.799，p＞0.1)；但对于超出心理价格预期的新兴技术产品，有远见者的购买意愿 (M=4.34) 则显著高于实用主义者 (M=2.83，t=3.500，p＜0.05)，因此 H8-2c 未通过检验，H8-2d 通过检验，如图 8-5 所示。对定性材料分析，也均支持上述结果。

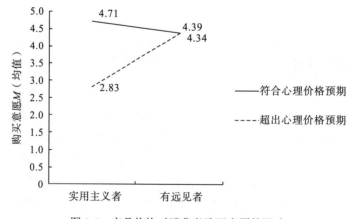

图 8-5　产品价格对消费者购买意愿的影响

3. 补充实验: 对消费者类型进行操控

与实验一相同, 为排除其他无关变量对实验结果的影响, 实验二也对消费者类型进行操控: 将 EMBA 学员定义为有远见者、MBA 学员定义为实用主义者, 并重复执行实验二。本次实验同样选取 60 名 EMBA 学员和 60 名 MBA 学员参与实验, 其中男性占 84.3%, 女性占 15.7%; 年龄为 38~57 岁, 均值 45.27 岁。在实验过程中, EMBA 学员组和 MBA 学员组都要完成实验二内容, 每个小实验 EMBA 学员和 MBA 学员各 30 名。数据分析结果与实验二基本类似, 具体情况见表 8-2。

表 8-2　实验二补充实验结果

假设	均值(M)	t	p	是否通过检验
H8-2a	符合心理价格预期(4.90)>超出心理价格预期(2.47)	4.768	<0.001	是
H8-2b	符合心理价格预期(4.53)=超出心理价格预期(4.38)	0.265	>0.1	否
H8-2c	实用主义者(4.90)≈有远见者(4.38)	0.985	>0.1	否
H8-2d	实用主义者(2.47)<有远见者(4.53)	3.926	<0.001	是

4. 相关讨论

本实验主要用于检验产品价格对有远见者和实用主义者购买新兴技术产品的影响。

实验结果表明: 实用主义者更偏好购买产品价格符合心理价格预期的产品, 但其对于价格符合心理价格预期的新兴技术产品, 其购买意愿与有远见者并无显著差异。说明相比有远见者, 实用主义者更看重产品价格合理性, 而不会盲目追求产品专业性和价值。

实验结果同时表明: 有远见者对超出心理价格预期新兴技术产品的购买意愿显著高于实用主义者, 但其对符合心理价格预期的新兴技术产品购买意愿并不显著高于实用主义者。说明有远见者更看重产品价值而能承受更多风险和成本, 但如果产品有较大价值而价格又合理, 其也会产生较大兴趣。

8.3.4　研究总结

行为实验对测度人的行为具有很好的解释作用, 而且信度较高。本书正是以该方法为基础, 通过对新兴技术峡谷两侧的市场结构和产品价格两种因素进行实证分析, 探究了新兴技术商业化过程中的"峡谷"形成机理。

在理论层面, 本研究的价值体现在明确了新兴技术"峡谷"形成机理的两个关键外部环境影响因素, 且得到实证研究的支持, 不仅与创新生态系统理论契合, 而且对新兴技术"峡谷"形成机理完善而言是全新的探索和尝试。新兴技术"峡谷"两侧的有远见者和实用主义者阶段, 其市场结构和产品属性不同, 而且两类市场参与者对市场结构偏好和对产品价格感受不同, 加之市场外部环境差异, 导致实用主义者不愿在有远见者阶段采取购买行为, 在该阶段组织市场需求得到满足和达到饱和后, 便找不到新的市场突破口, 产品销量迅速下降, 而刺激实用主义者购买的正向调节因素尚未出现或得到满足, 更加剧了市场萧条，正如目前我国 LED 和太阳能光伏产业的发展现状，从而使得新兴技术"峡谷"出现。

在实务层面，本研究的价值体现在向企业揭示了新兴技术商业化过程中"峡谷"存在的必然性。新兴技术产品商业化过程中经历的有远见者和实用主义者市场阶段，无论是市场结构和产品价格等特点，还是消费群体方面都存在较大差异，这种差异使得市场出现差异化购买意愿，从而导致新兴技术产品不能顺利地从组织市场过渡到消费市场，"峡谷"必然出现。就如平板电脑技术，自 1991 年被开发出来后迅速获得市场关注，并在军事、工业、医学和政府等顾客群内建立起小型市场，但其间经历了 10 年的沉寂，也就是陷入新兴技术"峡谷"中。直到 2002 年微软公司大力推广 Windows XP Tablet PC Edition，平板电脑才逐渐变得流行起来，并在苹果公司 iPad 的引导下取得巨大市场成功。又如我国 LED 和太阳能光伏产业，前期受到政府政策和政府采购的刺激，发展迅速。随着该市场饱和，政府采购退出，整个行业陷入"峡谷"。但目前已经有企业开始尝试推广适合家用的 LED 照明技术和太阳能光伏发电技术，并逐渐获得部分消费者的认可，整个行业似乎有出现转机的迹象。所以，"峡谷"的存在也启示那些已经陷入"峡谷"的企业，不能过于悲观，而要认清"峡谷"存在的必然性，并以"峡谷"形成机理关键影响因素为指导，做出战略修正，就有可能再次取得市场成功。

8.4　技术标准、产品形式、创新政策和竞争格局对新兴技术"峡谷"形成的实证研究

8.4.1　研究假设

1. 技术标准

在创新生态系统中，技术系统集成与模块整合引导企业竞争不再局限于产品和市场竞争，技术标准领先已成为崭新的竞争制高点，掌握技术标准意味着在竞争中掌握控制权[40]。同时由于网络外部性强力效应，掌握技术标准的企业榨取行业中的绝大部分利润，达到"赢家通吃"。技术标准已成为高科技产业化进程中制定市场游戏规则、完善创新耦合机制的重要手段[36]，同时技术标准是吸引用户参与创新的重要环境因素，市场用户深度参与将从根本上改变创新范式的内在结构[78]。因此，技术标准确立与否不仅关系企业市场竞争，而且直接影响用户参与程度。

在有远见者阶段，新兴技术的各个应用领域开始进行标准之争。如快速成型技术发展出激光烧结技术、熔融沉淀积成型技术、立体光刻技术和 3D 打印技术等多种类型，但尚未有某项技术成为主导，市场技术标准未确立，这给未来市场带来巨大想象空间。而有远见者出于竞争需要、对"赢者通吃"的渴求，以及他们想引导市场发展方向和注重长远考虑[8,13]的心理特征使得其愿意承担风险，热衷于投资尚未成熟的技术；对于实用主义者来说，技术未形成标准意味着技术不成熟，此时采取购买行为是冒险和不合时宜的，因此他们会采取观望态度。

而在实用主义者阶段,技术以其最终形式在任务条件下得到实际应用[79],应用技术标准之争结束,技术标准和应用确立,围绕技术标准的配套技术开发相对完善,对偏好风险规避和重视"眼前"利益[8,13]的实用主义者来说,他们更愿在此时参与技术创新的改良,并愿意付出相应成本;但对有远见者来说,技术标准的确立意味着进入市场的黄金时期已过,此时采取购买行为带来的收益远远不能满足其预期,他们将会放弃行动。

为此,提出如下研究假设。

H8-3a:在不同技术标准条件下,实用主义者在技术标准确立条件下的购买行为将显著高于在技术标准未确立条件下的购买行为。

H8-3b:在不同技术标准条件下,有远见者在技术标准未确立条件下的购买行为将显著高于在技术标准确立条件下的购买行为。

H8-3c:在相同技术标准条件下,实用主义者在技术标准确立条件下的购买行为将显著高于有远见者。

H8-3d:在相同技术标准条件下,有远见者在技术标准未确立条件下的购买行为将显著高于实用主义者。

2. 产品形式

创新生态系统作为一种协同整合机制,能够将系统中各企业的创新成果进行整合[80]。各技术之间形成较为密切的相互依赖、共同进化的关系[41],而其中的高科技企业可以通过协同整合形成集成产品,这个集成产品往往是一个基础性平台产品;此平台产品再协同整合下游互补产品(或应用件)形成整体产品[41],而整体产品是一种标准化产品,可以获得终端用户认可并购买,从而带动平台产品销售,将企业投入的大量资源直接兑换成利润[41,81]。

在有远见者阶段,由于技术标准未确立,因此市场上出现的产品只具备核心功能,大多是一种平台性产品。同时,由于技术发展不成熟和应用方向不确定,企业尚不能有效整合其他技术资源形成整体产品。但是,这种平台性产品具有很强的可塑性,一旦在市场中成为技术标准,企业就能掌握技术种群的关键话语权[41],获得垄断性利润。而有远见者出于对垄断利润和投资技术标准回报的追求,对能够掌握关键话语权的平台型产品更感兴趣;但对实用主义者来说此时的平台产品只具备核心功能,并不适用,此时采取购买行为与其理念不符。

在实用主义者阶段,技术标准确立,围绕平台产品的辅助技术发展成熟,掌握平台产品的企业能够很容易地整合各种配套技术,形成整体产品,这种整体产品的安全性能、可操作程度和性价比较高,对追求实用和规避风险的实用主义者而言具有更大的吸引力,但对追求市场革新和超额回报的有远见者来说,此时的产品已经丧失战略价值,对其吸引力大大降低。

据此,提出如下研究假设。

H8-4a:在不同产品形式条件下,实用主义者对整体产品的购买行为将显著高于对平台产品的购买行为。

H8-4b:在不同产品形式条件下,有远见者对平台产品的购买行为将显著高于对整体产品的购买行为。

H8-4c：在相同产品形式条件下，实用主义者对整体产品的购买行为将显著高于有远见者。

H8-4d：在相同产品形式条件下，有远见者对平台产品的购买行为将显著高于实用主义者。

3. 创新政策

创新生态系统成员与环境之间相互适应的调控，不论是技术研发、应用和衍生都必须在政策背景下生存。政府将会适当引导不同角色参与创新生态运行，疏通角色之间的信息交流障碍[44]。从创新需求政策种类看，各国各区域相对统一，政府前期主要提供研发投入、税收优惠、知识产权等框架性政策[49,82]，随着创新生态系统逐渐向市场应用发展，创新政策将会更侧重于需求侧政策实施[34]，以刺激对系统产品的消费需求[45]。

在有远见者阶段，国家为积极引导和推动新兴技术发展，会出台一系列框架性财税激励政策来带动关联产业增长，进而促进创新系统内产业的聚集[45]。这对投资新兴技术产业的有远见者来说是重大利好，不仅可以对企业构成实质性支持，而且能创造产业发展的优良环境。在这种环境条件下，有远见者会更加迅速地做出购买决策。但是，这种框架性政策并不能直接作用于个人消费者，因此并不能有效刺激相对保守[8,13]的实用主义者。

在实用主义者阶段，随着技术标准的确立，产品开始标准化，进入消费者市场，此时国家为促进创新价值实现，将会更多地推出需求侧政策，如消费税优惠等，以刺激个人消费者的购买行为，这种需求侧政策将会直接作用于个人消费者，对追求实用[8,13]的实用主义者来说能产生较大促进作用，但这种需求侧政策的出台意味着国家对框架性政策的投入减弱，这是有远见者不太有兴趣的，这将会削弱其购买行为。

据此，提出如下研究假设。

H8-5a：在不同创新政策下，实用主义者在需求侧政策条件下的购买行为将显著高于在框架性政策条件下的购买行为。

H8-5b：在不同创新政策下，有远见者在框架性政策条件下的购买行为将显著高于在需求侧政策条件下的购买行为。

H8-5c：在相同创新政策下，实用主义者在需求侧政策条件下的购买行为将显著高于有远见者。

H8-5d：在相同创新政策下，有远见者在框架性政策条件下的购买行为将显著高于实用主义者。

4. 竞争格局

创新生态系统中核心企业的市场资源、协同创新能力和氏族文化是其主要驱动因素[38]，非核心企业的技术互补是系统发展的辅助因素[37]。核心企业在系统中扮演资源整合者角色[82]，其对创新产品未来收益预期的承诺能够吸引大量研发主体进入研发联合体[83]，企业只有获得技术创新的主体地位后，才能增强创新成果和缩短与实际应用之间的距离，加速成果商业化[84]。而非核心企业虽然作为创新成果推向市场应用非常重要的一环，但其在生态系统内生存仍然要更多地依赖核心企业。由于核心企业拥有的技术资源更为稀缺，因此在与非核心企业谈判过程中具有更强的议价能力,同时非核心企业选择了一个创新生态系统,意味着要对专用技术接口进行持续投资,随着专用性投资所带来的沉没成本增加,非核心企业将会丧失选择其他创新生态系统的机会,而且在与核心企业讨价还价的过程中将处于弱势地位[37]。

在有远见者阶段,不同企业沿着不同的技术轨道进行创新投入,并努力使自己企业的技术轨道被行业认可,形成排他性技术标准。此时行业竞争表现为技术轨道之争[85],竞争格局表现出无序竞争状态,尚未有企业取得突出竞争优势成为核心企业。有远见者则对此及随之而具有行业话语权和市场主导地位的渴求,将会更多地采取购买行为,而实用主义者出于安全的需求[8,13],将不会在技术标准之争结束前采取行动,以免遭受重大损失。

在实用主义者阶段,特定技术轨道被行业内所有企业认可采纳,各个企业的创新投入不再是沿着原来的技术轨道进行,而是沿着主导设计所选择的技术轨道进行。企业间竞争的焦点会转向价格、工艺创新、品牌和社会形象等方面,而价格、品牌[86,87]和社会形象[88]等方面的优势则可以直接转化为市场竞争优势。竞争格局表现出有序竞争状态,已有企业取得市场优势地位,成为核心企业。此时选择进入,对有远见者来说不具备战略优势,无法取得市场主导权,是他们追求市场革新和技术颠覆性的性格[8,13]所不能接受的。但对实用主义者来说,选择此时进入,不仅安全性得到保证,而且产品功能更完善,性价比较高,是他们希望看到的局面。

据此,本章提出如下研究假设。

H8-6a:在不同竞争格局下,实用主义者在市场出现核心企业条件下的购买行为将显著高于市场未出现核心企业条件下的购买行为。

H8-6b:在不同竞争格局下,有远见者在市场未出现核心企业条件下的购买行为将显著高于市场出现核心企业条件下的购买行为。

H8-6c:在相同竞争格局下,实用主义者在市场出现核心企业条件下的购买行为将显著高于有远见者。

H8-6d:在相同竞争格局下,有远见者在市场未出现核心企业条件下的购买行为将显著高于实用主义者。

8.4.2　实验一:有远见者和实用主义者 VS. 技术标准和产品形式

实验一用于检验具有不同心理和行为特征的被试者(有远见者和实用主义者)在进行新兴技术产品购买决策时是否受技术标准和产品形式影响,即在技术标准未确立和平台产品条件下,有远见者的购买行为是否更显著;在技术标准确立和整体产品形成条件下,实用主义者的购买行为是否更显著。

1. 实验方法

由于本章是新兴技术"峡谷"形成机理研究系列的研究,实验还是以 3D 打印技术产品为测试对象,遵循常规步骤,分为前测和主实验两部分。前测主要用于测试被试者对3D 打印技术及产品的熟悉度和喜好度,以及本实验设计可能存在的问题;主实验采用

2×2×2 组间因子交叉设计，实验分为四个部分，每个部分阐述不同情景条件，分别邀请不同的 30 名被试者参与测试。关键实验步骤借鉴 Vallacher 和 Wegner 的行为识别量表[77]以及心理学中性格测试量表设计方法，并借助 Kim 和 John 的均值切分法[76]完成。限于篇幅，不再赘述。

2. 被试者与实验结果

四川某综合性大学的 120 名在校学生参与了实验一。被试者的分布如下：男性占 61.5%，女性占 38.5%；年龄为 20～42 岁，平均为 30.04 岁；月均可支配收入在 1001～1500 元的占 4.7%，在 1501～3000 元的占 54.7%，在 3001～5000 元的占 39.6%，在 5001～8000 元的占 10%。实验平均耗时 28 分钟。

(1)控制变量。在分析数据时，首先对被试者对 3D 打印的认知及基本态度进行分析。分析结果显示，被试者对 3D 打印的认知($M=3.917～4.587$，$\alpha=0.843$)和基本态度($M=5.402～5.729$，$\alpha=0.916$)可以接受，说明实验数据可用。

(2)假设检验。为检验 H8-3 和 H8-4，对依据不同理由而是否具有购买行为的相对数量关系进行分析。研究团队邀请两名独立博士研究生对相关理由材料进行编码，被试者提供的理由与其选择结果和身份特征一致性达到 85%，差异部分通过讨论确定。被试者提供的理由，基本上可以归纳为两类：第一类是技术因素，即将技术发展程度和前景作为是否具有购买行为的决定因素，如技术成熟但丧失先发优势、技术发展迅速产品有保障、技术稳定性有待观察和考验、虽对新技术好奇但不看好未来前景等；第二类是产品因素，即将产品成熟程度作为是否具有购买行为的决定因素，如缺少配套、通用性受到质疑、模型精度不高、国内 3D 打印发展越来越成熟、可以很方便地获得相关服务等。

(3)方差分析。方差分析的结果显示，模型存在显著的主效应($F=14.005$，$p<0.001$)，同时技术标准与用户类型之间存在显著的交互效应($F=13.743$，$p<0.001$)，产品形式与用户类型之间存在显著的交互效应($F=18.524$，$p<0.001$)，但是技术标准与产品形式之间不存在交互效应($F=0.001$，$p>0.10$)。

对于假设 H8-3：技术标准确立与否对实用主义者的购买行为并无显著影响($M=5.15$ VS. 4.69，$t=1.423$，$p>0.1$)；但是，有远见者在技术标准未确立条件下的购买行为($M=5.05$)显著高于在技术标准确立条件下的购买行为($M=2.76$，$t=5.58$，$p<0.001$)，如图 8-6 所示。

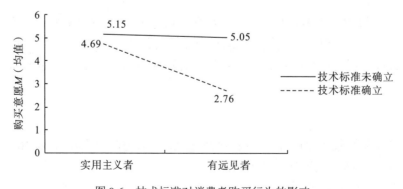

图 8-6　技术标准对消费者购买行为的影响

因此 H8-3a 未通过检验，H8-3b 通过检验。同时，实用主义者在技术标准确立条件下的购买行为(M=4.69)显著高于有远见者(M=2.76，t=7.026，p<0.001)；但在技术标准未确立条件下，实用主义者和有远见者的购买行为并无显著差异(M=5.15 VS. 5.05，t=0.213，p>0.1)，因此 H8-3c 通过检验、H8-3d 未通过检验。对定性材料的有关分析也均支持上述结果。

如图 8-7 所示，实用主义者对整体产品的购买行为(M=4.71)显著高于对平台产品的购买行为(M=2.84，t=4.427，p<0.001)；有远见者对平台产品的购买行为(M=4.60)则显著高于对整体产品的购买行为(M=2.90，t=3.928，p<0.001)。综上，H8-4a 和 H8-4b 通过检验。同时，实用主义者对整体产品的购买行为(M=4.71)显著高于有远见者(M=2.90，t=4.079，p<0.001)；有远见者对平台产品的购买行为(M=4.60)显著高于实用主义者(M=2.84，t=4.257，p<0.001)。综上，H8-4c 和 H8-4d 通过检验。

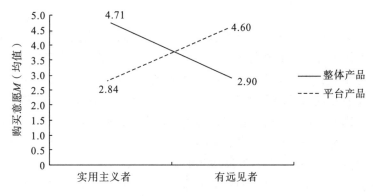

图 8-7　产品形式对消费者购买行为的影响

3. 补充实验：对消费者类型进行操控

为排除其他无关变量对实验结果影响，尤其是消费者类型区分，可能由于被试者在实验中的心理动机不同而产生偏离其心理特征的行为，导致实验结果失真。根据 Moore 对有远见者和实用主义者特征的分析[8]，以及本研究团队对 EMBA 学员和 MBA 学员特征的分析，认为 EMBA 学员与有远见者特征吻合度较高，MBA 学员与实用主义者特征接近，如图 8-4 所示。

因此，本章参照 Kim 和 John 做法，重复执行实验一，将 EMBA 学员划为有远见者、MBA 学员划为实用主义者来对消费者类型进行操控。本次实验共有 40 名 EMBA 学员和 40 名 MBA 学员参与实验，其中男性占 57%，女性占 43%；年龄为 28~54 岁，平均为 37.25 岁。

在实验过程中，EMBA 学员组和 MBA 学员组都要完成实验一内容，每个部分 EMBA 学员和 MBA 学员各 10 名。数据分析结果表明，补充实验与实验一结果基本类似，具体情况见表 8-3。

表 8-3　补充实验一方差分析结果

假设	均值(M)	t	p	是否通过检验
H8-3a	技术标准确立(5.33)=技术标准未确立(4.82)	1.082	>0.1	否
H8-3b	技术标准确立(5.33)<技术标准未确立(3.14)	4.743	<0.001	是
H8-3c	实用主义者(4.82)>有远见者(3.14)	3.982	<0.001	是
H8-3d	实用主义者(5.33)=有远见者(5.55)	0	>0.1	否
H8-4a	整体产品(4.76)>平台产品(2.88)	3.123	<0.05	是
H8-4b	整体产品(2.74)<平台产品(4.43)	3.134	<0.05	是
H8-4c	实用主义者(4.76)>有远见者(2.74)	3.485	<0.05	是
H8-4d	实用主义者(2.88)<有远见者(4.43)	2.715	<0.05	是

4. 相关讨论

本实验主要用于检验技术标准和产品形式对用户购买行为的影响。实验结果表明：技术标准不会对实用主义者的购买行为产生直接影响，但其对整体产品的购买行为更显著；同时，实用主义者在技术标准确立和整体产品条件下的购买行为会显著高于有远见者。说明对于实用主义者来说由于缺乏必要的信息及知识，在遇到新技术时会首先选择性地忽视技术标准带来的影响。但如果得知技术标准确立，他们追求风险规避和希望产品能有更好地延续性的心理特征使得其在技术标准确立时的购买行为更显著；同时实用主义者更倾向于购买大众化、标准化、配套服务发展成熟的新兴技术产品，其与有远见者最大的区别在于注重产品的完善性、成熟性及自身客观需求，而不会因为新奇、有兴趣或个人喜好就产生购买行为。

实验结果还表明，有远见者更热衷于未成熟的技术和平台产品，且其对平台产品的购买行为显著高于实用主义者，但是有远见者在技术标准未确立条件下的购买行为并不显著高于实用主义者。说明对于有远见者来说，他们是最早认识到新兴技术所带来的巨大价值的群体，相对于整体产品来说，他们更关注具有广阔市场前景和较大发展潜力的技术产品，这与其喜爱冒险，并能够忍受技术不足的性格特征非常吻合。而他们与实用主义者在技术标准未确立条件下的购买行为并无显著差异也说明：实用主义者对于技术是不敏感的。在补充实验中，产品形式对两类消费者的影响并不如实验一那样强烈，是否意味着还有其他因素是消费者所顾虑的？后续实验将做进一步探查。

8.4.3　实验二：有远见者和实用主义者 VS. 创新政策和竞争格局

实验二用于检验有远见者和实用主义者在进行新兴技术产品购买决策时是否受创新政策和竞争格局因素影响，即在框架性政策和市场未出现核心企业条件下，有远见的购买行为是否更显著；在需求侧政策和市场出现核心企业条件下，实用主义者的购买行为是否更显著。

1. 实验方法

实验二用 2×2×2 组间因子交叉设计,实验分为 4 个部分,每个部分阐述不同的情景条件,并分别邀请不同的 30 名被试者参与测试,实验步骤与实验一等同。

2. 被试者与实验结果

四川某综合性大学的 120 名在校学生参与了实验二。被试者的分布如下:男性占61.5%,女性占 38.5%;年龄为 20~42 岁,均值为 30.04 岁;月均可支配收入在 1001~1500 元的占 4.7%,在 1501~3000 元的占 54.7%,在 3001~5000 元的占 39.6%,在 5001~8000 元的占 10%。实验平均耗时 28 分钟。

(1)控制变量。在分析数据时,首先对被试者对 3D 打印的认知及基本态度进行分析。分析结果显示,被试者对 3D 打印的认知(M=3.917~4.587, α=0.843)和基本态度(M=5.402~5.729, α=0.916)可以接受,说明实验数据可用。

(2)假设检验。为检验 H8-5 和 H8-6,对依据不同理由而是否具有购买行为的相对数量关系进行分析。研究团队邀请两名独立博士研究生对相关理由材料进行编码,被试者给出的理由与其选择结果和身份特征一致性达到 82%,差异部分通过讨论确定。根据被试者提供的理由,基本上可以归纳为两类:第一类是外部支持,即将外部条件作为是否具有购买行为的决定因素,如国家政策能够给行业发展提供有利环境、国家层面重视才能支持行业迅速发展、有政策支持,说明国家比较重视,可以顺势而为、国家支持才能放心使用等;第二类是市场竞争因素,即将竞争格局作为是否具有购买行为的决定因素,如市场空间大是蓝海市场、市场被瓜分完毕、尚无企业成为市场霸主,大有可为、有大企业做支持,产品有保障等。

(3)方差分析。方差分析的结果显示,模型存在显著的主效应(F=15.643, p<0.001),同时创新政策与用户类型之间存在显著的交互效应(F=11.311, p<0.05),竞争格局与用户类型之间存在显著的交互效应(F=72.59, p<0.001),但是创新政策与竞争格局之间不存在交互效应(F=0.369, p>0.10)。

如图 8-8 所示,在需求侧政策条件下,实用主义者的购买行为(M=4.00)显著高于在框架性政策条件下的购买行为(M=2.64, t=3.161, p<0.05);有远见者在框架性政策条件下的购买行为(M=4.45)并不显著高于在需求侧政策条件下的购买行为(M=4.808, t=0.723, p>0.10)。综上,H8-5a 通过检验,H8-5b 未通过检验。同时,在需求侧政策条件下,实用主义者与有远见者的购买行为并无显著差异(M=4.00 VS. 4.08, t=0.180, p>0.1),但在框架性政策条件下有远见者的购买行为(M=4.45)显著高于实用主义者(M=2.64, t=3.698, p<0.05)。综上,H8-5c 未通过检验,H8-5d 通过检验。对定性材料的分析也均支持上述结果。

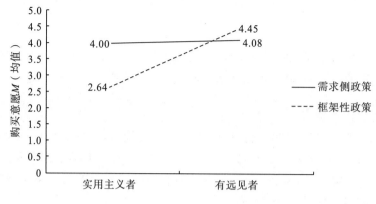

图 8-8　创新政策对消费者购买行为的影响

　　如图 8-9 所示，实用主义者在市场出现核心企业条件下的购买行为（$M=4.22$）显著高于在市场未出现核心企业条件下的购买行为（$M=2.22$，$t=5.192$，$p<0.001$）；有远见者在市场未出现核心企业条件下的购买行为（$M=5.63$）显著高于市场出现核心企业条件下的购买行为（$M=3.06$，$t=6.647$，$p<0.001$）。综上，H8-6a 和 H8-6b 通过检验。同时，实用主义者在市场出现核心企业条件下的购买行为（$M=4.22$）显著高于有远见者（$M=3.06$，$t=2.859$，$p<0.05$）；有远见者在市场未出现核心企业条件下的购买行为（$M=5.63$）显著高于实用主义者（$M=2.22$，$t=9.911$，$p<0.001$）。综上，H8-6c 和 H8-6d 通过检验。

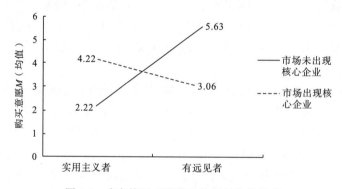

图 8-9　竞争格局对消费者购买行为的影响

3. 补充实验：对消费者类型进行操控

　　与实验一相同，为排除其他无关变量对实验结果的影响，实验二也对消费者类型进行操控：将 EMBA 学员划为有远见者、MBA 学员划为实用主义者，并重复执行实验二。本次实验同样选取 40 名 EMBA 学员和 40 名 MBA 学员参与。其中男性占 68.9%，女性占 31.1%；年龄为 29～56 岁，均值为 38.47 岁。在实验过程中，EMBA 学员组和 MBA 学员组都要完成实验二内容，每个部分 EMBA 学员和 MBA 学员各 10 名。数据分析结果与实验二基本类似，但在市场出现核心企业条件下，实用主义者和有远见者的购买行为并无显著差异（$M=3.96$ VS. 3.37，$t=1.180$，$P>0.1$），说明有其他因素在产生影响。具体情况见 8-4。

表 8-4 补充实验二方差分析结果

假设	均值(M)	t	p	是否通过检验
H8-5a	需求侧政策(3.67)>框架性政策(2.50)	2.491	<0.05	是
H8-5b	需求侧政策(4.21)=框架性政策(4.80)	0.936	>0.1	否
H8-5c	实用主义者(3.67)=有远见者(4.21)	1.017	>0.1	否
H8-5d	实用主义者(2.50)<有远见者(4.80)	4.138	<0.001	是
H8-6a	市场出现核心企业(3.96)>市场未出现核心企业(2.00)	4.893	<0.001	是
H8-6b	市场出现核心企业(3.37)<市场未出现核心企业(5.45)	4.005	<0.001	是
H8-6c	实用主义者(3.96)=有远见者(3.37)	1.180	>0.1	否
H8-6d	实用主义者(2.00)<有远见者(5.45)	8.443	<0.001	是

4. 相关讨论

本实验主要用于检验创新政策和竞争格局对用户购买行为的影响。实验结果表明：实用主义者在需求侧政策和市场出现核心企业时的购买行为更显著；同时其在市场出现核心企业时的购买行为显著高于有远见者，但在出现需求侧政策时其购买行为与有远见者并无显著差异。说明实用主义者更关注能够切实落到个人消费者头上的创新政策，这与其只关注目前能够得到的心理特征相符。同时他们更乐于投资有强大品牌影响力和质量保证的新兴技术产品，如果该产品能够得到需求侧政策支持，更能提高其购买行为。但在出现需求侧政策时，有远见者和实用主义者的购买行为并无显著差异，说明两者都偏好得到外部支持。

实验结果同时表明：有远见者在出现框架性政策时的购买行为并不显著高于出现需求侧政策时的购买行为，但其购买行为在市场未出现核心企业时更显著；同时在框架性政策和市场未出现核心企业时，其购买行为会显著高于实用主义者。说明有远见者看重的是新兴技术带来的颠覆性和未来增长潜力，同时他们也是真正关注新兴技术产品是否能够带来效率变革的人群，而不像实用主义者更关注当前自身能够得到的实惠和利益。补充实验结果还表明，在市场出现核心企业时，实用主义者和有远见者购买行为并无显著差异。这与实验二结果出现偏差，说明对有远见者来说，市场是否出现核心企业并不是其产生购买行为的先决条件，还有其他因素在产生影响。

8.4.4 研究总结

行为实验对测度人的行为具有很好的解释作用，而且信度较高。本章以该研究方法为手段，通过对新兴技术"峡谷"两侧市场的技术标准、产品形式、创新政策和竞争格局四个外部因素进行实证研究，以探究新兴技术"峡谷"形成机理。

在理论层面，本研究的价值体现在证实了对新兴技术"峡谷"形成机理具有重要影响的四个外部因素。上述因素得到验证，有效地弥补了新兴技术"峡谷"形成机理理论外部影响因素研究的缺失，并与创新生态系统理论相呼应。新兴技术"峡谷"两侧有远见者和实用主义者对技术标准、产品形式、创新政策和竞争格局的感知及诉求不同，两阶段市场在上述环境方面又存在较大差异，因此会导致前后市场中的用户在购买行为方面出现严重不一致，使得新兴技术产品在有远见者阶段获得认可后，很难直接在实用主义者阶段继续取得成功，导致市场发展出现瓶颈，商业化进程停滞，出现"峡谷"现象。

在实务层面，本研究的价值体现在向企业揭示了"峡谷"存在的风险和相应对策。新兴技术商业化成功的关键是产品能否在实用主义者组成的早期大众市场中取得成功，在有远见者阶段取得成功的关键因素——新兴技术未来巨大的"想象空间"，使得有远见者可以克服技术产品不成熟、市场前景不清晰等困难，积极推广和使用新兴技术产品，但这并不会获得实用主义者的认同。如果企业试图以当前的成功经验来撬开大众市场，那么必然会遭遇"峡谷"，而成为这一现象的牺牲者。正如 IP 电话通信技术一样，最初由于低通话成本、低建设成本、易扩充性等特点，受到各国电信企业大力推崇，但由于其操作复杂、网络延时不确定、语音效果无法接受等缺点，而不能商业化进入公众通信领域，导致目前仍在"峡谷"中挣扎。"峡谷"现象的存在在于提示企业在早期市场取得成功后，不能迷信于早期市场开拓经验，而要在技术融合配套、产品规划、政府消费政策争取和企业品牌建设等方面提前布局，准确定位大众市场中的特定用户群，才有可能撬开大众市场，走出"峡谷"，真正实现新兴技术商业化价值。

8.5　新兴技术"峡谷"形成机理与启示

8.5.1　新兴技术"峡谷"形成机理

新兴技术商业化过程就是潜在采用者在不确定性下的风险采用过程，其市场扩散速度是异质性消费者采用决策的集合。由于潜在采用者与厂商之间的信息不对称，其采用过程存在着不确定性。而采用者处理不确定性的一个重要手段就是搜寻有关信息对是否采用做出判断，同时随着搜集信息的增加，采用者也动态修正着先前的判断。但信息的搜寻是有成本的，因而采用者在决定自己到底是立即采用还是持观望态度的同时继续搜寻信息时会依赖一个决策准则——自身效用最大化。采用者采用决策行为影响着新兴技术的商业化进程。

消费者的异质性被引入扩散模型后很好地解释了个体采用创新的过程。在第 6 章两类采用者特征差异探讨部分，我们首先识别出了新兴技术采用生命周期中的两类采用者，并从个体异质性的角度出发，对两类采用者的特征进行了深入分析，最后归纳总结了两者特征的六个差异之处(表 8-5)。

表 8-5　两类采用者特征差异

特征	早期采用者	实用主义者
风险偏好	风险追求型	风险规避型
创新精神	欢迎创新	慎重对待
决策意志	独立做出决定	重视参考意见
购买目的	追求根本性的突破	喜欢逐步的改善
价格敏感	敏感度低	敏感度高
前瞻行为	早期市场采用	早期大众市场采用

由分析可知早期采用者和实用主义者的异质性非常显著，Moore 也认为这两类采用者在心理和行为上存在着非常大的差异。而消费者异质性的存在使得两类消费者采用创新的时间不同，早期采用者在早期市场采取购买行为，而此时实用主义者采取观望的态度；到早期大众市场阶段时，实用主义者会采取购买行为。这两类采用者采用创新的时间差，即表现为新兴技术"峡谷"（图 8-10）。

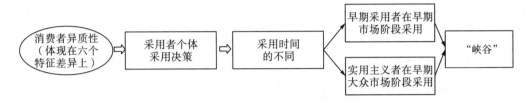

图 8-10　采用者异质心理分析与"峡谷"

早期采用者和实用主义者是两个完全不同的采用者群体，他们在心理和行为上存在着巨大的差异（采用者异质性的表现），使得他们会在新兴技术采用生命周期中的不同阶段（早期市场阶段和早期大众市场阶段）采取购买行为。而这一行为背后更深层次的原因有三个维度八个因素（市场构成方式、竞争形态、核心技术成熟度、补充性技术、支撑性技术、产品成熟度、产品形式、产品价格）及其不同的状态影响了这两类消费者的采用决策。具体作用机制是：首先，八个因素在早期市场和早期大众市场的表现状态截然不同，八个因素作为一个整体在早期市场的表现称为状态 A，在早期大众市场的表现称为状态 B。而早期采用者会选择在状态 A 的环境下（早期市场）采取购买行为，此时实用主义者则会采用观望的态度，并不会购买，在该阶段的市场需求得到满足和饱和之后，由于能够刺激实用主义者购买的因素尚未得到满足，于是产品销量迅速下降；而到了早期大众市场阶段，八个因素的状态发生变化，达到了状态 B，此时实用主义者才会采取购买行为。所以，八个因素从状态 A 发展到状态 B 的这一段时间，早期采用者已采取了购买行为，而实用主义者没有购买，这中间就出现了断层，而这种断层的表现即产品市场增长停滞或下滑的情况，即新兴技术商业化过程中的"峡谷"（图 8-11）。

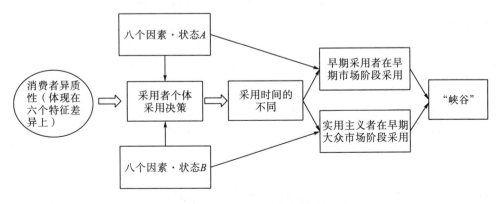

图 8-11　新兴技术"峡谷"形成机理

8.5.2　给企业带来的启示

新兴技术有创造一个新行业的巨大潜力，所以在新兴技术商业化过程中会有非常多的企业参与，而"峡谷"是阻碍新兴技术成功商业化的一个重要原因，而且企业往往不容易发现"峡谷"的存在，或者是掉以轻心，这些都非常容易使企业陷入"峡谷"的泥潭不能自拔，最后成为"峡谷"的牺牲者。所以本章站在企业的角度，对参与新兴技术商业化的企业提出一些建议，希望能够为企业实践做出一点贡献。

1. 针对处于"峡谷"左侧组织市场（早期市场）的企业

"峡谷"的左侧是早期市场，这一市场的构成方式表现为组织市场。在这一市场，主要用户是以政府、企业等为代表的组织用户。他们最关心最看重的是核心技术的性能。对于提供核心技术的企业，集中力量突破核心技术所面临的关键性技术障碍是一种有效的策略。例如，数码相机像素值从 1997 年的 30 万像素提高到了 1998 年的百万像素级。另外，这一时期厂商不宜采取降价的策略来争取用户。这是因为早期采用者是对价格不甚敏感的一类用户，比起价格，他们更看重功能。而对于潜在用户——实用主义者，他们虽然是对价格敏感的一类用户，但是他们注重的是性价比，如果仅仅是价格低，而其他因素，如产品成熟度、技术成熟度、产品形式等没有同步改变，那么也不能促使他们购买。

另外，由于组织市场用户的数量很少，如果企业只耕耘这一市场是无法长远发展的。所以目光长远的企业应该提前对"峡谷"右端的个人消费者市场（早期大众市场）进行关注，而着眼点就可从本章提出的"峡谷"形成的八个影响因素出发，匹配自身的资源条件、企业能力与战略规划，从八个变量中找到机会，如此才有可能在大众市场做到领先，获得较大的市场份额。

2. 针对处于"峡谷"右侧个人消费者市场（早期大众市场）的企业

"峡谷"右侧的市场是早期大众市场，这一市场的构成方式表现为个人消费者市场，主要用户为个人消费者。个人消费者市场的用户数量庞大，约占新兴技术采用生命周期中用户数的 1/3。当八个影响因素的状态从"峡谷"左侧转到"峡谷"右侧，八个变量所达到的状态与实用主义者采取购买行为的临界状态相匹配时，实用主义者自然就会购买。

(1) 核心技术与补充性技术相配合，满足细分市场用户。专注于核心技术的突破是处于组织市场的企业可采取的一种有效的市场策略，然而在个人消费者市场，如果企业一味地投入核心技术的研发中，忽视了补充性技术的重要性，这种情况通常是非常危险的。这是因为个人消费者不仅关注核心技术的性能，更关注技术的整体性能，这里补充性技术将起到非常大的作用。例如，佳能在 2002 年发布的新品 PowerShot A100/A200 采用了智能三点对焦技术（人工智能自动对焦），这一补充性技术的应用，使得用户可以不考虑被摄体是否在取景框的中央，只要简单地构图，然后按下快门钮就可以获得出色的数码照片，从而满足了一部分"小白"用户的需求。对于提供核心技术的企业，此时一定要意识到补充性技术的重要性，可根据企业自身的情况，将补充性技术纳入企业的技术系统中，或者采取整合的策略，与提供补充性技术的企业联盟。对于提供补充性技术的企业，个人消费者市场可能意味着一个发展机遇。另外，掌握补充性技术也能为企业赢得竞争优势。例如，佳能在数码相机的核心技术 CCD 的发展上落后，使得其很难在 CCD 技术上有好的发展，但是佳能在传统光学领域技术的积累为其赢得了一定的竞争优势，使其在 CMOS 技术上有所建树时，能迅速将核心技术与补充性技术相结合，满足一部分用户的需求。

(2) 支撑性技术，距离实用主义者的"最后一公里"。支撑性技术对新兴技术产品的功能性而言并不是必不可少的，但是能够提高新兴技术产品的附加值。支撑性技术会影响新兴技术的扩散速度。在个人消费者市场，提高产品的附加值是吸引用户购买的一个途径。如照片打印技术就是数码相机技术系统中一个重要的支撑性技术，如果照片不能输出打印，那么人们就只能把照片复制到计算机上或者透过数码相机上一块小小的显示屏来欣赏照片。这样可能会有很大一部分用户不会购买。支撑性技术的发展情况将直接影响数码相机技术的采用速度。对于提供支撑性技术的企业，时刻关注核心技术的进展，在合适的时机推出支撑性技术将会为自身在新兴技术行业中谋得一杯羹。

(3) 提供整体产品。整体产品是企业营销中一个非常重要的概念，整体产品通常功能完善，性能稳定，最重要的是具有完备的售后服务和易获取的学习与培训资源，这对于追求实用和规避风险的实用主义者来说，整体产品对他们有着非常大的吸引力。如果企业能够为实用主义者提供整体产品，那么就能获得实用主义者的芳心，从而获得较大的市场份额。

(4) 重视价格因素。个人消费者市场的用户对产品的价格比较敏感，他们非常重视产品的性价比。在个人消费者市场，企业一定要为用户提供产品质量过硬而价格合适的产品。例如，索尼是 CCD 技术专利的主要拥有企业之一，在数码相机市场上也处于领先地位。但是 CCD 技术的缺点之一就是成本下降缓慢，造成了产品的价格下降速度缓慢。而佳能在 CCD 技术上没有什么建树，但是却另辟蹊径地投入 CMOS 技术的研发中，CMOS 技术的一大优点就是成本低，虽然在研发初期，其性能与 CCD 并不能同日而语，但是有成本低的价格优势为其保驾护航，发展势头强劲。这也使得佳能在 2002 年以 17% 的市场份额紧跟市场份额排名第一的索尼(市场份额为 20%)，并有追平和超越的势头。

(5) 把握市场节奏，找准发展时机。"峡谷"形成的八个影响因素随着时间的推移不断变化，当八个影响因素的状态达到"峡谷"右侧早期大众市场阶段的特征时，此时是最有可能引发市场爆发式增长的时机。对于参与到新兴技术商业化过程中的企业，要及时关注本章所提出的八个影响因素的状态变化，把握市场节奏，找准发展时机，争取在早期大众市场取得领先地位。例如，早在 2000 年，苹果公司便开始了基于多点触摸技术研发的项目，2002 年，苹果硬件开发部制造了一台 iPad 原型机，但是这部机器并没有被推向市场，而是直到 2010 年，iPad 才正式发布，也引发了平板电脑市场的爆发性增长。三星在 2006 年推出的 Q1，这台超便携电脑是平板电脑发展史上第一台转向娱乐定位的产品，这一定位与 iPad 的定位不谋而合，但是这款产品的售价较高，而且功能较少，可用的应用软件数量很少，所以其并没有引起早期大众市场的爆发。

本章参考文献

[1] Christensenm C M，Raynor M E. Theinnovator's Solution：Creating and Sustaining Successful Growth[M]. Boston：Harvard Business School Press，2003.

[2] Thomond P，Herzberg T，Lettice F. Disruptive innovation：Removing the innovators' dilemma[R]. London：British Academy of Management 2003 Conference Proceedings，2003.

[3] Schnaars S P. Managing Imitation Strategies[M]. New York：The Free Press，1994.

[4] Foster R. Working the s-curve：Assessing technological threats[J]. Research Management，1986，29(4)：17-20.

[5] Haupt R，Kloyer M，Lange M. Patent indicators for the technology life cycle development[J]. Research Policy，2007，36(2)：387-398.

[6] Sood A，Tellis G J. Technological evolution and radical innovation[J]. Journal of Marketing，2005，69(3)：152-168.

[7] Day G S，Schoemaker P J H，Gunther R E. Wharton on Managing Emerging Technologies[M]. New York：John Wiley & Sons，Inc.，2000.

[8] Moore G A. Crossing the Chasm：Marketing and Selling High-Tech Products to Mainstream Customers[M]. New York：HarperCollings Publishers，1991.

[9] von Hippel E. Democratizing Innovation[M]. Cambridge：MIT Press，2005.

[10] Moore G A. Inside the Tornado[M]. New York：HarperCollings Publishers，1995.

[11] Christensen C M. The Innovator's Dilemma：When New Technologies Cause Great Firms to Fail[M]. Boston：Harvard Business School Press，1997.

[12] Christensen C M，Overdorf M. Meeting the challenge of disruptive change[J]. Harvard Business Review，2000，78(3/4)：67-76.

[13] 宋艳，刘峰，黄梦璇，等. 新兴技术产品商业化过程中的"峡谷"跨越研究——基于技术采用生命周期理论视角[J]. 研究与发展管理，2013，25(4)：76-85.

[14] Lynn G S，Morone J，Paulson A. Emerging technologies in emerging markets：Challenges for new product professionals[J]. Engineering Management Journal，1996，8(3)：23-29.

[15] 摩尔. 龙卷风暴[M]. 钱睿，译. 北京：机械工业出版社，2009.

[16] 黄海波. 跨越创新技术商业化过程中的峡谷[J]. 企业活力，2005(10)：56-57.

[17] 黄梦璇，宋艳，刘峰，等. 基于技术扩散 S 曲线的 3G 技术市场推广策略研究[J]. 研究与发展管理，2011，23(2)：26-32.

[18] 刘峰，宋艳，黄梦璇，等. 新兴技术生命周期中的"峡谷"跨越——3G 技术的市场发展研究[J]. 科学学研究，2011，29(1)：64-71.

[19] Tansley A G. The use and abuse of vegetational concepts and terms[J]. Ecology，1935，16(1)：284-307.

[20] Moore J F. Predators and Prey：A New Ecology of Competition Creating Value in the Network Economy[M]. Boston：Harvard Business School Press，1999.

[21] Amit R，Zott C. Value creation in e-business[J]. Strategic Management Journal，2001，22(6/7)：493-520.

[22] Engler J，Kusiak A. Modeling an innovation ecosystem with adaptive agents[J]. International Journal of Innovation Science，2011，3(2)：55-68.

[23] 伍春来，赵剑波，王以华. 产业技术创新生态体系研究评述[J]. 科学学与科学技术管理，2013(7)：113-121.

[24] 赵放，曾国屏. 多重视角下的创新生态系统[J]. 科学学研究，2014，32（12）：1781-1788.

[25] 吴金希. 创新生态体系的内涵、特征及其政策含义[J]. 科学学研究，2014，32（1）：44-51.

[26] 曾国屏，苟尤钊，刘磊. 从"创新系统"到"创新生态系统"[J]. 科学学研究，2013，31（1）：4-12.

[27] Dess G G，Picken J C. Changing roles：Leadership in the 21st century[J]. Organizational Dynamics，2001，28（3）：18-34.

[28] Tushman M L，Anderson P. Technological discontinuities and organizational environments[J]. Administrative Science Quarterly，1986，31（3）：439-465.

[29] Crossan M M，Apaydin M. A multi-dimensional framework of organizational innovation: A systematic review of the literature[J]. Journal of Management studies，2010，47（6）：1154-1191.

[30] Lundvall B A. Product Innovation and User Producer Interaction[M]. Aalborg：Aalborg University Press，1985.

[31] Russell M G，Still K，Huhtamaki J，et al. Transforming innovation ecosystems through shared vision and network orchestration[C]. Triple Helix Ⅸ International Conference，Beijing，China，2011.

[32] 宋艳，银路. 基于不连续创新的新兴技术形成路径研究[J]. 研究与发展管理，2007，19（4）：31-35，49.

[33] 李仕明，肖磊，萧延高. 新兴技术管理研究综述[J]. 管理科学学报，2007，10（6）：76-85.

[34] 李万，常静，王敏杰，等. 创新 3.0 与创新生态系统[J]. 科学学研究，2014，32（12）：1761-1770.

[35] Bloom P N，Dees G. Cultivate your ecosystem[J]. Stanford Social Innovation Review，2008，6（1）：45-53.

[36] 张运生. 高科技产业创新生态系统耦合战略研究[J]. 中国软科学，2009（1）：134-143

[37] 吴绍波，顾新. 战略性新兴产业创新生态系统协同创新的治理模式选择研究[J]. 研究与发展管理，2004，26（1）：13-21.

[38] 吕一博，蓝清，韩少杰. 开放式创新生态系统的成长基因——基于 iOS、Android 和 Symbian 的多案例研究[J]. 中国工业经济，2015（5）：148-160.

[39] 青木昌彦，安藤晴彦. 模块时代：新产业结构的本质[M]. 周国荣，译. 上海：上海远东出版社，2003.

[40] Allen R H，Sriram R D. The role of standards in innovation[J]. Technological Forecasting and Social Change，2000，4（2/3）：71-81.

[41] 张利飞. 创新生态系统技术种群非对称耦合机制研究[J]. 科学学研究，2015，33（7）：1100-1108.

[42] Moore J F. Predators and prey：A new ecology of competition[J]. Harvard Business Review，1993，71（3）：75-86.

[43] Estrin J. Closing the Innovation Gap[M]. New York：McGraw-Hill，2008.

[44] 冉奥博，刘云. 创新生态系统结构、特征与模式研究[J]. 科技管理研究，2014（23）：53-58.

[45] 罗国锋，林笑宜. 创新生态系统的演化及其动力机制[J]. 学术交流，2015（8）：119-124.

[46] Jackson D J. What is an innovation ecosystem[EB/OL]. (2012-11-28)[2016-11-15]. https://erc-assoc.org/sites/default/files/download-files/DJackson_What-is-an-Innovation-Ecosystem.pdf.

[47] 胡斌，李旭芳. 复杂多变环境下企业生态系统的动态演化及运作研究[M]. 上海：同济大学出版社，2013.

[48] Tirole J. The Theory of Industrial Organization[M]. Cambridge：MIT Press，1988.

[49] 朱学彦，吴颖颖. 创新生态系统：动因、内涵与演化机制[C]//中国科学学与科技政策研究会. 第十届中国科技政策与管理学术年会论文集——分 4：创新与创业. 长春：中国科学学与科技政策研究会，2014.

[50] 罗纪宁. 定价策略中的价格阈值分析[J]. 商业经济与管理，1999（6）：34-36.

[51] 刘峰. 新兴技术产品商业化过程中的"峡谷"跨越研究[D]. 成都：电子科技大学，2012

[52] Wessner C W. The Global tour of innovation policy[J]. Issues in Science and Technology，2007，24（1）：43-44.

[53] 梅亮，陈劲，刘洋. 创新生态系统：源起、知识演进和理论框架[J]. 科学学研究，2014，32（12）：1771-1780.

[54] Adner R，Kapoor R. Value creation in innovation ecosystems：How the structure of technological interdependence affects firm

performance in new technology generations[J]. Strategic Management Journal, 2010, 31(3): 306-333.

[55] Bendis R. Science and innovation-based trends in the U.S.[C]. 36th Annual AAAS Form on Science and Technology Policy, Washington, D.C., USA, 2011.

[56] Borup M, Brown N, Konrad K, et al. The sociology of expectations in science and technology[J]. Technology Analysis and Strategic Management, 2006, 18(3/4): 285-298.

[57] Walz R. The Role of regulation fur sustainable infrastructure innovations: The case of wind energy[J]. International Journal of Public Policy, 2007, 2(1): 57-88.

[58] Kaplan S, Tripsas M. Thinking about technology: Applying a cognitive lens to technical change[J]. Research Policy, 2008, 37(5): 790-805.

[59] Nill J, Kemp R. Evolutionary approaches for sustainable innovation policies: From niche to paradigm?[J]. Research Policy, 2009, 38(4): 668-680.

[60] 切萨布鲁夫, 范哈佛贝克, 韦斯特. 开放式创新的新范式[M]. 陈劲, 李王芳, 谢芳, 等译. 北京: 科学出版社, 2010.

[61] 王永贵. 组织市场营销[M]. 北京: 北京大学出版社, 2005.

[62] Zhou N, Belk R W. Chinese consumer reading of global and local advertising appeals[J]. Journal of Advertising, 2004, 33(3): 63-76.

[63] Booz Allen Hamilton Inc. New Product Management for the 1980s[M]. New York: Booze Allen Hamilton Inc., 1982.

[64] Renda A. Next Generation Innovation Policy: The future of EU Innovation Policy to Support Market Growth[M]. London: Ernst &Young, 2011.

[65] Cespedes F V. Industrial marketing: Managing new requirements[J]. Sloan Management Review, 1994, 35(3): 45-60.

[66] Carbone J. Reinventing purchasing wins the medal for big blue[J]. Purchasing Magazine, 1999, 9(16): 38-60.

[67] Day G S. Market Driven Strategy: Processes for Creating Value[M]. New York: The Free Press, 1990.

[68] 胡介埙. 高新技术产品市场营销中的服务策略研究[J]. 高科技与产业化, 2001(3): 31-34.

[69] 言墩, 海斯, 史密斯. 企业营销管理: 一种国际化的视角[M]. 言培文, 译. 上海: 上海远东出版社, 2010.

[70] Kahneman D, Tverskey A. Prospect theory: An analysis of decision under risk[J]. Econometrica, 1979, 47(2): 263-292.

[71] Tversky A, Kahneman D. The Framing of Decisions and the Psychology of Choice[J]. Science, 1981, 211(4481): 453-458.

[72] 庆达, 张理. 论消费者的价格心理[J]. 商业研究, 2000(6): 150-152.

[73] 李爱梅, 凌文轻, 刘丽虹. 不同的优惠策略对价格感知的影响研究[J]. 心理科学, 2008, 31(2): 457-460.

[74] 彭聃龄. 普通心理学[M]. 北京: 北京大学出版社, 2006.

[75] Brown R. Managing the "S" curves of innovation[J]. Journal of Consumer Marketing, 2010, 7(9): 61-72.

[76] Kim H, John D R. Consumer response to brand extensions: Construal level as a moderator of the importance of perceived fit[J]. Journal of Consumer Psychology, 2008, 18(2): 116-126.

[77] Vallacher R R, Wegner D M. What do people think they're doing? Action identification and human behavior[J]. Psychological Review, 1986, 94(1): 3-15.

[78] Sveiby K E, Gripenberg P, Segercrantz B. Challenging The Innovation Paradigm[M]. New York: Routledge Press, 2012.

[79] 王立学, 冷伏海, 王海霞. 技术成熟度及其识别方法研究[J]. 现代图书情报技术, 2010, 190(3): 58-63.

[80] 李煜华, 武晓锋, 胡瑶瑛. 共生视角下战略性新兴产业创新生态系统协同创新策略分析[J]. 科技进步与对策, 2014, 31(2): 47-50.

[81] 石新泓. 创新生态系统: IBM inside[J]. 商业评论, 2006(8): 60-65.

[82] Dominique F. The New Economics of Technology Policy[M]. Northampton：Edward Elgar Publishing，2009.

[83] 王明，吴幸泽. 战略新兴产业的发展路径创新——基于创新生态系统的分析视角[J]. 科技管理研究，2015(9)：41-46.

[84] 威尔逊. 组织营销[M]. 万晓，汤小华，译. 北京：机械工业出版社，2002.

[85] 宋艳. 新兴技术的形成路径及其影响因素研究——基于中国企业实际运作调查[D]. 成都：电子科技大学，2011.

[86] Parent M M，Eskerund L，Hanstad D V. Brand creation in international recurring sports events[J]. Sport Management Review，2012，15(3)：145-159.

[87] Levitt T. The Globalization of markets[J]. Harvard Business Review，1983，61(3)：39-49.

[88] Sen S，Bhattacharya C B. Does doing good always lead to doing better? Consumer reactions to corporate social responsibility[J]. Journal of Marketing Research，2001，38(2)：225-243.

第9章 新兴技术"峡谷"早期市场用户
采用意向实证研究

前面的研究已表明,新兴技术"峡谷"的左端是早期市场,右端是早期大众市场,分别由有远见者和实用主义者代表两个不同阶段的采用者,采用者购买行为受到他们的心理特征、市场、技术及产品因素的影响。如何才能使一项新兴技术从"峡谷"的左端扩散到右端,即实现"峡谷"跨越,就必须对左右两端的两类用户进行深入研究,探究其购买决策行为模式。本章则聚焦于新兴技术"峡谷"左端的早期市场,在对采用者进一步细分的基础上,找准早期市场中的相应用户,对其特征进行深入研究、形成变量,构建早期市场中两个阶段用户采用新兴技术产品的意向模型,以实证的方法对其进行检验,并就研究得出的结论提出针对我国新兴技术产品早期市场推广策略的对策建议,以期为企业有效管理早期市场中的不确定性提供理论指导。

9.1 概　　述

新兴技术"峡谷"的左端市场称为早期市场,在这一市场中新兴技术产品是否能被用户采用,与用户采用意向高度相关,而用户采用意向是指用户相对于他们社会体系中的成员较早想要采用新兴技术产品的程度。但新兴技术产品的变革性,以及消费者惯性和对风险偏好的差异性,导致新兴技术产品往往不会像传统技术产品那样容易被市场接受。此时,企业往往会做出决策:要么认为产品不符合市场需求而放弃投入,要么就实施一整套不适用于这类产品的市场推广策略,造成投入极大而收效甚微。事实上,这正是新兴技术发展过程中高不确定性和高风险性的特殊发展阶段,企业要想做好此阶段的新兴技术管理,关键在于对这类产品用户特征的识别和早期市场的开发。新兴技术产品也只有先通过在早期市场中的用户采用,被少数用户认同、接纳,才能逐渐被人们所熟悉从而被大众市场接受。否则不仅会丧失引起大众市场爆发的机会,还会给企业造成极大的资源浪费。

目前国内外学术界对新兴技术产品市场扩散的研究尚处于初始阶段,且较少有人把目光聚焦在早期市场。国外学者在技术扩散 S 曲线理论及高科技产品技术采用生命周期理论的研究中提出了早期市场的概念,并发现早期市场中存在创新者和早期采用者两类用户,由于他们的差异性,市场拓展会出现两个不同阶段。国内学者对市场的研究较多集中在大众市场和细分市场,对早期市场中两阶段的用户特征的专门性研究较为匮乏,对影响新兴技术产品早期市场中用户采用意向的研究尚未见诸文献。鉴于此,本章针对新兴技术"峡谷"左端的早期市场中用户采用新兴技术产品的意向做专门性探讨。

9.2　早期市场相关理论概述

9.2.1　早期市场的概念

技术扩散是技术创新通过一段时间，经由特定渠道，在某一社会团体成员中传播的过程[1,2]。创新从扩散源向潜在采用者扩散的过程就是技术扩散全过程[3]。罗杰斯把接收和拒绝技术创新看作扩散研究中的关键结果变量，并观察到一个新思想被采用的速度通常遵循以时间为横轴的 S 形曲线[1]。Brown 研究指出技术的扩散过程可用图 6-3 所示的 S 曲线表示[2]。该曲线显示，当市场推出不为人所熟悉的新技术时，最初会受到少数创新者和早期采用者欢迎，此时新技术采纳速度会缓慢增加，研究发现创新者用户数比例一般占总用户数的 2.5%，早期采用者比例为 16%；当技术逐渐被人们所熟悉且被大众市场接受时，采用者迅速增加，最后达到饱和状态，新采用者增长的速度又减慢了。

在技术 S 曲线后续研究中，Moore 对五类采用者心理和行为差异进行了更深入的研究，提出每类采用者之间都存在一条明显裂缝（图 6-4），表明各类群体在接受新技术产品时可能遇到困难，特别是前两者和大多采用者对新产品的选择标准存在根本性差异：前者偏向变革推动，对价格不敏感，愿意承担风险；后者想要的则是对产品现有操作的一种效率改进，注重产品性价比，不愿承担太大风险，由此导致产品在前两者和早期大多采用者之间的裂缝最为明显，Moore 将这两者间的裂缝定义为技术"峡谷"[4]。"峡谷"左岸由创新者和早期采用者组成的市场即为早期市场。从图 6-4 可以看出，新兴技术产品只有顺利通过早期市场的检验，成功跨越技术"峡谷"，才能被大众市场接受，实现大规模商品化。

9.2.2　早期市场各阶段用户概念与特征

想要成功跨越技术"峡谷"实现大规模商业化，首要任务是明确早期市场中两个阶段用户各自的特征，依据这些特征提出影响他们采用新兴技术产品意向的因素，构建采用意向模型，最后以采用意向模型为基础，制定出相应的早期市场推广策略。

1. 第一阶段用户称为创新者

创新者具有强烈的好奇心，对于兴趣范围内的任何创新都具有一定接受能力，这种好奇心能促使他们超越原有的交际圈，在其他地域或行业发展更为广泛的社交关系。另外，创新者通常都拥有足够的购买力和一定的技术知识。相对于其他实用主义者来说，他们具有提前的市场需求[1,4]。

2. 第二阶段用户称为早期采用者

早期采用者通常处在某一特定地域或行业中，伴随新兴技术产品的出现，他们自身所在的地域或行业往往也会随之出现足以改变市场发展轨迹的竞争机遇。在此情况下，他们往往希望自己能够优先于其他竞争者获得利益。他们与自身所在的地域或行业联系紧密，最能把握舆论导向，往往被企业视为该地域或行业的传播者，可加快扩散过程[1,4]。

3. 创新者特点

从人口统计变量看，创新者一般较为年轻，收入丰厚，教育背景良好。高收入意味着相对于其他消费者更有购买新产品的能力，而良好的教育背景则代表着开明和具备处理信息的能力，从事职业具有多样性和自我性；另外，人们的行为会随着年龄的增长而具有回避冒险的倾向，也就是说，年轻人更具有创新性。国内研究证明，年轻、受过良好教育及具有上层社会地位的中国消费者正越来越关注身份、时尚和现代，因此更有采用新产品的可能[5]。从心理统计变量看，凭借自己的意志，受到好奇心的驱使，立刻就对新兴技术产品感兴趣。实际上，在某些产品特定的应用中，他们已经使用了开发中的样品，成为技术开发的参与者。

4. 早期采用者特点

同样从人口统计变量看，早期采用者与创新者有一定的相似性，一般多是年轻、高收入和高教育程度的用户。但与创新者从事各种各样的职业不同，早期采用者往往存在于和某项新兴技术高度相关的地域或行业中。从心理统计变量看，早期采用者同样是风险偏好者，在他们的领域内有广泛的社交圈，他们依赖自己的价值观和判断，受到未来机会驱使，并积极接受新兴技术产品带来的高性能或新功能。

将创新者和早期采用者具体特征总结如图 9-1 所示。此图表明，创新者与早期采用者都具有独立精神，支持变革，热衷于尝试新鲜事物，能够承担较高的风险，但仍存在显著差别。创新者仅凭好奇心就立刻对新兴技术产品产生兴趣，为尝试新的创意而愿意冒风险，且社交关系可跨越地域或行业的限制；而早期采用者则通常扮演思想领袖的角色，他们受尊重感的引导，需要通过评估产品对自身的有用性，以及能否获得将来机会来决定采用速度，且其社交圈多限于自身所在的地域或行业[6]。

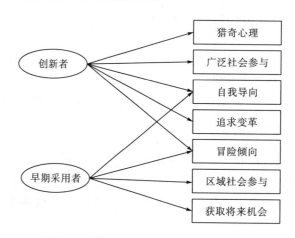

图 9-1　创新者和早期采用者的心理特征

9.2.3　顾客价值理论

用户购买产品的根本目的在于获取价值，产品是传递价值的载体，没有价值的产品无法产生购买吸引力，也就无法为企业带来收益[7]。科勒 (Kotler) 等认为用户通过购买产品可获得的价值主要包括产品价值、服务价值、人员价值和形象价值[8](图 9-2)。这些影响用户采用意向的关键因素对任何阶段的用户都普遍适用，只是每类用户对价值的具体追逐有所不同。很多学者将这些因素归结为两个维度［一是用户对企业或产品物理属性的判断（主要针对产品价值和服务价值，也称为功能价值）；二是从用户感知到的社会、心理属性角度（主要针对人员价值和形象价值，也称为情感价值）］进行深入探讨，他们认为不同类别的用户，对这两个方面的利益偏好是不同的[9,10]。根据前述创新者和早期采用者的定义和特点，社会、心理属性可能给他们的购买选择带来了更大价值，极大地影响着用户对企业或产品的认同感，直接影响他们对新兴技术产品的采用意向。物理属性也会对他们的采用意向产生影响，只是创新者和早期采用者也会因其特点不尽相同，产生不同偏好。因此，认同感和对产品的感知将是影响这两类不同用户对新兴技术产品采用意向的重要因素。

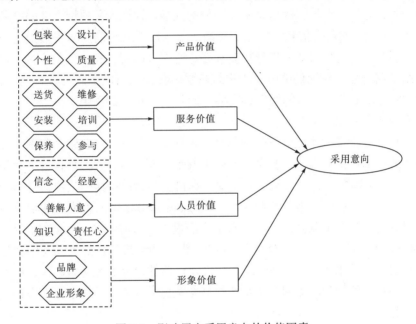

图 9-2　影响用户采用意向的价值因素

以下将从这两个角度进行深入分析，从而找出恰当变量以构建两类不同用户的采用意向模型。

9.3　早期市场用户采用意向模型

9.3.1　创新者采用意向影响因素分析及模型

1. 认同感对创新者采用意向的影响

Bhattacharya 和 Sen 在其研究中首次提出用户认同感，认为认同感是十分具有潜力和重要性的关系型变量[11]。谢毅和郭贤达认为认同感是指当用户接触到某项产品后，与该产品建立起来的心理联结，甚至是一种荣辱与共、不分你我的情感[12]。认同感会使用户对该产品更加忠诚，对产品的负面信息更具有抵抗力。创新者的认同感来源于新产品能引起他们的好奇心，使他们产生兴趣，从而与该产品产生心理共鸣，因此我们认为认同感能加大创新者采用意向。我们提出以下假设。

假设 H9-1：认同感与创新者采用意向具有正相关关系。

而对创新者认同感的影响来自以下因素。

1) 个性产品的影响

Reed 提出使用者形象是研究用户自我概念行为的一个有效且意义重大的视角[13]。产品的象征意义可以指导人们完善、巩固他们的社会角色，因此用户通常会被与其自身形象相关联的产品所吸引[14]。人们在形成社会认同时，为表达自我形象和价值通常会做出超出个人认同的努力。创新者有追求变革、求新求异的性格特征，他们的认同感主要取决于产品是否与众不同，是否有足够的新意引起他们的兴趣。越是具有独特个性的产品越能迅速吸引创新者的眼球，创新者依赖于自己的判断而愿意承受一定的风险去接受这类他们不熟悉的产品。因此，越是与创新者自身特立独行、追求时尚特征相一致的个性产品，与他们之间的联结性就越强，对他们的吸引力也就越强。我们提出以下假设。

假设 H9-1a：个性产品与创新者认同感之间具有正相关的关系。

2) 创新型企业形象的影响

创新型企业是指在技术创新、品牌创新、体制机制创新、经营管理创新、理念和文化创新等方面成效突出的企业。一般要具备以下五个方面的条件：①具有自主知识产权的技术；②具有持续创新能力；③具有行业带动性和自主品牌；④具有较强的盈利能力和较高的管理水平；⑤具有持续发展战略和文化。Bergami 和 Bagozzi 认为企业形象与企业吸引力是直接相关的，越是形象好的企业，对用户的吸引力就越强[15]。Ahearne 等研究发现企业形象对形成用户认同感具有十分重要的作用[16]。因此，形象良好且具有创新型特点的企业通常具有较高的技术水平、较强的盈利能力及优质的产品和服务，这就无形中提高了企业在创新者心目中的地位，使创新者愿意与该企业建立联系，强化了创新者的认同感。我们提出以下假设。

假设 H9-1b：创新型企业形象与创新者认同感之间具有正相关关系。

3) 创新型品牌的影响

随着品牌研究的不断深入，学者发现用户与品牌之间存在着类似伙伴关系的特征[17]。有些品牌本身就代表着变革，具有创新性且声誉良好的品牌通常具备可信赖、负责任、高品质和追求卓越等特征[18]。这些品牌通过创新技术和优质的产品服务得到创新者的肯定与信任，相较于其他新产品，创新者更容易倾向于这类他们了解和信任的品牌，对该品牌产品的认同感较之其他新产品会更高。因此，我们认为创新型品牌是影响认同感的一个关键因素。我们提出以下假设。

假设 H9-1c：创新型品牌与创新者认同感之间具有正相关关系。

2. 感知功能性对创新者采用意向的影响

感知功能原本是个医学名词，后来这一概念被引入新技术可能给用户带来功能利益感知的研究中[19]。本书认为新兴技术产品引入市场初期，创新者对其具有强烈的好奇心，他们对新产品的功能越了解，产生兴趣的可能性越大。创新者对感兴趣范围内的产品都有很强的接受能力，这也意味着有采用该产品的可能。因此，感知功能性对创新者采用意向的正相关关系可以得到间接的支持。我们提出以下假设。

假设 H9-2：感知功能性与创新者采用意向具有正相关的关系。

创新者对新兴技术产品的功能感知又会受以下两个因素的影响。

1) 人际交往对感知功能性的影响

从本质上讲中国文化主要是集体主义文化，虽然创新者具有自主独立性，但在我国特殊文化背景下，创新者也很关心遵从他人的社会期望[20]。创新者通过与同类型用户的交往，可汇集每个创新性个体所拥有的信息，更快捷地获得新产品的相关资讯，感知其他用户对某些新产品的好感和推荐，使自己更愿意花功夫去了解这些产品，更积极地试用这些产品，从而加深对这些新产品功能的了解。

假设 H9-2a：人际交往与感知功能性具有正相关关系。

2) 用户参与对感知功能性的影响

很多研究逐渐发现，企业使用户参与合作过程中的努力能够增加相互理解，促进用户对产品和服务产生正面情感反应，有利于用户满意情绪的产生。一方面，通过及时有效地传递，企业能在第一时间将新产品相关信息传递给创新者，使其充分、全面地了解该产品的功能与用途。另一方面，通过收集创新者对新产品的要求和感受，企业能增加产品和服务的针对性，从而最大限度地满足创新者的需求，也是创新者需求不断被满足的过程[21,22]。我们提出以下假设。

假设 H9-b：用户参与与感知功能性具有正相关关系。

3. 感知功能性与创新者认同感之间的关系

创新者是会立刻对新产品感兴趣的人。当然，前提条件是创新者对该产品的功能和前景必须有一定的了解。没有人会在不了解产品实际功能的情况下就贸然认同该产品。 也就是说，感知功能性有可能引起创新者对新产品的兴趣，而对新产品的兴趣则有可能引起创新者的认同感。我们提出以下假设。

假设 H9-3：感知功能性与创新者认同感具有正相关关系。

综合以上分析构建的创新者采用意向模型如图 9-3 所示。

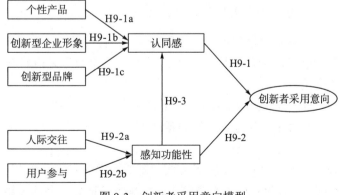

图 9-3　创新者采用意向模型

9.3.2　早期采用者采用意向影响因素及模型

1. 认同感对早期采用者采用意向的影响

从早期采用者的特点看，他们对新兴技术产品的认同感来源于新产品能帮助他们获得他人的尊重，并可能带来竞争机遇，从而与该产品建立心理联结。我们提出以下假设。

假设 H9-4：认同感与早期采用者采用意向具有正相关关系。

而对早期采用者认同感的影响主要来自以下因素。

1）设计性产品的影响

设计性产品是指具有创新性的高端产品，其象征性意义是品质和时尚。使用具有设计性的产品能赢得市场中其他用户的尊重，代表使用者具有较高的社会地位和超前的思想意识。在产品象征性意义的采用情境下，采用过程本质上是用户建构社会身份的过程[12]。早期采用者为持久赢得其他成员的尊重，必须选择那些有助于建构他们社会地位的产品。与创新者不同，早期采用者的认同感大部分取决于新产品能否赋予他们一定的社会地位。因此，我们认为设计性产品对早期采用者认同感具有正向激励的作用。我们提出如下假设。

假设 H9-4a：设计性产品与早期采用者认同感之间具有正相关关系。

2）高端型企业形象的影响

企业形象与企业的吸引力直接相关，企业形象越好，对用户的吸引力越强，且企业的外部形象对形成用户认同感也具有重要的作用[15,16]。高端型企业是指具有良好企业外部形象的高品质、较高市场定位的企业，早期采用者更愿意接受能赢得他人尊重的新产品，因此他们必然对该新产品的企业形象有较高要求，越是形象良好且代表高端客户的企业，就越能加大早期采用者的认同感，提高他们采用该新产品的可能性。我们提出以下假设。

假设 H9-4b：高端型企业形象与早期采用者认同感之间具有正相关关系。

3）高端型品牌的影响

品牌价值和定位与顾客之间有着密不可分的联系[23,24]。早期采用者受到被尊重感的引导，对高端型品牌产品的认同感较之其他新产品更强。因此，我们认为高端型品牌是影响早期采用者认同感的一个关键因素。所以我们提出以下假设。

假设 H9-4c：高端型品牌与早期采用者认同感之间具有正相关关系。

2. 感知有用性对早期采用者采用意向的影响

早期采用者同样也具有冒险精神，热衷于能够为他们带来机会的新产品。他们一旦认为新产品可以为他们所用，能够为他们带来优先收益，就会直接采用新产品以维护自身的领先者地位。我们提出以下假设。

假设 H9-5：感知有用性与早期采用者采用意向具有正相关关系。

早期采用者对新兴技术产品是否有用的感知主要受以下两个因素的影响。

1）技术服务对感知有用性的影响

技术服务是技术方为另一方解决技术方面问题所提供的服务，如进行技术诊断、培训等。早期采用者不仅可以通过技术发布方这条正规渠道获取新产品的使用性能、用途及竞争机会等信息,还可以获得技术发布方提供的培训服务,使早期采用者更全面地了解新产品,方便可靠地使用新产品,强化新产品能够为他们带来机会的信心。

假设 H9-5a:技术服务与早期采用者的感知有用性之间具有正相关关系。

2)用户参与对感知有用性的影响

前面已分析了用户参与是企业与用户之间的双向交流,这种交流能使用户对产品和服务产生满意的情绪。早期采用者不仅可以通过企业传递的信息充分了解新产品的功能与用途,考量新产品与自身行业的相关性,还可以运用自身的专业知识表达对新产品的改进要求和试用感受,使得新产品与其要求相契合,最大化地呈现新产品对他们的有用性。我们提出以下假设。

假设 H9-5b:用户参与早期采用者的感知有用性具有正相关关系。

3. 感知有用性与早期采用者认同感之间的关系

早期采用者处在与新产品相近的某一特定行业中,他们通常希望能借助新产品为他们带来竞争机遇和获取优先受益,可见早期采用者对新产品的认同感除了产品能赋予他们一定的社会地位外,还取决于新产品对他们的有用性。我们提出以下假设。

假设 H9-6:感知有用性与早期采用者的认同感具有正相关关系。

综合以上假设构建的早期采用者采用意向模型如图 9-4 所示。

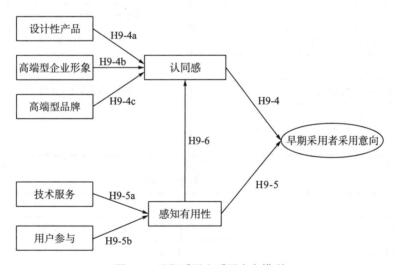

图 9-4 早期采用者采用意向模型

9.4 早期市场用户采用意向实证研究

9.4.1 问卷设计

调查问卷主要分为三部分,一是填写说明; 二是基本信息;三是主要变量的测量题项。问卷分为 A、B 两卷,分别针对创新者与早期采用者进行调查,调查对象需根据自己在基本信息中对"产品尚未有人采用时我们就决定采用"和"产品已经有少数人在采用时我才决定采用"的作答情况选填 A 卷或 B 卷，选择 A 卷的为创新者样本，选择 B 卷的为早期采用者样本。研究采用李克特 7 分量表进行测量，其中 1 表示非常不同意，7 表示非常同意。变量的测量多以现有文献为基础，并结合创新者和早期采用者特征做修改。详见表 9-1 和表 9-2。

表 9-1　A 卷变量描述

变量	描述	变量	描述
个性产品	IP1：这是一款很独特的产品	创新型企业形象[12,26]	IE2：这是一家技术水平居于先进地位的企业
	IP2：这是一款很时尚的产品		IE3：这是一家具有变革性的企业
	IP3 采用该产品能使我显得与众不同	认同感	SI1：我对这个产品有很浓厚的兴趣
创新型品牌[25]	IB1：这是一个技术含量很高的品牌		SI2：我对这个产品有很强烈的好奇心
	IB2：这是一个技术水平居于先进地位的品牌		SI3：这个产品对我很有吸引力
	IB3：这是一个具有变革性的品牌	用户参与[26]	UP1：我能充分地表达对该产品的相关要求
人际交往	II1：同类型用户向我传达对该产品的好感		UP2：我能充分地表达在使用该产品过程中的感受
	II2：同类型用户对该产品的大力推荐		UP3：我能接收到产品所有相关的信息
	II3：同类型用户已经在使用该产品		UP4：我能接收到具有针对性的反馈信息
感知功能性[27]	PF1：该产品性能优越	采用意向[28,29]	PI1：我打算采用上述产品
	PF2：该产品性能稳定		PI2：我愿意使用上述产品
	PF3：该产品物有所值		PI3：我会采用上述产品
创新型企业形象[12,26]	IE1：这是一家技术含量很高的企业		

表 9-2　B 卷变量描述

变量	描述	变量	描述
设计性产品[12]	DP1：这是一款高贵的产品	高端型企业形象[14,24]	HE2：这是一家目标市场定位较高的企业
	DP2：这是一款时尚的产品		HE3：这是一家具有高贵象征意义的企业
	DP3：这是一款很有品位的产品	认同感	SI1：采用该产品会使我赢得他人的尊重
高端型品牌[29]	HB1：这是一个价格较高的品牌		SI2：采用该产品可显示我较高的社会地位
	HB2：这是一个目标市场定位较高的品牌		SI3：采用该产品会使我成为社区的思想领袖
	HB3：这是一个具有高贵象征意义的品牌	用户参与[26]	UP1：我能充分表达对该产品的相关要求
技术服务	TS1：我能随时享受到该产品的技术服务		UP2：我能充分表达在使用该产品过程中的感受
	TS2：该产品的技术服务十分到位		UP3：我能接收到产品所有相关的信息
	TS3：该产品的技术服务十分有效		UP4：我能接收到具有针对性的反馈信息

续表

变量	描述	变量	描述
感知有用性	PU1：该产品性能符合我的期望	采用意向[28,29]	PI1：我打算采用上述产品
	PU2：该产品有助于解决目前我所面临的问题		PI2：我愿意使用上述产品
	PU3：该产品可以为我带来将来机会		PI3：我会采用上述产品
高端型企业形象[14,24]	HE1：这是一家产品价格较高的企业		

9.4.2 样本选取与数据收集

问卷设计完成后，我们首先选取 27 名成都天府软件园的职员为样本开展预调研，根据反馈对问卷量表加以修正，力求问卷清晰易懂。正式调研过程中，问卷一部分在成都天府软件园和一些高等院校现场发放，现场回收，并就填答过程中的疑问及时予以解释，保证了问卷答案的有效性；其余部分通过在互联网新兴产品论坛以电子问卷的形式进行发放与回收。问卷发放 556 份，回收 451 份，有效问卷 393 份，回收率 81.1%，有效率 87.1%。其中 A 卷 177 份，B 卷 216 份。总的来说，此次调研多为现场调研，数据来源相对可靠，有效率也较高。调查对象基本信息统计见表 9-3 和表 9-4。

表 9-3 A 卷调查对象基本信息

调查信息		人数	占比/%	调查信息		人数	占比/%	调查信息		人数	占比/%
年龄/岁	<18	6	3.4	学历	高中及以下	0	0	年收入/万元	<3	13	7.3
	18～29	116	65.5		大专	6	3.4		3～10	29	16.4
	30～39	40	22.6		本科	97	54.8		11～20	110	62.1
	40～49	11	6.2		硕士	69	39.0		21～30	19	10.7
	≥50	4	2.3		博士及以上	5	2.8		>30	6	3.5
	合计	177	100		合计	177	100		合计	177	100

表 9-4 B 卷调查对象基本信息

调查信息		人数	占比/%	调查信息		人数	占比/%	调查信息		人数	占比/%
年龄/岁	<18	11	5.1	学历	高中及以下	1	0.5	年收入/万元	<3	14	6.5
	18～29	126	58.3		大专	13	6.0		3～10	68	31.5
	30～39	52	24.1		本科	128	59.2		11～20	111	51.4
	40～49	18	8.3		硕士	68	31.5		21～30	18	8.3
	≥50	9	4.2		博士及以上	6	2.8		>30	5	2.3
	合计	216	100		合计	216	100		合计	216	100

据前所述，创新者与早期采用者都具有年轻、高学历、高收入的特征，由表 9-3 和表 9-4 可看出，A、B 两卷调查对象的年龄、学历及收入都和创新者与早期采用者的特征相符，说明此次调查可信度较高。

9.4.3 数据分析

1. 信度和效度检验

在验证假设模型之前，须对数据结果进行信度和效度的检验。研究采用 Cronbach's α 系数验证数据的信度；采用验证性因子分析验证数据的效度，因子分析前，首先进行 KMO 样本测度和 Bartlett 球形检验，当 KMO 值大于 0.6，Bartlett 球形检验的 χ^2 的显著性概率 p 值小于 0.05 时，量表才适合做因子分析。本书采用 SPSS16.0 对量表进行信度和效度分析。分析发现，A 卷中 Cronbach's α 为 0.790～0.895，B 卷中 Cronbach's α 为 0.796～0.934，均超过了 0.7 这一最低的可接受标准，表明两个量表均具有较高的信度水平；A、B 卷中变量 KMO 的值都大于 0.6，且 χ^2 统计值的显著性概率 p 均为 0.000，小于 0.05，说明量表可进行因子分析，且对研究变量的解释程度都在 70% 以上，各题项的标准因子载荷量都大于 0.5，表明两个量表具有较高的结构效度水平。具体数据结果见表 9-5 和表 9-6。

表 9-5 A 卷描述性统计、信度和效度检验

变量	均值	标准差	Cronbach's α	KMO	Bartlett 球形检验			解释程度/%
					χ^2 值	df	Sig.	
个性产品	5.003	1.122	0.790	0.629	185.792	3	0.000	71.249
创新型企业形象	4.980	0.995	0.821	0.644	226.979	3	0.000	73.727
创新型品牌	4.830	0.947	0.871	0.722	273.240	3	0.000	79.605
认同感	5.007	1.082	0.877	0.731	286.789	3	0.000	80.689
人际交往	4.993	0.960	0.809	0.701	178.062	3	0.000	72.396
用户参与	4.950	1.061	0.893	0.823	452.708	6	0.000	76.277
感知功能性	4.863	1.113	0.814	0.681	195.480	3	0.000	73.096
采用意向	4.483	1.186	0.895	0.750	313.080	3	0.000	82.710

表 9-6 B 卷描述性统计、信度和效度检验

变量	均值	标准差	Cronbach's α	KMO	Bartlett 球形检验			解释程度/%
					χ^2	df	Sig.	
设计性产品	4.963	1.037	0.796	0.692	210.824	3	0.000	71.671
高端型企业形象	4.637	1.208	0.898	0.733	406.037	3	0.000	83.057
高端型品牌	5.083	1.152	0.934	0.765	551.147	3	0.000	88.657
认同感	4.923	1.169	0.920	0.754	479.341	3	0.000	86.314
技术服务	5.077	1.029	0.912	0.752	444.438	3	0.000	85.062
用户参与	5.068	1.035	0.903	0.827	588.047	6	0.000	77.743
感知有用性	4.963	1.146	0.919	0.752	481.067	3	0.000	86.222
采用意向	5.093	1.112	0.911	0.755	438.424	3	0.000	84.955

2. 假设检验

研究通过相关分析与回归分析进行假设检验。先将若干个潜变量归成一个变量,再就新生成的变量之间进行 Pearson 相关分析,得出变量间的相关系数,对模型进行初步的假设验证。之后再对模型进行多元回归分析,在分析之前,先以杜宾-瓦森统计值(DW)检验数据间的残差独立性,一般当 DW 在 1.5~2.5 时,残差与自变量相互独立。其次通过容忍度和变异数膨胀因子来检验变量之间的多重共线性。R^2 是某一变量与其他自变量间的多元相关系数的平方,容忍度 $1-R^2$ 越接近于 1,多重共线性越弱;变异数膨胀因子为容忍度的倒数,变异数膨胀因子越小,多重共线性越弱。当变量间的残差独立性和容忍度均满足要求时,即可进行多元回归分析。本书主要运用拟合优度检验、回归方程显著性检验(F 检验) 和回归系数显著性检验(T 检验)来进行回归分析。拟合优度越接近于 1,拟合度越高;F 检验中,f 值越大,自变量影响因变量的程度就越大于随机因素对因变量的影响,研究中一般通过显著性水平来判断 f 值的大小;T 检验是检验因变量与各个自变量之间的线性影响程度,t 值越小,自变量对因变量的解释程度越差。在对 A、B 卷进行相关分析后,发现变量间的相关系数均大于 0.475,且都通过了 T 检验,在 $p<0.01$ 水平上显著,说明变量间的相关性较高,具体见表 9-5 和表 9-6,由此,模型假设得到初步验证 。

3. 回归分析

研究发现 A、B 卷变量间 DW 值均位于 1.5~2.5,说明残差与自变量相互独立;且自变量的多重共线性处于可接受的范围。F 检验中,f 值均在 0.001 水平上显著。A、B 卷分析结果如图 9-5 和图 9-6 所示,所有标准化回归系数、显著水平以及调整后的决定系数 R^2 均在图中标识出。

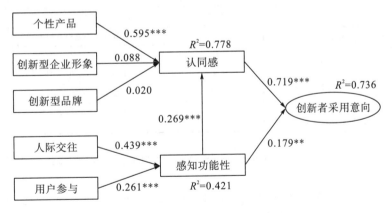

图 9-5　创新者模型回归分析结果

表示 5%显著;*表示 1%显著

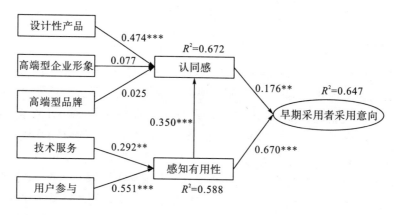

图 9-6　早期采用者模型回归分析结果

表示 5%显著；*表示 1%显著

在通过信度和效度检验、相关分析和回归分析后,对模型中的各个假设均予以了验证,结论见表 9-7。

表 9-7　假设验证的结果汇总

假设		对应关系	结论
H9-1 认同感→创新者采用意向	H9-1a	个性产品→认同感	支持
	H9-1b	创新型企业形象→认同感	不支持
	H9-1c	创新型品牌→认同感	不支持
H9-2 感知功能性→创新者采用意向	H9-2a	人际交往→感知功能性	支持
	H9-2b	用户参与→感知功能性	支持
H9-3 感知功能性→认同感			支持
H9-4 认同感→早期采用者采用意向	H9-4a	设计性产品→认同感	支持
	H9-4b	高端型企业形象→认同感	不支持
	H9-4c	高端型品牌→认同感	不支持
H9-5 感知有用性→早期采用者采用意向	H9-5a	用户参与→感知有用性	支持
	H9-5b	技术服务→感知有用性	支持
H9-6 认同感→早期采用者采用意向			支持

由表 9-7 看出,模型中假设 H9-1b、H9-1c、H9-4b、H9-4c 不成立,其余假设经过验证后均得到支持。

创新者对新兴技术产品的采用意向受到个性产品、创新者认同感、人际交往、用户参与、感知功能性的正向影响,其中个性产品、人际交往、用户参与影响度较高;早期采用者的采用意向则受到设计性产品、早期采用者认同感、技术服务、用户参与、感知有用性的正向影响,其中设计性产品、技术服务、用户参与影响度较高。该结论不仅将新兴技术产品早期市场的两个阶段区隔开,而且将新兴技术产品早期市场与大众市场区隔开,同时也将新兴技术产品早期市场与新技术、高技术产品早期市场区隔开。相较于新兴技术产品大众市场用户,早期市场用户的采用意向受到上述所有因素的影响,他们追求变革,积极搜寻了解产品相关信息，愿意提供想法建议以不断更新产品使之最大限度地满足自身需求，且具有强烈自我导向，一旦认为产品符合自身需求，即产生采用意向；相较于新技术产品早期市场用户，新兴技术产品早期市场用户的采用意向更多地受到用户参与、技术服务等因素影响，他们具有更深厚的知识文化背景，能够无障碍地与技术提供方进行双向交流以改进产品、接受技术培训以了解产品功能及发展前景；相较于高技术产品早期市场用户，新兴技术产品早期市场用户的采用意向更多地受到具有个性/设计性产品等因素的影响，他们具有冒险倾向，更愿意接受新鲜事物。由此可见，研究结论对新兴技术产品早期市场的开发具有实际指导意义。

9.5　新兴技术产品早期市场推广建议

通过对早期市场中影响用户采用意向因素的研究，我们发现早期市场不仅与大众市场截然不同，且早期市场中创新者与早期采用者也不尽相同。为使新兴技术产品在早期市场中得以更加快速有效地扩散，促进大规模的市场爆发，需要企业充分了解影响这两类用户采用意向的不同之处，以制定针对性的推广策略。

首先，必须准确定位目标市场。大量新兴技术产品在萌芽时期因为用户数量得不到快速增长，而迅速夭折。很大一部分原因是未找准目标市场，没能依据目标用户的特性制定市场推广策略。因此，在技术扩散初期这个重要的阶段，不仅要把早期市场的特性与大众市场的特性区隔开，更要把创新者市场与早期采用者市场区隔开，依据技术扩散的具体阶段，有的放矢地定位目标市场，制定推广策略。然后，依据对创新者和早期采用者影响度较高的因子分别制定推广策略。

9.5.1　对创新者的推广建议

1. 个性产品，彰显创新者特点

新兴技术产品自身要具有独特的个性，从产品的外在形象到内在的技术性能，都应该带给创新者耳目一新的感觉，只有这种新奇的感受才有可能加快创新者的采用速度。

2. 人际交往，培养意见领袖

创新信息传播渠道包括大众传媒和人际交流网络两大类，其中人际交往起到"相信"作用[25]。座谈会是典型的人际交流方式，信息传递范围较窄，但可信度高，适宜传递技术创新具体信息。座谈会中创新者之间传递信息，并相互影响其他成员对于新兴技术的态度。

其中一般存在领袖人物，他们在影响其他成员对新兴技术产品的态度方面有着举足轻重的作用[26,27]。一旦领袖人物接受并采用新兴技术产品，必然会加快其他创新者的采用速度。创新者的好奇心能促使他们发展更为广泛的社交关系，因此座谈会不必拘泥于实地召开这种单一形式，还可通过聊天视频、网站论坛等多种方式开展。

3. 用户参与，激发对产品的兴趣

创新者无法从之前用户处得到新技术的可靠信息，对新技术进行试用是他们判断其性能和决定是否采用的重要依据。通过在典型环境和条件下的试点与示范，可以增进他们对新兴技术产品的兴趣和了解程度，减少认识的不确定性，加快技术扩散速度。

9.5.2 针对早期采用者的推广建议

1. 以产品的设计性，吸引早期采用者

新兴技术产品自身要具有高品质、领先性的特性，产品的外在形象需附有非同一般的设计理念，产品的设计性会让早期采用者意识到该产品可赋予自身一定的社会地位和影响力，采用速度必然会加快。

2. 用超值的技术服务，让早期采用者成为传播者

早期采用者处于某一特定地域或行业中，与该地域或行业联系紧密，最能把握舆论导向。通过对该地域或行业相关领域人员进行培训、提供技术服务可增强早期采用者对技术的了解程度，提高新兴技术产品的扩散速度。其中，对培训人员要有严格要求，应选择对新兴技术产品了解甚深而其本身也身处相关行业领域中的个人，因为创新信息在经济、社会、教育等方面背景相近的用户之间才能更快更好地传播。

3. 注重用户参与，实现与早期采用者的互动学习

社会资本是技术创新扩散的支撑[28]，分为正式和非正式社会资本，后者是技术创新扩散的主要渠道。在实践中感知、领悟的隐性知识属于主观性知识，一般无法通过语言和文字表达，主要通过非正式互动的学习活动实现交流与共享[22]。组织技术相关领域人员进行非正式互动，在互动中传播关于新兴技术产品创新相对优势的隐性知识，促使早期采用者对创新的探索和学习[29]，并采纳新兴技术产品。

早期市场中，影响创新者和早期采用者对新兴技术产品采用意向的因素既有共同点又有差别，且新兴技术产品市场在发展过程中只有先越过了创新者阶段才能到达早期采用者阶段，为大众市场的爆发奠定坚实基础。因此我们不能笼统地把早期市场视为一个整体阶段，而应该把它再细分，根据细分后两个阶段各自的特点找出关键影响因素，再提出相应的市场推广策略。只有这样才能使新兴技术企业理解新兴技术产品在早期市场中的推广与传统意义的策略完全不同，从而建立起新的理念并找到新的方法，更好地抓住市场机遇，提高自身竞争能力，最大化控制新兴技术的不确定风险，以提高企业新兴技术产品的销售成绩，争取更大的市场份额。

本章参考文献

[1] 罗杰斯. 创新的扩散[M]. 辛欣，译. 北京：中央编译出版社，2002.

[2] Brown R. Managing the "S" curves of innovation[J]. Journal of Marketing Management，1991，7(2)：189-202.

[3] 蔡希贤，史焕伟. 技术创新扩散及其模式研究[J]. 科研管理，1995（6）：22-26.

[4] Moore G A. Crossing the Chasm：Marketing and Selling High-Tech Products to Mainstream Customers[M]. New York：HarperCollins Publishers，2002：20-35.

[5] 科特勒，凯勒. 营销管理[M]. 第 12 版. 梅清豪，译. 上海：上海人民出版社，2009.

[6] Rizal A．Benefit Segmentation：A potentially usefultechnique of segmenting and targeting older consumers[J]. International Journal of Market Research，2003，45（3）：373-386.

[7] Holbrook M B．The Nature of Customer's Value：An Axiology of Service in Directions in Theory and Practice[M]. Thousand Oaks：Sage Publications，1994.

[8] 科特勒，阿姆斯特朗，洪瑞云，等. 市场营销原理（亚洲版）[M]. 第 2 版. 何志毅，等译. 北京：机械工业出版社，2006.

[9] Lai A W. Consumer values，product benefits and customer value：A consumption behavior approach[J]. Advances in Consumer Research，1995，22（1）：381-396.

[10] Sheth J N，Newman B I，Gross B L. Why we buy what we buy：a theory of consumption values[J]. Journal of Business Research，1991，22（2）：159-170.

[11] Bhattacharya C B，Sen S. Consumer-company identification：A framework for understanding consumers' relationships with companies[J]. Journal of Marketing，2003，67（4）：76-88.

[12] 谢毅，郭贤达. 公司声誉、对员工的信任和顾客认同对购买意向的影响研究[J]. 营销科学学报，2007，3（1）：1-12.

[13] Reed A. Social identity as a useful perspective for self-concept based consumer research[J]. Psychology and Marketing，2002，19（3）：1-32.

[14] 郭毅，杜娟. 基于社会身份的消费者决策形成机制研究[J]. 营销科学学报，2009，5（2）：31-42.

[15] Bergami M，Bagozzi R P. Self-categorization，affectivecommitment and group self-esteem as distinct aspectsof social identity in the organization[J]. British Journal of Social Psychology，2000，39（4）：555-577.

[16] Ahearne M，Bhattacharya C B，Gruen T. Antecedentsand consequences of customer company identification：Expanding the role of relationship marketing[J]. Journal of Applied Psychology，2005，90（3）：574.

[17] 所罗门. 消费者行为学[M]. 卢泰宏，杨晓燕，译. 北京：中国人民大学出版社，2009.

[18] Fombrun C J. Reputation：Realizing Value from the Corporate Image[M]. Boston：Harvard Business School Press，1996.

[19] 李艾佳. 认知无线电频谱感知功能的 FPGA 实现[D]. 西安：西安电子科技大学，2008.

[20] 崔楠，王光平，窦文宇，等. 消费价值观对中国消费者新产品采用的影响[J]. 营销科学学报，2007，3（1）：25-38.

[21] 张祥，陈荣秋. 顾客参与链：让顾客与企业共同创造竞争优势[J]. 管理评论，2006，18（1）：51-56.

[22] 张文辉，陈荣秋. 基于全面顾客参与的顾客资产管理[J]. 中国软科学，2007（5）：92-97

[23] Keller K L. Conceptualizing，measuring，andmanaging customer-based brand equity[J]. Journal of Marketing，1993，57（1）：1-22.

[24] Tuan Pham M，Muthukrishnan A V. Search and alignment in judgment revision：Implications for brand positioning[J]. Journal of Marketing Research，2002，39（1）：18-28.

[25] 谢毅，彭泗清. 品牌信任对消费者——品牌关系的影响：维度层面的分析[J]. 营销科学学报，2010（2）：1-25.

[26] 徐茵，王高，赵平. 顾客价值的生成与影响机制[J]. 营销科学学报，2010（6）：1-12.

[27] Sweeney C J，Soutar N G，Johnson W. The role of perceived risk in the quality-value relationship：A study ina retail environment[J]. Journal of Retailing，1991，75（1）：77-105.

[28] 李红艳，储雪林，常宝. 社会资本与技术创新的扩散[J]. 科学学研究，2004，22（3）：334-336.

[29] 戴，休梅克. 沃顿论新兴技术管理[M]. 石莹，等译. 北京：华夏出版社，2002.

第10章　新兴技术产品"峡谷"跨越实证研究

本书在第7章深入研究了新兴技术的"峡谷"特征及成因；第8章实证验证了有远见者和实用主义者两类不同用户的选择偏好，进一步确立了是早期市场与早期大众的诸多差异，导致了新兴技术商业化过程中"峡谷"的存在；第9章着重探讨了"峡谷"左端的早期市场的用户采用意向，帮助实现新兴技术在"峡谷"左端市场的用户累积。但新兴技术最终要成功实现商业化，关键还要对"峡谷"右端的市场进行开发。本章则将研究视角转移到"峡谷"的右端，力争在右端市场中找到特殊的介质，使新兴技术通过其产品被早期大众市场接受，这样才能撬动大众市场，实现市场的爆发式增长，即从早期市场——"峡谷"左端，向早期大众市场——"峡谷"右端过渡，也就是新兴技术商业化的关键——"峡谷"跨越。

10.1　概　　述

依据 Moore 为代表的西方学者于 1990 年提出的技术"峡谷"概念，以及之后建立的高科技产品技术采用生命周期理论[1,2]，本书作者的研究团队从"峡谷"两端采用者心理特征的差异出发，探讨了"峡谷"的成因、特征(第7章)；技术创新领域的学者从市场沉默期，以及企业如何通过模仿创新为主导创新战略打破这一沉默期获取商业化成功的角度展开了系列研究[3]；新兴技术管理领域从早熟技术及早熟技术如何演化为新兴技术的角度也对这种现象进行了研究[4-6]；创新生态系统领域则有学者认为新技术的发展是一个复杂、动态、非线性的过程，是多种因素相互作用的结果[7]，而在新技术发展的过程中，前期的技术研发固然重要，然而更为重要的是建立起可靠的技术标准和有效的市场应用，构建起整个新技术创新生态系统，进而达到新技术成功商业化的目的[8-12]。

这些研究都表明大部分创新产品，特别是高科技产品在进入市场的过程中都要经历一个被用户逐步认识和接受的过程，这一过程即技术采用生命周期。然而技术采用生命周期中存在的技术"峡谷"问题极大地阻碍了新兴技术的扩散，无论多么先进的技术，只有成功跨越技术"峡谷"，才能实现其商业化价值，否则就成为"峡谷"的牺牲者，沦为早熟技术或被束之高阁。因此，如何实现"峡谷"跨越成为研究的重点和难点。

10.2　理论模型和假设

"峡谷"出现在有远见者和实用主义者之间，"峡谷"左侧是由创新者和有远见者组成的早期市场，"峡谷"右侧则是由实用主义者组成的早期大众市场。"峡谷"左侧的创新者和早期采用者(有远见者)不仅追求最为尖端的技术,而且注重根本性变革,但人数占整个用户的数量较少,因而称为早期市场;"峡谷"右侧是实用主义者市场,他们不仅追求效率的逐步改进、产品高性价比和产品高安全性,而且人数众多,直接关系新技术产品能否被大众消费者认可,同时也是新技术产品最先进入的大众市场,因此称作早期大众市场[13]。

10.2.1 "峡谷"跨越的"介质"——右端市场中的实用主义者

根据国外研究,新兴技术产品正式进入"峡谷"阶段时,其用户累积数量会达到16%。也就是说当企业在跨越"峡谷"时,已经在有远见者市场取得成功,并成功占领市场,这时的目标就变成如何让产品进入由实用主义者组成的早期大众市场。而通过上述对两阶段的对比分析,可以发现这两个阶段存在着巨大的差异,如果企业利用在有远见者阶段取得的成功经验和方法开辟实用主义者市场或是利用有远见者影响实用主义者,是不可能取得成功的。这时企业要想跨越"峡谷"必须寻找跨越的"介质",并将注意力转移到实用主义者阶段,根据该阶段的特点,重新设计战略战术,才有可能获得突破。

根据心理学、消费者行为学及市场营销学理论,消费者的购买行为往往由其心理特点决定,因而达到上述目的的路径就是对消费者的心理特点进行分析。在实用主义者市场中,企业开辟市场能否取得成功,主要依据实用主义者是否接受企业产品。而实用主义者是否接受企业产品主要受自身需求及心理特征的影响,该阶段的市场特征、技术成熟度和产品形态等因素虽然也会对实用主义者的购买行为产生影响,但也必须通过影响实用主义者的心理来间接发挥作用。上述目的的实现过程也就是新兴技术成功进入大众市场,实现"峡谷"跨越的过程,因而实用主义者的心理特点就成为我们要寻找的跨越"峡谷"的一种介质。

所以,从本质上来说,企业研究实用主义者市场的规律就是要研究影响实用主义者购买行为的因素。因此本书选取消费者的差异作为突破口,研究企业如何跨越"峡谷"。

1. 实用主义者心理特点

对实用主义者心理特点进行分析,发现实用主义者具有以下四方面的心理特征。

(1)重视参考意见[14]。实用主义者具有保守和愿与同事商议的特点,而且他们的眼光是"垂直的",这也就是说,他们总是与行业或身边同他们相似的人有更多的交流[15]。实用主义者非常重视同事所具有的经验,在他们准备购买一件新产品时,总是希望得到广泛的参考意见,而且他们更希望同行业中其他公司能够对该件产品给予肯定,以便增强其购买信心,否则他们不会冒险采用。这反映出实用主义者重视参考意见的心理特征。

(2)信任关系[14]。实用主义者具有愿与同事商议、因循守旧、愿意避开风险的特点。他们一旦准备购买新产品,就打算长期使用,更不会冒风险而选择其他企业的产品,但这种心理也决定了要取得他们的信任很困难。市场领导企业不仅拥有实力,而且有较高的信誉度,一旦得到部分实用主义者的支持,他们愿与同事商议的特点就会让他们对企业产生信任,因为他们认为只有这种企业才能让他们的风险降到最低程度,而保证其利益,否则他们会抱着怀疑的态度审视企业，而不会采取行动。由此可见信任对于实用主义者是至关重要的。

（3）追求实用[14]。实用主义者具有分析型、愿做平凡人、被目前问题所驱使和追求能够达到的特点。他们的目标不是取得显著性突破，而是追求逐步的、可衡量的、可预见的进步。他们关心产品的实际功能、支持性产品及产品的基础结构[15]，并且只会购买那些已形成技术标准，拥有众多第三方支持的产品，只有这样才能满足其提高效率的需要。这反映出实用主义者追求实用的心理特征。

（4）风险规避[14]。实用主义者具有因循守旧、愿避开风险和追求能够达到的特点。他们作为现有行业的维护者，认为风险并不代表机会，而是有可能造成行业混乱和重大损失的根源。同时，实用主义者只希望从市场领导型企业手中购买产品，是因为他们知道将会有很多的第三方企业为主导企业提供支持，从而形成一个有价值的配件市场来支持他们[2]，这样能够极大地减轻实用主义者的负担。为了避免不确定性和维护自身的利益，他们还会自发地维护市场领导者的地位，以便于他们能够获得安全保障。就像 Google 提供 Android 平台，吸引超过 45 万开发者围绕其进行应用开发，从而使得 Android 系统得到主流消费者的大力支持，在市场中的地位越来越牢固。由此可见实用主义者重视风险规避。

2. 影响实用主义者的主要因素

仅仅找到实用主义者的心理特征还不够，还必须寻找隐藏在后面的影响因素，只有在找到影响这些心理特征的因素后，才能对症下药，实现"峡谷"跨越。因此我们进一步分析以上四个心理特征，发现以下三个主要影响因素。

（1）特定细分市场中同类型人的行为。细分市场的划分，一般可基于人口统计学和消费者心理学[15]，同一市场中的人群可以根据不同的喜好或偏好而划分成不同的细分市场，其目的是实现精准营销[16]。根据上面的分析，有远见者不能成为实用主义者的市场参考对象，因此特定细分市场中的同类型人是指企业在实用主义者市场中找准的一个更具体且具有鲜明特征的细分市场中的人群，企业一旦找准，就有了在实用主义者市场中的明确目标，就有可能针对这一特定人群实施精准营销，企业才有可能在"峡谷"的对岸找到立足点，实现突破。实用主义者重视同事的参考意见并信任他们，一旦企业能够取得一部分实用主义者人群的信任，那么该人群就能够作为其他实用主义者的市场参考对象，这个群体的购买行为也将极大地影响其他实用主义者的购买行为，因为他们在社会中的地位、价值观、欣赏水平等都很相似[14]。特定细分市场中同类型人的购买行为一旦得到有效扩散，将会产生明显的从众效应，其他细分市场中的实用主义者怕跟不上群体前进的步伐，而跟随购买企业的产品。群体之外，"峡谷"左端的有远见者在实用主义者眼中是明显的冒险分子，实用主义者是绝不会和有远见者站在一条战线上的。由此可见，同类型的人的行为对实用主义者有比较显著的影响。

（2）整体产品。实用主义者具有追求实用并注意规避风险的特征，使得他们在购买企业产品时，首先会对企业的产品进行全面的评估，评估该产品的功能实不实用？能否满足其需求？有没有完善的配件市场？能否保证其对安全性和稳定性的要求？只有这些条件得到满足并得到同类型人的肯定评价后，他们才会决定购买。如果企业的产品没有为其提供整体解决方案，他们则会认为该新产品还只是实验品，还有众多缺陷需要进一步排除，目前采用该产品是不合时宜和冒险的。为了满足实用主义者的这种心理需求，需要企业的产品在具有使用价值的同时拥有较大的价值增量。对产品的这种要求，使得企业提供的产品是那种不仅包含核心(功能)产品，而且是包括形式产品及附加产品在内的满足消费者需要的整体产品[17]。而且，整体产品的形成和发展是贯穿于"峡谷"两岸的不同市场阶段，是随着消费对象的变化而不断改进的，它是联系"峡谷"两岸的一种纽带，它能否正确演化影响着实用主义者是否决定采用。由此可见，企业的整体产品对实用主义者的影响较大。

(3)企业市场地位。实用主义者倾向于信任市场领导者和追求自身风险最小化。实用主义者规避风险的心理特征驱使他们在企业占领有远见者市场后，不会立刻采取购买行为而让企业陷入"峡谷"。他们这样做是因为他们了解任何优秀的整体产品都是围绕主导市场的主流产品而构建起来的，而主流产品的提供商正是市场的领导者。在企业产品进入大众市场初期，市场的领导企业还未显示，他们推迟购买也正是因为他们在等待市场领导企业的出现，一旦市场领导企业出现，他们不但会采取购买行为，而且会出于降低自身风险的原因而联合起来维护市场领导企业的地位，在这方面比较典型的就是微软公司。同时，企业的市场地位是随着企业在"峡谷"两阶段不断调整自己的技术应用方向，并在市场中与其他企业激烈竞争形成的，它的形成过程具有明显的先期积累性和过程的连贯性，因而也是连接"峡谷"两阶段的一种"介质"。由此可见，企业的市场地位对实用主义者的影响也很明显。

在上述三个主要因素中，企业市场地位和整体产品贯穿于有远见者阶段和实用主义者阶段，而特定细分市场中同类型人的行为则处于实用主义者阶段，发挥类似于"桥墩"的作用，它们共同构成跨越"峡谷"的桥梁，也正是我们要寻找的"介质"。

10.2.2　"峡谷"跨越理论模型

国内外有关新兴技术市场开拓方面的研究普遍认为，新兴技术市场呈团簇状[18-20]，企业可以选择控制单一缝隙市场和融合缝隙市场两种战略来实现新兴技术成功进入大众市场[6,21]。由于实用主义者受行业或地域的限制而处在不同的领域，因此实用主义者市场呈现出众多团簇型市场。在团簇型市场中，市场区域有限，企业就可以利用有限的营销资源建立起对自己较为有利的信息，也能够比较容易地成为该团簇型市场中的领导者，如果企业还能够提供比较优秀的整体产品，就可以获得实用主义者的信任并产生口碑效应。这种口碑效应会因实用主义者具有的参考和信任的心理特征，而跨越团簇市场之间的界限，逐渐融合其他团簇市场，让企业达到占领早期大众市场的目标。

通过以上分析，我们可以很明显地发现，企业要想跨越"峡谷"，必须在早期大众市场中(实用主义者阶段)选取特定细分市场，针对其特点，利用横跨两阶段的影响因素，提供整体产品，争当市场领导者，从而加强该细分市场中同类型人的购买行为，达到控制单一团簇市场的目的，然后利用在细分市场中积累起来的口碑和消费者心理特征，影响更多周边团簇市场中消费者的购买行为，达到融合团簇市场的目的。因而本书提出如图 10-1所示的理论模型。

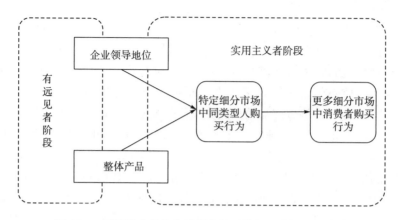

图 10-1 新兴技术商业化过程中的"峡谷"跨越理论模型

10.2.3 "峡谷"跨越假设

1. 市场领导地位与特定细分市场中同类型人的购买行为

市场领导地位指企业在市场上占据最大的市场份额,且其产品拥有相对先进的技术。由于市场领导企业在市场上的成功,它们的产品获得了最广泛的认同。这种认同是消费者对众多企业产品质量、产品实用性、产品外观、企业服务等因素综合比较的结果。企业产品在市场上越受欢迎,人们就越会受从众效应的影响,认为该领导企业的产品比其他企业的好。这种先入为主的印象会增加消费者对企业的好感,进而产生信任。同时,从实际情况来看,市场领导者企业周围确实存在着最多的第三方支持企业,这就意味着企业可以获得最多的互补品,而互补品的可获得性与企业的成功之间是一种正相关关系[22],这又在一定程度上加强了市场领导者的优势地位,这种优势地位又可转化为消费者对市场领导企业的信心与信任,进而增强消费者的购买意愿。因此提出以下假设。

H10-1:市场领导地位会显著影响细分市场中同类型人的购买行为。

2. 整体产品的提供与特定细分市场中同类型人的购买行为

整体产品是满足消费者特定需求最少的产品功能、专属的产品形式和良好的产品服务。产品功能是基础;产品功能的改进需通过产品形式的变化才能实现,但产品形式又具有相对独立性;产品服务则在产品销售中发挥越来越大的作用[17,22]。产品功能能够为消费者提供使用价值,产品外观及设计和产品服务则能够为消费者带来特殊的价值。随着技术更新和扩散速度的加快,各种产品的功能大同小异,想以功能齐全的理念吸引消费者变得越来越困难,而打上"专属"烙印的产品则引起了特定人群的"疯狂"。例如,在中国3G 的市场化过程中,起初各个运营商为每一个 3G 用户提供上千种应用和几款大众化的机型,毫无产品特色和针对性,使得原本就定位不清晰的产品概念更加模糊,导致中国3G 市场开发陷入了"峡谷"[14]。反观苹果公司的产品设计理念,它专门向时尚人群提供具有特定功能、外形设计超群的产品,笼络了众多"苹果迷"。以上对比说明大众化同质的产品正在失去市场,而带有专属特色的整体产品正在大行其道。因此提出以下假设。

H10-2:整体产品的提供会显著影响特定细分市场中同类型人的购买行为。

3. 特定细分市场中同类型人购买行为与更多细分市场中消费者购买行为

消费者在选购产品时必定要收集信息和倾听他人意见。收集信息一般有公众和私人两种渠道；倾听意见一般只局限于身边的人或购买同样产品的其他相似消费者。大众渠道的信息虽然是消费者了解产品最快的渠道，但它经常传递不真实的信息，因而消费者逐渐对其失去信任，取而代之的是私人渠道。私人渠道的信息一般是基于人们使用产品后的评价，并且在一般情况下，私人渠道的信息多半是来自消费者可以信任的朋友、同事等，因而其可信度较高。消费者在寻求购买理由时，主要是征求亲友、同事或已购买产品的前期消费者的意见。如果普遍评价较好，他们就会倾向于采取购买行为，如果普遍评价较差，他们一般不会采取购买行为。因此提出以下假设。

H10-3：特定细分市场中同类型人的购买行为对更多细分市场中消费者的购买行为有显著影响。

10.3　研　究　设　计

10.3.1　问卷设计与变量定义

本研究的问卷设计采用李克特 5 级量表。第一部分为填写说明和对问卷中关键名词做出的解释，目的是指导被调查人员正确填写问卷；第二部分为基本信息填写，目的是对被调查人员的身份进行预判，帮助我们对回收问卷的有效性进行筛选；第三部分为变量的具体测量条目，被调查人员需要根据自己在基本信息中的填写情况选择是否继续填写问卷，其中具体的测量条目均采用李克特 5 级量表，1 代表完全不同意，5 代表完全同意。

由于测量的具体变量相对来说较为新颖，没有直接文献可供参考，因而在量表开发过程中，我们遵循了 Churchill[23]关于量表开发的原则，通过三个步骤获得模型中四个潜在变量（其中一个为多维潜在变量）的观测项：①回顾现有文献中对各个潜在变量的研究；②结合中国消费者特点，自行开发测项；③邀请学校营销专业的博士生和教师审查修改各观测变量的测项。正式问卷包括市场领导地位、整体产品、特定细分市场中同类型人购买行为、更多细分市场中消费者购买行为四个方面的测量题项和有关消费者人口统计特征资料。

对市场领导者的测量，本书参考 Chaudhuri 和 Holbrook[24]、Sirdeshmukh 等[25]及金玉芳[26]的研究设计了两个问项，问卷题目为："龙头企业的产品更安全、更可靠""龙头企业比其他企业更值得信任"。对整体产品的测量，根据郝旭光[17]、胡庆江和孙雅婧[27]的研究及本书对整体产品的定义，设计了三个问项，问卷题目为："产品功能应注重实用""产品外观及设计要考虑消费者喜好""公司应提供良好的附加服务"。对特定细分市场中同类型人购买行为的测量，本书参考了众多关于消费者行为的研究和 Moore[28]的研究，设计了三个问项，问卷题目为："在选购新产品时，企业品牌比较重要""在选购新产品时，产品使用价值比较重要""在选购新产品时，产品价值比较重要"。对更多细分市场中消费者购买行为的测量，根据 Moore[28]的研究及心理学方面的理论，设计了三个问项，问卷题目为："在选购新产品时，产品性价比比较重要""在选购新产品时，我比较接受大家公认的品牌""当周围的人都在使用某种新产品时，我会考虑使用类似的产品"。

10.3.2 数据收集

本研究的调查对象主要是年龄在 20～50 岁的企事业单位管理人员，以及部分政府人士、商务人士、高校师生、自由职业者。样本对象要求有一定的经济基础，且对新技术、新产品感兴趣。重点选择了高校的 EMBA、MBA、MPM (master of project management，项目管理硕士)、EDP (executive development program，高管发展计划) 等专业学位或项目的学生为代表。选择该群体是基于以下两个方面的考虑：①这部分消费群体有一定的经济基础，职业分布广泛，对新事物感兴趣且大多处于企事业单位的中层管理岗位，根据 Moore 及本研究团队对 3G 技术潜在使用者的研究，他们基本符合实用主义者的特征[14,28]。对他们进行调查可以保证数据的针对性和结果的有效性；②该群体学习时相对比较集中，方便沟通，易获取真实数据。

在设计问卷时，为了保证调查对象能够正确理解新兴技术产品，我们在问卷开头就对产品进行了限定，这些新兴技术产品主要包括通信、数码、信息技术、生物科技产品等，并在问卷中对必要的词语给出了相关解释。问卷设计好后，发放了 120 份问卷进行试调查，收回有效问卷 82 份。在此数据的基础上，我们对问卷进行了必要的调整与修改，删去两项多余的测项，修改了两项容易产生混淆的测项，形成了正式问卷。

正式调查，我们主要在电子科技大学及成都各大高校的商学院借助上课教师发放和收集问卷。为了保证数据的代表性，我们还依托电子科技大学在上海、广州、深圳、南宁等地开办的 MBA 教学点，对上课的 MBA 学员进行问卷调查。本次调查共发放了问卷 527 份，其中成都 16 份、上海 97 份、广州 122 份、深圳 89 份、南宁 50 份，收回问卷 447 份。问卷回收后，我们对全部回收问卷数据进行审核，剔除数据严重缺失、重复及前后不一致的问卷，得到有效问卷 208 份，有效率约为 46.5%。在有效问卷中，成都本地收集的问卷，由于沟通较为方便，有效性较高。

10.4 数据分析及结果讨论

10.4.1 信度与效度分析

学术界通常采用 Cronbach's α 系数来测量问卷数据的信度，Cronbach's α 系数的取值为 0～1。一般题项数量越大，其 Cronbach's α 系数就会越高，因此大多数学者认为，当 Cronbach's α 值大于 0.7 时，测量项具有较高的信度；当 Cronbach's α 值为 0.35～0.7 时，测量项信度可以接受；当 Cronbach's α 值小于 0.35 时，测量项的信度不可接受。此外，信度还可以通过测量每个题项与潜变量之间的相关系数来衡量，当相关系数大于 0.5 时表明测量项具有良好的信度。

我们采用 SPSS17.0 软件对问卷数据进行测量信度检验，信度检验结果见表 10-1。

表 10-1　结构变量的信度

潜变量	测项	相关系数	删除该题项后的 α 系数	Cronbach's α
市场领导地位	Q1：龙头企业的产品更安全、更可靠	0.558		0.716
	Q2：龙头企业比其他企业更值得信任	0.558		
特定细分市场购买行为	Q3：在选购新产品时，企业品牌比较重要	0.660	0.734	0.808
	Q4：在选购新产品时，产品使用价值比较重要	0.688	0.705	
	Q5：在选购新产品时，产品价值比较重要	0.623	0.774	
整体产品	Q6：产品功能应注重实用	0.547	0.811	0.794
	Q7：产品外观及设计要考虑消费者喜好	0.702	0.650	
	Q8：公司应提供良好的附加服务	0.665	0.688	
更多细分市场购买行为	Q9：在选购新产品时，产品性价比比较重要	0.583	0.778	0.795
	Q10：在选购新产品时，我比较接受大家公认的品牌	0.657	0.703	
	Q11：当周围的人都在使用某种新产品时，我会考虑使用类似的产品	0.681	0.676	

　　从表 10-1 潜变量测量的 Cronbach's α 值可以看出，综合信度为 0.716～0.808，均超过 0.7，表明问卷的测量数据满足实证研究的信度要求；同时，每个题项与潜变量之间的相关系数都大于 0.5，也表明问卷测量数据的信度符合要求。

　　效度可以分为内容效度和结构效度。内容效度说明测量项对研究目的的代表程度，本书在前面的变量定义部分已经做过明确的解释，能够保证问卷测量项具备合格的内容效度。结构效度又可以分为收敛效度和判别效度。在进行效度测量时，首先需要做一个验证性因子分析（CFA）。验证性因子分析法可以验证问卷测量项是否具备良好的模型拟合度。本书的模型拟合度结果见表 10-2。可以看出其各项测量数值都在要求范围内，因而本书的研究问卷具备较好的模型拟合度。

表 10-2　验证性因子分析模型拟合度

拟合指标	建议值	测量值
CMIN/DF	1＜CMIN/DF＜5	1.397
GFI	GFI＞0.9	0.957
NFI	NFI＞0.9	0.932
RFI	RFI＞0.9	0.901
CFI	CFI＞0.9	0.979
RMSEA	RMSEA＜0.08	0.044

　　在检验收敛效度方面需要达到两个标准：①所有测量项的标准化因子载荷显著并大于 0.5；②同一构面的 AVE 要大于 0.5。本书运用 AMOS17.0 软件对模型进行验证性因子分析，并在表 10-3 列出了测量题项的非标准化载荷、标准化载荷、S.E.、t 值、p 值和 AVE 值。

表 10-3　收敛效度检验

潜变量	测量项	非标准化载荷	标准化载荷	S.E.	t 值	p 值	AVE 值
市场领导地位	Q1	1	0.635	0.456	3.2	0.001	0.5730
	Q2	1.459	0.879				
特定细分市场购买行为	Q3	1	0.767				0.5857
	Q4	1.066	0.810	0.108	9.901	***	
	Q5	0.966	0.713	0.105	9.231	***	
整体产品	Q6	1	0.618				0.5695
	Q7	1.334	0.842	0.159	8.379	***	
	Q8	1.34	0.805	0.163	8.226	***	
更多细分市场购买行为	Q9	0.857	0.658	0.1	8.567	***	0.5655
	Q10	1	0.755				
	Q11	1.203	0.842	0.135	8.945	***	

注：***表示显著性水平 $p<0.001$。

分析表 10-3 可以发现，11 个测量项的标准载荷为 0.635～0.879，全部大于 0.5；回归系数都非常显著，p 值远远小于 0.05，同时 AVE 值都大于 0.5，表明本书的测量项具有较好的收敛效度。

在检验区分效度方面，需要验证因子间的相关关系与所对应 AVE 的平方根的大小，当且仅当潜变量对应的 AVE 平方根大于它们之间的相关系数时，测量项才具有较好的区分效度。通过数据分析，可以发现本书测量项的 AVE 平方根值为 0.7519～0.7653，都大于其相关系数，表明测量项具有较好的区分效度。区分效度检验结果见表 10-4。

表 10-4　区分效度检验

潜变量	1	2	3	4
市场领导地位	**0.7569**			
特定细分市场购买行为	0.020	**0.7653**		
整体产品	0.333	0.318	**0.7546**	
更多细分市场购买行为	0.037	0.211	0.233	**0.7519**

注：对角线上加黑数值为测量项的 AVE 平方根值。

10.4.2　结构模型检验及路径系数分析

本书运用 AMOS17.0 软件对模型进行数据拟合分析，模型整体拟合结果见表 10-5。模型拟合参数 GFI、NFI、RFI、IFI、CFI 都大于 0.90，且 RMSEA 小于 0.08，满足各指标要求的最低拟合标准，这说明模型的拟合度较好。

表 10-5　模型拟合参数

拟合指标	df	χ^2	p	GFI	NFI	RFI	IFI	CFI	RMSEA
测量值	41	56.224	0.057	0.954	0.928	0.903	0.979	0.979	0.042

通过实证数据拟合后的模型路径关系如图 10-2 所示。路径分析的结果见表 10-6,从其结果看出,H10-1、H10-2、H10-3 都通过了检验且在 $p=0.01$ 水平下显著。

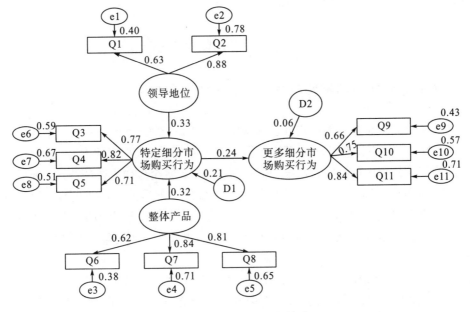

图 10-2 变量间的路径关系

表 10-6 模型的路径分析与假设检验结果

假设	结构方程路径	标准路径系数	CR	结论
H10-1	市场领导地位→特定细分市场中同类型人购买行为	0.33	2.812	支持
H10-2	整体产品的提供→特定细分市场中同类型人购买行为	0.32	3.740	支持
H10-3	特定细分市场中同类型人购买行为→更多细分市场中消费者购买行为	0.24	2.712	支持

模型对潜在变量有一定的解释力,能够解释特定细分市场同类型人购买行为的 21%,但对更多细分市场消费者购买行为的解释力较低,仅为 6%。这表明,企业的市场领导地位和企业提供的特定整体产品是影响特定细分市场同类型人购买行为的重要因素,企业可以此为突破口,开启大众市场。但是,模型对大众市场消费者购买行为解释力较低的结果也表明,特定细分市场同类型人的口碑传播只是促使大众购买的一个途径,在本书的研究范围之外另有一些影响大众购买的关键变量,这也是下一步要探讨的重要内容。

路径系数显示:①企业的市场领导地位对特定细分市场中同类型人购买行为的影响显著,路径系数为 0.33,$p=0.005$,支持了 H10-1,这表明企业成为市场领导者能够让特定细分市场中的同类型人更加信任,进而加强消费者的购买行为;②企业提供的整体产品对特定细分市场中同类型人购买行为的影响显著,路径系数为 0.32,$p<0.001$,支持了 H10-2,这表明特定细分市场中同类型人的购买行为受到企业提供的定制化整体产品的显著正向影响;③特定细分市场中同类型人的购买行为对更多细分市场中消费者的购买行为影响显

著，路径系数为 0.24，p=0.007，支持了 H10-3，这表明特定细分市场中同类型人的购买行为和由此产生的口碑传播对更多细分市场中消费者的购买行为能够起到参考作用，并能够显著地加强他们购买该企业产品的行为。

10.5   "峡谷"跨越及相关建议

10.5.1   争当或扮演市场领导角色，增强消费者信任感

新兴技术及其产品具有不稳定性及未来发展的不确定性，且伴随着高价格和转换成本相对较高的特点，使得消费者在选择新产品时充满疑虑而采取观望的态度，这时由于原有市场已经饱和而新市场还没成长起来，企业难以为继，甚至走向失败的边缘。要成为或扮演市场领导者角色，最重要的在于消除消费者的疑虑并取得其信任，从而让他们有充足的理由购买新产品而忽略由此带来的成本与不便。正如本书所揭示的，当企业成为市场的领导者时，消费者通常认为市场领导企业的产品更安全、更可靠，且比其他企业更值得信任。

因此，企业必须在跨越"峡谷"之前对大众市场中的各个细分市场进行详细的调研与评估，选取与企业能力最匹配并且还没有被其他竞争者所看准的细分市场，并以市场领导者的姿态出现在大众面前，主动为最终消费者提供产品或技术，展现企业能够给消费者带来实际价值的能力，让该市场的消费者真正感受到企业的实力并产生相应的信任感与安全感，最终成为该细分市场真正的领导者，从而在大众市场上找到立足点。正如莲花公司在推广 Lotus1-2-3 时，始终专注于企业客户的财务部门。该软件拥有一种 Context MBA 的精细财务模型，非常适合处理财务部门常见的业务，如制订企业预算、预测销售额等。企业客户中的财务人员大多都乐于使用莲花软件，最终使得其他部门的人要想和财务部门的人分享一份电子表格文件，就必须和莲花软件的形式一致。此外，莲花公司还成立了一个专门的客户支持部门，这在 1983 年是闻所未闻的。这些举措使得莲花公司在企业市场上拥有了领导者的形象。尽管莲花软件面临着大量的竞争者，而且许多竞争者的产品性能都非常优越，但是截至 20 世纪 80 年代末，有超过一半的 IBM 计算机和兼容机中安装了莲花电子表格。因此莲花公司第一年的收入达到了 5300 万美元，并且成功上市；第二年的收入飙升至 1.56 亿美元；第三年的收入更高达 2.58 亿美元。莲花公司成为当时首屈一指的高科技公司，并在电子软件市场上站稳了脚跟。

10.5.2   满足消费者的具体要求，提供定制化的整体产品

大众市场是由实用主义者组成的市场，而跨越"峡谷"这一鸿沟的关键就在于满足他们的需求。实用主义者的心理特征决定了他们的需求。他们追求实用和规避风险的特征决定了他们要等到技术或产品成熟后才会购买，他们特别需要 100%的把握。为特定细分市场中的实用主义者提供整体产品的重要意义在于整体产品是一种相对较成熟的产品，能够满足实用主义者的需求，让他们的利益得到最大化的保证。这也正如我们的研究所证实的，

当企业为特定细分市场中的同类型人提供集实用功能、个性化的外观及设计，以及良好的附加服务为一体的整体产品后，能显著地增强他们的购买行为。

因此，企业在跨越"峡谷"时，必须首先在大众市场里选择一类主流的实用主义者，然后为他们提供整体产品。一旦策略确定，企业需要从细分市场中挑选"意见领袖"来参观和试用产品，将他们提出的各种要求和建议记录下来。然后将记录提交给由产品设计部门和营销部门共同组成的产品营销部门，由他们确定产品的改进方案。当这种方案可行时，再进行生产，这种经过改良的整体产品将会满足该市场消费者的需要。只有专注于单一目标消费者的具体需求，才有可能在大众市场里尽快站稳脚跟，否则就会使企业长期陷入"峡谷"而苦苦挣扎。这正如当初中国 3G 技术商业化的情况，三大运营商对 3G 的定位相对模糊，同质化十分严重，任何一个 3G 产品都是万能产品，毫无特色和专属区分可言，与大众市场中消费者需求的整体产品还有很大差距。虽然经过大量的广告"轰炸"，但 3G 在人们脑海中留下的印象仍旧不清晰。这点可从工业和信息化部公布的数据得到验证，截至 2011 年 11 月，中国 3G 用户数达到 11789.1 万人，仅占全国移动用户数量的 12.09%。在这些 3G 用户中大部分是仅仅使用 3G 终端的用户，而使用 3G 终端的用户不一定就是 3G 用户，因而实际上使用 3G 的用户数量可能远远不及 11789.1 万人。也就是说从 2008 年启动的 3G 商业化，经过了近三年的发展，取得的成果是微乎其微的。相反，三大运营商自电信重组开始，在广告上的花费已经超过 100 亿元。花费如此巨大的资源，换来的仅仅是 11789.1 万用户[29]。缺乏实用主义者需要的整体产品，正是中国 3G 商业化之初陷入"峡谷"而不能跨越的重要原因。

10.5.3　服务好细分市场，利用"口碑"争取大众

数据分析结果显示，特定细分市场中同类型人的购买行为能够对更多细分市场中的消费者起到很好的参考作用。这一结论对企业管理的启示是：当企业为特定细分市场中的同类型人提供符合他们需求的整体产品，并成为该市场的领导者后，企业应利用其在特定细分市场中建立起来的优势和良好信誉，积极展开口碑营销，激发更多细分市场中消费者的购买欲望。

1. 企业应转变观念，将消费者看成是合作伙伴而非对手

市场营销中普遍将企业和消费者看成是此消彼长的关系。其实不然，企业和消费者完全可以成为共赢的关系，这种关系可以使企业在卖出产品获得盈利的同时，又让消费者获得最有价值的体验并主动宣传企业的产品。正如美国高端烤肉架巨头"大绿蛋"（Big Green Egg）公司所做的那样，始终保持自己企业的高信誉，做任何能够让顾客满意的事情，让顾客对"大绿蛋"公司的产品和服务，以及"大绿蛋"烤肉架烹制出来的美味多汁的食物赞不绝口，从而让这部分人群自称为"蛋头"并帮助"大绿蛋"公司积极推销这种烤肉架，使得"大绿蛋"公司在 10 年时间内从一家小公司发展成为行业的巨头[30]。因此，将消费者看成是重要的合作伙伴并保持公司的高信誉，将是企业"口碑"营销成功的基石。

2. 企业应听取顾客的意见，不断完善和改进产品

让顾客感觉到企业对他们的重视，以此获得良好的体验并建立起一种身份认同。"大绿蛋"公司为每一个感到满意的顾客建立一份顾客档案，不断收集和听取他们的意见，以此来改进他们的炊具；同时公司还建立论坛并每年举办一次"绿蛋"节，一方面传达公司对忠诚顾客的谢意，另一方面让顾客共享食谱、交流经验和分享生活的成功与失败。顾客参与度的不断提升使得"大绿蛋"的主人拥有了一种独特而神秘的气质，产生一种隶属于一个特殊群体的感觉[30]。因此，让消费者参与其中并获得重视，是口碑营销的推动力。

3. 企业应时刻展现自身市场领导者和优质产品生产商的形象，并将之扩大化

通过与消费者的各种交流活动传达出去。本书的研究显示，更多细分市场中的消费者会选择大家比较公认的品牌和受到周围人群行为的影响而产生一种"从众"行为。企业应积极利用消费者的这种心理，通过"口碑传播"的方式，营造一种"潮流"来激发更多细分市场中消费者的购买欲望。这就好比打保龄球，一个球瓶被打翻，将引起周围瓶子的连锁反应。企业在跨越"峡谷"时也是如此，一个好的突破口，将会开启一片大市场，即新兴技术的市场爆发。

本章参考文献

[1] Moore G A. Inside the tornado: marketing strategies from Silicon Valley's cutting edge[J]. Journal of Marketing, 1995, 61(2): 93-99.

[2] Moore G A. Crossing the Chasm: Marketing and Selling High-Tech Products to Mainstream Customers[M]. New York: HarperCollins Publishers, 2002.

[3] 傅家骥. 技术创新学[M]. 北京: 清华大学出版社, 1998.

[4] 银路, 王敏, 萧延高, 等. 新兴技术管理的若干新思维[J]. 管理学报, 2005, 2(3): 277-280.

[5] 宋艳, 银路. 基于不连续创新的新兴技术形成路径研究[J]. 研究与发展管理, 2007, 19(4): 31-35.

[6] 赵振元, 银路, 成红. 新兴技术对传统管理的挑战和特殊市场开拓的思路[J]. 中国软科学, 2004(7): 72-77.

[7] 李恒毅, 宋娟. 新技术创新生态系统资源整合及其演化关系的案例研究[J]. 中国软科学, 2014(6): 129-141.

[8] Mads B, Nik B, Kornelia K, et al. The sociology of expectations in science and technology[J]. Technology Analysis and Strategic Management, 2006, 18(3/4): 285-298.

[9] Walz R. The role of regulation for sustainable infrastructure innovations: The case of wind energy[J]. International Journal of Public Policy, 2007, 2(1): 57-88.

[10] Kaplan S, Tripsas M. Thinking about technology: Applying a cognitive lens to technical change[J]. Research Policy, 2008, 37(5): 790-805.

[11] Nill J, Kemp R. Evolutionary approaches for sustainable innovation policies: From niche to paradigm[J]. Research Policy, 2009, 38(4): 668-680.

[12] 切萨布鲁夫, 范哈佛贝克, 韦斯特. 开放创新的新范式[M]. 陈劲, 李王芳, 谢芳, 等译. 北京: 科学出版社, 2010.

[13] 黄梦璇. 早期市场中用户对新兴技术产品采用意向的实证研究[D]. 成都: 电子科技大学, 2011.

[14] 刘峰, 宋艳, 黄梦璇, 等. 新兴技术生命周期中的"峡谷"跨越——3G 技术的市场发展研究[J]. 科学学研究, 2011, 29(1): 64-71.

[15] 郑琦. 利益细分变量的研究与消费者市场细分[J]. 南开管理评论, 2000, (4): 60-63.

[16] Lynn R K, Kennedy P. Using the list of values (LOV) to understand consumers[J]. The Journal of Consumer Marketing, 1989, 6(3): 5-12.

[17] 郝旭光. 整体产品概念的新视角[J]. 管理世界, 2001(3): 210-212.

[18] Shintaku J.Technological innovation and product evolution: Theoretical model and its applications[J]. Gakushuin Economic Papers, 1990, 26(3/4): 53-67.

[19] McGrath G R, MacMillan I C, Tushman L M. The role of executive team actions in shaping dominant designs: Towards the strategic shaping of technological progress[J]. Strategic Management Journal, 1992, 13(1): 137-161.

[20] Levinthal D. Adaptation on rugged landscapes[J]. Management Science, 1997, 43(7): 934-950.

[21] Day G S, Schoemaker P J H, Gunther R E. Wharton on Managing Emerging Technologies[M]. New York: John Wiley & Sons, Inc., 2000.

[22] Schilling M A. Technology success and failure in winner-take-all markets: The impact of learning orientation, timing, and network externalities[J]. Academy of Management Journal, 2002, 45(2): 387-398.

[23] Churchill Jr. G A. A paradigm for developing better measures of marketing constructs[J]. Journal of Marketing Research, 1979, 16(1): 64-73.

[24] Chaudhuri A, Holbrook M B. The chain of effects from brand trust and brand affect to brand performance: Therole of brand loyalty[J]. Journal of Marketing, 2001, 65(2): 81-93.

[25] Sirdeshmukh D, Singh J, Sabol B. Consumer trust, value and loyalty in relational exchanges[J]. Journal of Marketing, 2002, 66(1): 15-37.

[26] 金玉芳. 消费者品牌信任研究[D]. 大连: 大连理工大学, 2005.

[27] 胡庆江, 孙雅婧. 基于整体产品论的中国大飞机产品营销策略[J]. 经济研究导刊, 2009(1): 119-121

[28] 摩尔. 龙卷风暴[M]. 钱睿, 译. 北京: 机械工业出版社, 2009.

[29] 李明合. 联通 3G: 精彩在"沃", 成败在握[J]. 销售与市场(评论版), 2009(10): 57-60.

[30] 钱皮. 钱皮新营销: 激励顾客的成功法则[M]. 林嵩, 译. 北京: 中国人民大学出版社, 2009.